建筑工程常用规范条文速查与解析丛书

结构设计
常用条文速查与解析

本书编委会 编写

知识产权出版社
全国百佳图书出版单位

图书在版编目（CIP）数据

结构设计常用条文速查与解析/《结构设计常用条文速查与解析》编委会编写．—北京：知识产权出版社，2015.3

（建筑工程常用规范条文速查与解析丛书）

ISBN 978－7－5130－3265－0

Ⅰ．①结⋯　Ⅱ．①结⋯　Ⅲ．①建筑结构－结构设计－设计规范－中国　Ⅳ．①TU318－65

中国版本图书馆 CIP 数据核字（2015）第 002016 号

内容简介

本书依据《建筑地基基础设计规范》GB 50007—2011、《混凝土结构设计规范》GB 50010—2010、《砌体结构设计规范》GB 50003—2011、《建筑地基处理技术规范》JGJ 79—2012、《高层建筑混凝土结构技术规程》JGJ 3—2010 等国家现行标准和相关规范编写而成。本书共分为六章，包括基本规定、地基与基础设计、混凝土结构设计、钢结构设计、砌体结构设计、木结构设计等。

本书既可作为结构设计、施工等方面人员的参考用书，也可供大专院校相关专业的学生、研究生和教师参考。

责任编辑：陆彩云　吴晓涛

结构设计常用条文速查与解析

JIEGOU SHEJI CHANGYONG TIAOWEN SUCHA YU JIEXI

本书编委会　编写

出版发行：	知识产权出版社 有限责任公司	网　　址：	http：//www.ipph.cn	
电　　话：	010－82004826		http：//www.laichushu.com	
社　　址：	北京市海淀区马甸南村 1 号	邮　　编：	100088	
责编电话：	010－82000860 转 8533	责编邮箱：	sherrywt@126.com	
发行电话：	010－82000860 转 8101/8029	发行传真：	010－82000893/82003279	
印　　刷：	北京富生印刷厂	经　　销：	各大网上书店、新华书店及相关专业书店	
开　　本：	787mm×1092mm　1/16	印　　张：	15.5	
版　　次：	2015 年 3 月第 1 版	印　　次：	2015 年 3 月第 1 次印刷	
字　　数：	334 千字	定　　价：	45.00 元	
ISBN 978－7－5130－3265－0				

编委会

主　编　任大海

参　编　(按姓氏笔画排序)

马安国　王　鹏　石敬炜　吉　斐　刘君齐

刘海生　杜　明　李　强　李　鑫　李述林

李春娜　张　军　张　莹　赵　慧　夏　欣

高　超　陶红梅　谭丽娟

前　言

　　建筑结构设计就是建筑结构设计人员对所要施工的建筑的表达。随着我国社会经济的飞速发展，建筑业也得到了快速发展。建筑结构设计主要分为三个阶段：结构方案阶段、结构计算阶段与施工图设计阶段。其中结构方案阶段的内容是根据建筑的重要性、工程地质勘查报告、建筑所在地的抗震设防烈度、建筑的高度和楼层的层数以及建筑场地的类别来确定建筑的结构形式。在确定了结构的形式之后，就需要根据不同结构形式的要求和特点来布置结构的受力构件和承重体系。建筑结构设计是个系统的工作，需要扎实的理论知识功底和严肃、认真、负责的工作态度。

　　近年来对大批的标准、规范进行了修订，为了建筑设计及相关工程技术人员能够全面系统地掌握最新的规范条文，深刻理解条文的准确内涵，我们策划了本书，以保证相关人员工作的顺利进行。本书依据《建筑地基基础设计规范》GB 50007—2011、《混凝土结构设计规范》GB 50010—2010、《砌体结构设计规范》GB 50003—2011、《建筑地基处理技术规范》JGJ 79—2012、《高层建筑混凝土结构技术规程》JGJ 3—2010等现行标准和相关规范编写而成。

　　本书根据实际工作需要划分章节，对涉及的条文进行了整理分类，方便读者快速查阅。本书对所列条文进行解释说明，力求有重点地、较完整地对常用条文进行解析。

　　本书共分为六章，包括基本规定、地基与基础设计、混凝土结构设计、钢结构设计、砌体结构设计、木结构设计等。

　　本书可作为结构设计、施工等方面人员的参考用书，也可供大专院校相关专业的学生、研究生和教师参考。

　　由于编者学识和经验有限，虽经编者尽心尽力，但难免存在疏漏或不妥之处，望广大读者批评指正。

编　者

2014年12月

目 录

1 基本规定

《建筑结构可靠度设计统一标准》GB 50068—2001

1.0.5 结构的设计使用年限应按表1.0.5采用。

表1.0.5 设计使用年限分类

类别	设计使用年限/年	示例
1	5	临时性结构
2	25	易于替换的结构构件
3	50	普通房屋和构筑物
4	100	纪念性建筑和特别重要的建筑结构

【条文解析】

结构的设计使用年限是指设计规定的结构或结构构件不需进行大修即可按其预定目的使用的时期，即房屋建筑在正常设计、正常施工、正常使用和包括必要的检测、防护及维修在内的正常维护下所应达到的使用年限。在设计使用年限内，结构应具有设计规定的可靠度。在达到设计规定的设计使用年限后，结构或结构构件的可靠度可能会降低，但从技术上讲，并不意味着其已完全失去继续使用的安全保障。结构或结构构件能否继续安全使用，宜进行可靠度鉴定，在采取相应措施后，仍可使用。

结构的设计使用年限应按本条要求确定；若建设单位提出更高要求，也可按建设单位的要求确定。

1.0.8 建筑结构设计时。应根据结构破坏可能产生的后果（危及人的生命、造成经济损失、产生社会影响等）的严重性，采用不同的安全等级。建筑结构安全等级的划分应符合表1.0.8的要求。

表 1.0.8　建筑结构的安全等级

安全等级	破坏后果	建筑类型
一级	很严重	重要的房屋
二级	严重	一般的房屋
三级	不严重	次要的房屋

【条文解析】

按建筑结构破坏后果的严重性统一划分为三个安全等级。其中，大量的一般建筑物列入中间等级；重要的建筑物提高一级；次要的建筑物降低一级。至于重要建筑物与次要建筑物的划分，则应根据建筑结构的破坏后果，即危及人的生命、造成经济损失、产生社会影响等的严重程度确定。

《建筑结构荷载规范》GB 50009—2012

3.1.2　建筑结构设计时，应按下列规定对不同荷载采用不同的代表值：

1　对永久荷载应采用标准值作为代表值；

2　对可变荷载应根据设计要求采用标准值、组合值、频遇值或准永久值作为代表值；

3　对偶然荷载应按建筑结构使用的特点确定其代表值。

【条文解析】

结构设计中采用何种荷载代表将直接影响到荷载的取值和大小，关系结构设计的安全。虽然任何荷载都具有不同性质的变异性，但在设计中，不可能直接引用反映荷载变异性的各种统计参数，通过复杂的概率运算进行具体设计。因此，在设计时，除了采用能便于设计者使用的设计表达式外，对荷载仍应赋予一个规定的量值，称为荷载代表值。荷载可根据不同的设计要求，规定不同的代表值，以使之能更确切地反映它在设计中的特点。荷载标准值是荷载的基本代表值，而其他代表值都可在标准值的基础上乘以相应的系数后得出。

荷载标准值是指其在结构的使用期间可能出现的最大荷载值。由于荷载本身的随机性，因而使用期间的最大荷载也是随机变量，原则上也可用它的统计分布来描述。荷载标准值统一由设计基准期最大荷载概率分布的某个分位值来确定，设计基准期统一规定为 50 年，而对该分位值的百分位未作统一规定。

因此，对某类荷载，当有足够资料而有可能对其统计分布作出合理估计时，则在其设计基准期最大荷载的分布上，可根据协议的百分位，取其分位值作为该荷载的代表值，原则上可取分布的特征值（如均值、众值或中值），国际上习惯称为荷载的特征值。实际上，对于大部分自然荷载，包括风雪荷载，习惯上都以其规定的平均重现期来定义标准值，也即相当于以其重现期内最大荷载的分布众值为标准值。

3.1.3 确定可变荷载代表值是应采用 50 年设计基准期。

【条文解析】

在确定各类可变荷载的标准值时，会涉及出现荷载最大值的时域问题，本规范统一采用一般结构的设计使用年限 50 年作为规定荷载最大值的时域，在此也称为设计基准期。采用不同的设计基准期，会得到不同的可变荷载代表值，因而也会直接影响结构的安全。

3.2.4 基本组合的荷载分项系数，应按下列规定采用：

1 永久荷载的分项系数应符合下列规定：

1) 当永久荷载效应对结构不利时，对由可变荷载效应控制的组合应取 1.2，对由永久荷载效应控制的组合应取 1.35；

2) 当永久荷载效应对结构有利时，不应大于 1.0。

2 可变荷载的分项系数应符合下列规定：

1) 对标准值大于 4kN/m² 的工业房屋楼面结构的活荷载，应取 1.3；

2) 其他情况，应取 1.4。

3 对结构的倾覆、滑移或漂浮验算，荷载的分项系数应满足有关的建筑结构设计规范的规定。

【条文解析】

荷载效应组合的设计值中，荷载分项系数应根据荷载不同的变异系数和荷载的具体组合情况（包括不同荷载的效应比），以及与抗力有关的分项系数的取值水平等因素确定，以使在不同设计情况下的结构可靠度能趋于一致。但为了设计上的方便，将荷载分成永久荷载和可变荷载两类，相应给出两个规定的系数 γ_G 和 γ_Q。这两个分项系数是在荷载标准值已给定的前提下，使按极限状态设计表达式设计所得的各类结构构件的可靠指标，与规定的目标可靠指标之间，在总体上误差最小为原则，经优化后选定的。

在倾覆、滑移或漂浮等有关结构整体稳定性的验算中，永久荷载效应一般对结构是有利的，荷载分项系数一般应取小于 1.0 的值。虽然各结构标准已经广泛采用分项系数表达方式，但对永久荷载分项系数的取值，如地下水荷载的分项系数，各地方有差异，目前还不可能采用统一的系数。因此，在本规范中原则上不规定与此有关的分项系数的取值，以免发生矛盾。当在其他结构设计规范中对结构倾覆、滑移或漂浮的验算有具体规定时，应按结构设计规范的规定执行，当没有具体规定时，对永久荷载分项系数应按工程经验采用不大于 1.0 的值。

5.1.1 民用建筑楼面均布活荷载的标准值及其组合值系数、频遇值系数和准永久值系数的取值，不应小于表 5.1.1 的规定。

表 5.1.1 民用建筑楼面均布活荷载标准值及其组合值、频遇值和准永久值系数

项次	类别	标准值/（kN/m²）	组合值系数 ψ_c	频遇值系数 ψ_f	准永久值系数 ψ_q
1	（1）住宅、宿舍、旅馆、办公楼、医院病房、托儿所、幼儿园	2.0	0.7	0.5	0.4
	（2）实验室、阅览室、会议室、医院门诊室	2.0	0.7	0.6	0.5
2	教室、食堂、餐厅、一般资料档案室	2.5	0.7	0.6	0.5
3	（1）礼堂、剧场、影院、有固定座位的看台	3.0	0.7	0.5	0.3
	（2）公共洗衣房	3.0	0.7	0.6	0.5
4	（1）商店、展览厅、车站、港口、机场大厅及其旅客等候室	3.5	0.7	0.6	0.5
	（2）无固定座位的看台	3.5	0.7	0.5	0.3
5	（1）健身房、演出舞台	4.0	0.7	0.6	0.5
	（2）运动场、舞厅	4.0	0.7	0.6	0.4
6	（1）书库、档案库、贮藏室	5.0	0.9	0.9	0.8
	（2）密集柜书库	12.0			
7	通风机房、电梯机房	7.0	0.9	0.9	0.8
8	汽车通道及客车停车库： （1）单向板楼盖（板跨不小于2m）和双向板楼盖（板跨不小于3m×3m） 　　客车 　　消防车	 4.0 35.0	 0.7 0.7	 0.7 0.5	 0.6 0.0
	（2）双向板楼盖（板跨不小于6m×6m）和无梁楼盖（柱网不小于6m×6m） 　　客车 　　消防车	 2.5 20.0	 0.7 0.7	 0.7 0.5	 0.6 0.0
9	厨房： （1）一般情况 （2）餐厅	 2.0 4.0	 0.7 0.7	 0.6 0.7	 0.5 0.7
10	浴室、卫生间、盥洗室	2.5	0.7	0.6	0.5
11	走廊、门厅： （1）宿舍、旅馆、医院病房、托儿所、幼儿园、住宅	 2.0	 0.7	 0.5	 0.4
	（2）办公楼、餐厅、医院门诊部	2.5	0.7	0.6	0.5
	（3）教学楼及其他可能出现人员密集的情况	3.5	0.7	0.5	0.3

续 表

项次	类别	标准值 / (kN/m²)	组合值系数 ψ_c	频遇值系数 ψ_f	准永久值系数 ψ_q
12	楼梯: (1) 多层住宅 (2) 其他	2.0 3.5	0.7 0.7	0.5 0.5	0.4 0.3
13	阳台: (1) 一般情况 (2) 可能出现人员密集的情况	2.5 3.5	0.7	0.6	0.5

注:1 本表所给各项活荷载适用于一般使用条件,当使用荷载较大、情况特殊或有专门要求时,应按实际情况采用。

2 第6项书库活荷载当书架高度大于2m时,书库活荷载尚应按每米书架高度不小于2.5kN/m²确定。

3 第8项中的客车活荷载只适用停放载人少于9人的客车;消防车活荷载是适用于满载总重为300kN的大型车辆;当不符合本表的要求时,应将车轮的局部荷载按结构效应的等效原则,换算为等效均布荷载。

4 第8项消防车活荷载,当双向板楼盖板跨介于3m×3m~6m×6m时,应按跨度线性插值确定。

5 第12项楼梯活荷载,对预制楼梯踏步平板,尚应按1.5kN集中荷载验算。

6 本表各项荷载不包括隔墙自重和二次装修荷载。对固定隔墙的自重应按永久荷载考虑,当隔墙位置可灵活自由布置时,非固定隔墙的自重应取不小于1/3的每延米长墙厚(kN/m)作为楼面活荷载的附加值(kN/m²)计入,且附加值不应小于1.0kN/m²。

【条文解析】

表5.1.1中列入的民用建筑楼面均布活荷载的标准值及其组合值系数、频遇值系数和准永久值系数为设计时必须遵守的最低要求。如设计中有特殊需要,荷载标准值及其组合值、频遇值和准永久值系数的取值可以适当提高。

5.1.2 设计楼面梁、墙、柱及基础时,本规范表5.1.1中楼面活荷载标准值的折减系数取值不应小于下列规定:

1 设计楼面梁时:

1) 第1(1)项当楼面梁从属面积超过25m²时,应取0.9;

2) 第1(2)~7项当楼面梁从属面积超过50m²时,应取0.9;

3) 第8项对单向板楼盖的次梁和槽形板的纵肋应取0.8,对单向板楼盖的主梁应取0.6,对双向板楼盖的梁应取0.8;

4) 第9~13项应采用与所属房屋类别相同的折减系数。

2 设计墙、柱和基础时:

1) 第1(1)项应按表5.1.2规定采用;

2) 第1(2)~7项应采用与其楼面梁相同的折减系数;

3) 第8项的客车,对单向板楼盖应取0.5,对双向板楼盖和无梁楼盖应取0.8;

4）第9～13项应采用与所属房屋类别相同的折减系数。

注：楼面梁的从属面积应按梁两侧各延伸二分之一梁间距的范围内的实际面积确定。

表5.1.2 活荷载按楼层的折减系数

墙、柱、基础计算截面以上的层数	1	2～3	4～5	6～8	9～20	>20
计算截面以上各楼层活荷载总和的折减系数	1.00（0.90）	0.85	0.70	0.65	0.60	0.55

注：当楼面梁的从属面积超过25m^{2}时，应采用括号内的系数。

【条文解析】

本条列入的设计楼面梁、墙、柱及基础时的楼面均布活荷载的折减系数，为设计时必须遵守的最低要求。

作用在楼面上的活荷载，不可能以标准值的大小同时布满在所有的楼面上，因此在设计梁、墙、柱和基础时，还要考虑实际荷载沿楼面分布的变异情况，也即在确定梁、墙、柱和基础的荷载标准值时，允许按楼面活荷载标准值乘以折减系数。

5.3.1 房屋建筑的屋面，其水平投影面上的屋面均布活荷载的标准值及其组合值系数、频遇值系数和准永久值系数的取值，不应小于表5.3.1的规定。

表5.3.1 屋面均布活荷载标准值及其组合值系数、
频遇值系数和准永久值系数

项次	类别	标准值/（kN/m^2）	组合值系数 ψ_c	频遇值系数 ψ_f	准永久值系数 ψ_q
1	不上人的屋面	0.5	0.7	0.5	0.0
2	上人的屋面	2.0	0.7	0.5	0.4
3	屋顶花园	3.0	0.7	0.6	0.5
4	屋顶运动场	3.0	0.7	0.6	0.4

注：1 不上人的屋面。当施工或维修荷载较大时，应按实际情况采用；对不同类型的结构应按有关设计规范的规定采用，但不得低于0.3kN/m^2。

2 当上人的屋面兼作其他用途时，应按相应楼面活荷载采用。

3 对于因屋面排水不畅、堵塞等引起的积水荷载，应采取构造措施加以防止；必要时，应按积水的可能深度确定屋面活荷载。

4 屋顶花园活荷载不应包括花圃土石等材料自重。

【条文解析】

本条规定表5.3.1中列入的屋面均布活荷载的标准值及其组合值系数、频遇值系数和准永久值系数为设计时必须遵守的最低要求。

5.5.1 施工和检修荷载应按下列规定采用：

1 设计屋面板、檩条、钢筋混凝土挑檐、悬挑雨篷和预制小梁时，施工或检修集中荷载标准值不应小于1.0kN，并应在最不利位置处进行验算。

2 对于轻型构件或较宽的构件，应按实际情况验算，或应加垫板、支撑等临时设施。

3 计算挑檐、悬挑雨篷的承载力时，应沿板宽每隔1.0m取一个集中荷载；在验算挑檐、悬挑雨篷的倾覆时，应沿板宽每隔2.5~3.0m取一个集中荷载。

【条文解析】

设计屋面板、檩条、钢筋混凝土挑檐、悬挑雨篷和预制小梁时，除了单独考虑屋面均布活荷载外，还应另外验算在施工、检修时可能出现在最不利位置上，由人和工具自重形成的集中荷载。对于宽度较大的挑檐和悬挑雨篷，在验算其承载力时，为偏于安全，可沿其宽度每隔1.0m考虑有一个集中荷载；在验算其倾覆时，可根据实际可能的情况，增大集中荷载的间距，一般可取2.5~3.0m。

地下室顶板等部位在建造施工和使用维修时，往往需要运输、堆放大量建筑材料与施工机具，因施工超载引起建筑物楼板开裂甚至破坏时有发生，应该引起设计与施工人员的重视。在进行首层地下室顶板设计时，施工活荷载一般不小于4.0kN/m²，但可以根据情况扣除尚未施工的建筑地面做法与隔墙的自重，并在设计文件中给出相应的详细规定。

5.5.2 楼梯、看台、阳台和上人屋面等的栏杆活荷载标准值，不应小于下列规定：

1 住宅、宿舍、办公楼、旅馆、医院、托儿所、幼儿园，栏杆顶部的水平荷载应取1.0kN/m；

2 学校、食堂、剧场、电影院、车站、礼堂、展览馆或体育场，栏杆顶部的水平荷载应取1.0kN/m，竖向荷载应取1.2kN/m，水平荷载与竖向荷载应分别考虑。

【条文解析】

本条明确规定了栏杆活荷载的标准值为设计时必须遵守的最低要求。

2 地基与基础设计

2.1 地基设计

《建筑地基基础设计规范》GB 50007—2011

3.0.1 地基基础设计应根据地基复杂程度、建筑物规模和功能特征以及由于地基问题可能造成建筑物破坏或影响正常使用的程度分为三个设计等级，设计时应根据具体情况，按表 3.0.1 选用。

表 3.0.1 地基基础设计等级

设计等级	建筑和地基类型
甲级	重要的工业与民用建筑物 30 层以上的高层建筑 体形复杂，层数相差超过 10 层的高低层连成一体建筑物 大面积的多层地下建筑物（如地下车库、商场、运动场等） 对地基变形有特殊要求的建筑物 复杂地质条件下的坡上建筑物（包括高边坡） 对原有工程影响较大的新建建筑物 场地和地基条件复杂的一般建筑物 位于复杂地质条件及软土地区的二层及二层以上地下室的基坑工程 开挖深度大于 15m 的基坑工程 周边环境条件复杂、环境保护要求高的基坑工程
乙级	除甲级、丙级以外的工业与民用建筑物 除甲级、丙级以外的基坑工程
丙级	场地和地基条件简单、荷载分布均匀的七层及七层以下民用建筑及一般工业建筑；次要的轻型建筑物 非软土地区且场地地质条件简单、基坑周边环境条件简单、环境保护要求不高且开挖深度小于 5.0m 的基坑工程

【条文解析】

建筑地基基础设计等级是按照地基基础设计的复杂性和技术难度确定的，划分时考虑了建筑物的性质、规模、高度和体形；对地基变形的要求；场地和地基条件的复杂程度；以及由于地基问题对建筑物的安全和正常使用可能造成影响的严重程度等因素。

3.0.2　根据建筑物地基基础设计等级及长期荷载作用下地基变形对上部结构的影响程度，地基基础设计应符合下列规定：

1　所有建筑物的地基计算均应满足承载力计算的有关规定。

2　设计等级为甲级、乙级的建筑物，均应按地基变形设计。

3　设计等级为丙级的建筑物有下列情况之一时应作变形验算：

　　1）地基承载力特征值小于130kPa，且体形复杂的建筑；

　　2）在基础上及其附近有地面堆载或相邻基础荷载差异较大，可能引起地基产生过大的不均匀沉降时；

　　3）软弱地基上的建筑物存在偏心荷载时；

　　4）相邻建筑距离近，可能发生倾斜时；

　　5）地基内有厚度较大或厚薄不均的填土，其自重固结未完成时。

4　对经常受水平荷载作用的高层建筑、高耸结构和挡土墙等，以及建造在斜坡上或边坡附近的建筑物和构筑物，尚应验算其稳定性。

5　基坑工程应进行稳定性验算。

6　建筑地下室或地下构筑物存在上浮问题时，尚应进行抗浮验算。

【条文解析】

本条规定了地基设计的基本原则，为确保地基设计的安全，在进行地基设计时必须严格执行。地基设计的原则如下：

1）各类建筑物的地基计算均应满足承载力计算的要求；

2）设计等级为甲级、乙级的建筑物均应按地基变形设计，这是由于因地基变形造成上部结构的破坏和裂缝的事例很多，因此控制地基变形成为地基基础设计的主要原则，在满足承载力计算的前提下，应按控制地基变形的正常使用极限状态设计；

3）对经常受水平荷载作用、建造在边坡附近的建筑物和构筑物以及基坑工程应进行稳定性验算。

3.0.4　地基基础设计前应进行岩土工程勘察，并应符合下列规定：

1　岩土工程勘察报告应提供下列资料：

　　1）有无影响建筑场地稳定性的不良地质作用，评价其危害程度。

　　2）建筑物范围内的地层结构及其均匀性，各岩土层的物理力学性质指标，以及对建筑材料的腐蚀性。

　　3）地下水埋藏情况、类型和水位变化幅度及规律，以及对建筑材料的腐蚀性。

4）在抗震设防区应划分场地类别，并对饱和砂土及粉土进行液化判别。

5）对可供采用的地基基础设计方案进行论证分析，提出经济合理、技术先进的设计方案建议；提供与设计要求相对应的地基承载力及变形计算参数，并对设计与施工应注意的问题提出建议。

6）当工程需要时，尚应提供：深基坑开挖的边坡稳定计算和支护设计所需的岩土技术参数，论证其对周边环境的影响；基坑施工降水的有关技术参数及地下水控制方法的建议；用于计算地下水浮力的设防水位。

2　地基评价宜采用钻探取样、室内土工试验、触探，并结合其他原位测试方法进行。设计等级为甲级的建筑物应提供载荷试验指标、抗剪强度指标、变形参数指标和触探资料；设计等级为乙级的建筑物应提供抗剪强度指标、变形参数指标和触探资料；设计等级为丙级的建筑物应提供触探及必要的钻探和土工试验资料。

3　建筑物地基均应进行施工验槽。当地基条件与原勘察报告不符时，应进行施工勘察。

【条文解析】

本条规定了对地基勘察的要求：

1）在地基基础设计前必须进行岩土工程勘察；

2）对岩土工程勘察报告的内容作出规定；

3）对不同地基基础设计等级建筑物的地基勘察方法，测试内容提出了不同要求；

4）强调应进行施工验槽，如发现问题应进行补充勘察，以保证工程质量。

抗浮设防水位是很重要的设计参数，影响因素众多，不仅与气候、水文地质等自然因素有关，有时还涉及地下水开采、上下游水量调配、跨流域调水和大量地下工程建设等复杂因素。对情况复杂的重要工程，要在勘察期间预测建筑物使用期间水位可能发生的变化和最高水位有时相当困难。故现行国家标准《岩土工程勘察规范》GB 50021—2001 规定，对情况复杂的重要工程，需论证使用期间水位变化，提出抗浮设防水位时，应进行专门研究。

3.0.5　地基基础设计时，所采用的作用效应与相应的抗力限值应符合下列规定：

1　按地基承载力确定基础底面积及埋深或按单桩承载力确定桩数时，传至基础或承台底面上的作用效应应按正常使用极限状态下作用的标准组合；相应的抗力应采用地基承载力特征值或单桩承载力特征值。

2　计算地基变形时，传至基础底面上的作用效应应按正常使用极限状态下作用的准永久组合，不应计入风荷载和地震作用；相应的限值应为地基变形允许值。

3　计算挡土墙、地基或滑坡稳定以及基础抗浮稳定时，作用效应应按承载能力极限状态下作用的基本组合，但其分项系数均为1.0。

4　在确定基础或桩基承台高度、支挡结构截面、计算基础或支挡结构内力、确定配筋和验算材料强度时，上部结构传来的作用效应和相应的基底反力、挡土墙土压力以及滑坡推力，应按承载能力极限状态下作用的基本组合，采用相应的分项系数；当需要验算基础裂缝宽度时，应按正常使用极限状态下作用的标准组合。

　　5　基础设计安全等级、结构设计使用年限、结构重要性系数应按有关规范的规定采用，但结构重要性系数 γ_0 不应小于1.0。

【条文解析】

　　地基基础设计时，所采用的作用的最不利组合和相应的抗力限值应符合下列规定。

　　当按地基承载力计算和地基变形计算以确定基础底面积和埋深时应采用正常使用极限状态，相应的作用效应为标准组合和准永久组合的效应设计值。

　　在计算挡土墙、地基、斜坡的稳定和基础抗浮稳定时，采用承载能力极限状态作用的基本组合，但规定结构重要性系数 γ_0 不应小于1.0，基本组合的效应设计值 S 中作用的分项系数均为1.0。

　　在根据材料性质确定基础或桩台的高度、支挡结构截面，计算基础或支挡结构内力、确定配筋和验算材料强度时，应按承载能力极限状态采用作用的基本组合。此时，S 中包含相应作用的分项系数。

　　3.0.7　地基基础的设计使用年限不应小于建筑结构的设计使用年限。

【条文解析】

　　现行国家标准《工程结构可靠性设计统一标准》GB 50153—2008规定，工程设计时应规定结构的设计使用年限，地基基础设计必须满足上部结构设计使用年限的要求。

　　5.1.1　基础的埋置深度，应按下列条件确定：

　　1　建筑物的用途，有无地下室、设备基础和地下设施，基础的形式和构造；

　　2　作用在地基上的荷载大小和性质；

　　3　工程地质和水文地质条件；

　　4　相邻建筑物的基础埋深；

　　5　地基土冻胀和融陷的影响。

【条文解析】

　　基础的埋置深度通常指的是从设计地面到基础底面的深度，通常应根据建筑物和地层的整体状况做技术、经济比较后确定。

　　基础的埋置深度首先应满足使用功能上的要求，例如，建筑物的用途，有无地下室、设备基础和地下设施等的要求，初步拟采用的基础形式和构造等。其次，作用在地基上的荷载，如高层建筑和水塔、烟囱、筒仓等高耸结构物，就应验算为保证建筑物抗倾覆等的稳定性而需要的基础埋深。如为承受拉力或上拔力的构筑物，基础也需有足够的埋深以保证所需的抗拔阻力。另一方面，地基土的工程地质和水文地质条件；地基土可能具有的冻胀和融陷影响；甚至相邻建筑物的基础埋深等，都是在确定基础埋深时要考虑的因素。

5.1.2　在满足地基稳定和变形要求的前提下，当上层地基的承载力大于下层土时，宜利用上层土作持力层。除岩石地基外，基础埋深不宜小于0.5m。

【条文解析】

在保证建筑物安全和正常使用的前提下，基础应尽量浅埋。一般情况下，不宜小于0.5m，对岩石地基可根据具体情况确定，不受此规定所限。这是从我国实际情况出发的经验总结。对大量低层、多层房屋采用浅埋基础较为经济合理，而且可行。

5.1.3　高层建筑基础的埋置深度应满足地基承载力、变形和稳定性要求。位于岩石地基上的高层建筑，其基础埋深应满足抗滑稳定性要求。

【条文解析】

除岩石地基外，位于天然土质地基上的高层建筑筏形或箱形基础应有适当的埋置深度，以保证筏形和箱形基础的抗倾覆和抗滑移稳定性，否则可能导致严重后果，必须严格执行。

随着我国城镇化进程，建设土地紧张，高层建筑设地下室，不仅满足埋置深度要求，还增加使用功能，对软土地基还能提高建筑物的整体稳定性，所以一般情况下高层建筑宜设地下室。

5.3.1　建筑物的地基变形计算值，不应大于地基变形允许值。

【条文解析】

地基变形计算是地基设计中的一个重要组成部分。当建筑物地基产生过大的变形时，对于工业与民用建筑来说，都可能影响正常的生产或生活，危及人们的安全，影响人们的心理状态。

5.3.3　在计算地基变形时，应符合下列规定：

1　由于建筑地基不均匀、荷载差异很大、体形复杂等因素引起的地基变形，对于砌体承重结构应由局部倾斜值控制；对于框架结构和单层排架结构应由相邻柱基的沉降差控制；对于多层或高层建筑和高耸结构应由倾斜值控制；必要时尚应控制平均沉降量。

2　在必要情况下，需要分别预估建筑物在施工期间和使用期间的地基变形值，以便预留建筑物有关部分之间的净空，选择连接方法和施工顺序。

【条文解析】

一般多层建筑物在施工期间完成的沉降量，对于碎石或砂土可认为其最终沉降量已完成80%以上，对于其他低压缩性土可认为已完成最终沉降量的50%～80%，对于中压缩性土可认为已完成20%～50%，对于高压缩性土可认为已完成5%～20%。

5.3.4　建筑物的地基变形允许值应按表5.3.4规定采用。对表中未包括的建筑物，其地基变形允许值应根据上部结构对地基变形的适应能力和使用上的要求确定。

表 5.3.4 建筑物的地基变形允许值

变形特征		地基土类别	
		中、低压缩性土	高压缩性土
砌体承重结构基础的局部倾斜		0.002	0.003
工业与民用建筑相邻柱基的沉降差	框架结构	0.002l	0.003l
	砌体墙填充的边排柱	0.0007l	0.001l
	当基础不均匀沉降时不产生附加应力的结构	0.005H_g	0.005l
单层排架结构（柱距为6m）柱基的沉降量/mm		(120)	200
桥式吊车轨面的倾斜（按不调整轨道考虑）	纵向	0.004	
	横向	0.003	
多层和高层建筑的整体倾斜	$H_g \leqslant 24$	0.004	
	$24 < H_g \leqslant 60$	0.003	
	$60 < H_g \leqslant 100$	0.0025	
	$H_g > 100$	0.002	
体形简单的高层建筑基础的平均沉降量/mm		200	
高耸结构基础的倾斜	$H_g \leqslant 20$	0.008	
	$20 < H_g \leqslant 50$	0.006	
	$50 < H_g \leqslant 100$	0.005	
	$100 < H_g \leqslant 150$	0.004	
	$150 < H_g \leqslant 200$	0.003	
	$200 < H_g \leqslant 250$	0.002	
高耸结构基础的沉降量/mm	$H_g \leqslant 100$	400	
	$100 < H_g \leqslant 200$	300	
	$200 < H_g \leqslant 250$	200	

注：1 本表数值为建筑物地基实际最终变形允许值；

2 有括号者仅适用于中压缩性土；

3 l 为相邻柱基的中心距离（mm），H_g 为自室外地面起算的建筑物高度（m）；

4 倾斜指基础倾斜方向两端点的沉降差与其距离的比值；

5 局部倾斜指砌体承重结构沿纵向 6～10m 内基础两点的沉降差与其距离的比值。

【条文解析】

本条规定了地基变形的允许值。

5.3.12 在同一整体大面积基础上建有多栋高层和低层建筑，宜考虑上部结构、基础与地基的共同作用进行变形计算。

【条文解析】

大底盘高层建筑由于外挑裙楼和地下结构的存在，使高层建筑地基基础变形由刚性、半刚性向柔性转化，基础挠曲度增加（见图2-1），设计时应加以控制。

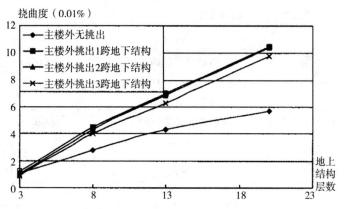

图2-1　大底盘高层建筑与单体高层建筑的整体挠曲
（框架结构，2层地下结构）

主楼外挑出的地下结构可以分担主楼的荷载，降低了整个基础范围内的平均基底压力，使主楼外有挑出时的平均沉降量减小。

裙房扩散主楼荷载的能力是有限的，主楼荷载的有效传递范围是主楼外1~2跨。超过3跨，主楼荷载将不能通过裙房有效扩散（见图2-2）。

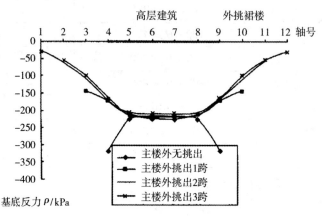

图2-2　大底盘高层建筑与单体高层建筑的基底反力
（内筒外框结构20层，2层地下结构）

大底盘结构基底中点反力与单体高层建筑基底中点反力大小接近，刚度较大的内筒使该部分基础沉降、反力趋于均匀分布。

单体高层建筑的地基承载力在基础刚度满足规范条件时可按平均基底压力验算，角柱、边柱构件设计可按内力计算值放大1.2倍或1.1倍设计；大底盘地下结构的地基反力在高层内筒部位与单体高层建筑内筒部位地基反力接近，是平均基底压力的0.7~0.8倍，且高层部位的边缘反力无单体高层建筑的放大现象，可按此地基反力进行地基承载力验算；角柱、边柱构件设计内力计算值无须放大，但外挑一跨的框架梁、柱内力较不整体连接的情况要大，设计时应予以加强。

增加基础底板刚度、楼板厚度或地基刚度可有效减少大底盘结构基础的差异沉降。试验证明大底盘结构基础底板出现弯曲裂缝的基础挠曲度为 0.05% ~ 0.1%。工程设计时，大面积整体筏形基础主楼的整体挠度不宜大于 0.05%，主楼与相邻的裙楼的差异沉降不大于其跨度 0.1% 可保证基础结构安全。

6.1.1 山区（包括丘陵地带）地基的设计，应对下列设计条件分析认定：

1 建设场区内，在自然条件下，有无滑坡现象，有无影响场地稳定性的断层、破碎带；

2 在建设场地周围，有无不稳定的边坡；

3 施工过程中，因挖方、填方、堆载和卸载等对山坡稳定性的影响；

4 地基内岩石厚度及空间分布情况、基岩面的起伏情况、有无影响地基稳定性的临空面；

5 建筑地基的不均匀性；

6 岩溶、土洞的发育程度，有无采空区；

7 出现危岩崩塌、泥石流等不良地质现象的可能性；

8 地面水、地下水对建筑地基和建设场区的影响。

【条文解析】

山区地基设计应重视潜在的地质灾害对建筑安全的影响，国内已发生几起滑坡引起的房屋倒塌事故，必须引起重视。

6.3.1 当利用压实填土作为建筑工程的地基持力层时，在平整场地前，应根据结构类型、填料性能和现场条件等，对拟压实的填土提出质量要求。未经检验查明以及不符合质量要求的压实填土，均不得作为建筑工程的地基持力层。

【条文解析】

近几年城市建设高速发展，在新城区的建设过程中，形成了大量的填土场地，但多数情况是未经填方设计，直接将开山的岩屑倾倒填筑到沟谷地带的填土。当利用其作为建筑物地基时，应进行详细的工程地质勘察工作，按照设计的具体要求，选择合适的地基方法进行处理。不允许将未经检验查明的以及不符合要求的填土作为建筑工程的地基持力层。

6.4.1 在建设场区内，由于施工或其他因素的影响有可能形成滑坡的地段，必须采取可靠的预防措施。对具有发展趋势并威胁建筑物安全使用的滑坡，应及早采取综合整治措施，防止滑坡继续发展。

【条文解析】

滑坡是山区建设中常见的不良地质现象，有的滑坡是在自然条件下产生的，有的是在工程活动影响下产生的。滑坡对工程建设危害极大，山区建设对滑坡问题必须重视。

6.5.1　岩石地基基础设计应符合下列规定：

1　置于完整、较完整、较破碎岩体上的建筑物可仅进行地基承载力计算。

2　地基基础设计等级为甲、乙级的建筑物，同一建筑物的地基存在坚硬程度不同，两种或多种岩体变形模量差异达 2 倍及 2 倍以上，应进行地基变形验算。

3　地基主要受力层深度内存在软弱下卧岩层时，应考虑软弱下卧岩层的影响进行地基稳定性验算。

4　桩孔、基底和基坑边坡开挖应采用控制爆破，到达持力层后，对软岩、极软岩表面应及时封闭保护。

5　当基岩面起伏较大，且都使用岩石地基时，同一建筑物可以使用多种基础形式。

6　当基础附近有临空面时，应验算向临空面倾覆和滑移稳定性。存在不稳定的临空面时，应将基础埋深加大至下伏稳定基岩；亦可在基础底部设置锚杆，锚杆应进入下伏稳定岩体，并满足抗倾覆和抗滑移要求。同一基础的地基可以放阶处理，但应满足抗倾覆和抗滑移要求。

7　对于节理、裂隙发育及破碎程度较高的不稳定岩体，可采用注浆加固和清爆填塞等措施。

【条文解析】

在岩石地基，特别是在层状岩石中，平面和垂向持力层范围内软岩、硬岩相间出现很常见。在平面上软硬岩石相间分布或在垂向上硬岩有一定厚度、软岩有一定埋深的情况下，为安全合理地使用地基，就有必要通过验算地基的承载力和变形来确定如何对地基进行使用。岩石一般可视为不可压缩地基，上部荷载通过基础传递到岩石地基上时，基底应力以直接传递为主，应力呈柱形分布，当荷载不断增加使岩石裂缝被压密产生微弱沉降而卸荷时，部分荷载将转移到冲切锥范围以外扩散，基底压力呈钟形分布。验算岩石下卧层强度时，其基底压力扩散角可按 $30° \sim 40°$ 考虑。

由于岩石地基刚度大，在岩性均匀的情况下可不考虑不均匀沉降的影响，故同一建筑物中允许使用多种基础形式，如桩基与独立基础并用，条形基础、独立基础与桩基础并用等。

基岩面起伏剧烈，高差较大并形成临空面是岩石地基的常见情况，为确保建筑物的安全，应重视临空面对地基稳定性的影响。

10.3.8　下列建筑物应在施工期间及使用期间进行沉降变形观测：

1　地基基础设计等级为甲级建筑物；

2　软弱地基上的地基基础设计等级为乙级建筑物；

3　处理地基上的建筑物；

4　加层、扩建建筑物；

5　受邻近深基坑开挖施工影响或受场地地下水等环境因素变化影响的建筑物；

6　采用新型基础或新型结构的建筑物。

【条文解析】

本条所指的建筑物沉降观测包括从施工开始，整个施工期内和使用期间对建筑物进行的沉降观测。并以实测资料作为建筑物地基基础工程质量检查的依据之一，建筑物施工期的观测日期和次数，应根据施工进度确定，建筑物竣工后的第一年内，每隔2～3月观测一次，以后适当延长至4～6月，直至达到沉降变形稳定标准为止。

《湿陷性黄土地区建筑规范》GB 50025—2004

6.1.1　当地基的湿陷变形、压缩变形或承载力不能满足设计要求时，应针对不同土质条件和建筑物的类别，在地基压缩层内或湿陷性黄土层内采取处理措施，各类建筑的地基处理应符合下列要求：

1　甲类建筑应消除地基的全部湿陷量或采用桩基础穿透全部湿陷性黄土层，或将基础设置在非湿性黄土层上；

2　乙、丙类建筑应消除地基的部分湿陷量。

【条文解析】

本条规定应针对不同土质条件和建筑物的类别，在地基压缩层内或湿陷性黄土层内采取处理措施，以改善土的物理力学性质，使土的压缩性降低、承载力提高、湿陷性消除。这是因为当地基的变形（湿陷、压缩）或承载力不能满足设计要求时，直接在天然土层上进行建筑或仅采取防水措施和结构措施，往往不能保证建筑物的安全与正常使用。其中，湿陷变形是当地基的压缩变形还未稳定或稳定后，建筑物的荷载不改变，而是由于地基受水浸湿引起的附加变形（即湿陷）。

甲类建筑不允许出现任何破坏性的变形，也不允许因地基变形影响建筑物正常使用，故从严要求消除地基的全部湿陷量。

乙、丙类建筑涉及面广，地基处理过严，建设投资将明显增加，因此规定消除地基的部分湿陷量，然后根据地基处理的程度及下部未处理湿陷性黄土层的剩余湿陷量或湿陷起始压力值的大小，采取相应的防水措施和结构措施，以弥补地基处理的不足，防止建筑物产生有害变形，确保建筑物的整体稳定性和主体结构的安全。地基一旦浸水湿陷，非承重部位出现裂缝，则修复容易，且不影响安全使用。

2.2　基础设计

2.2.1　扩展基础

《建筑地基基础设计规范》GB 50007—2011

8.2.1　扩展基础的构造，应符合下列规定：

1 锥形基础的边缘高度不宜小于200mm，且两个方向的坡度不宜大于1:3；阶梯形基础的每阶高度，宜为300~500mm。

2 垫层的厚度不宜小于70mm，垫层混凝土强度等级不宜低于C10。

3 扩展基础受力钢筋最小配筋率不应小于0.15%，底板受力钢筋的最小直径不应小于10mm，间距不应大于200mm，也不应小于100mm。墙下钢筋混凝土条形基础纵向分布钢筋的直径不应小于8mm；间距不应大于300mm；每延米分布钢筋的面积不应小于受力钢筋面积的15%。当有垫层时钢筋保护层的厚度不应小于40mm；无垫层时不应小于70mm。

4 混凝土强度等级不应低于C20。

5 当柱下钢筋混凝土独立基础的边长和墙下钢筋混凝土条形基础的宽度大于或等于2.5m时，底板受力钢筋的长度可取边长或宽度的0.9倍，并宜交错布置（图8.2.1-1）。

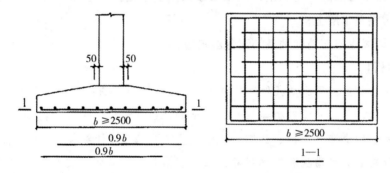

图8.2.1-1 柱下独立基础底板受力钢筋布置

6 钢筋混凝土条形基础底板在T形及十字形交接处，底板横向受力钢筋仅沿一个主要受力方向通长布置，另一方向的横向受力钢筋可布置到主要受力方向底板宽度1/4处（图8.2.1-2）。在拐角处底板横向受力钢筋应沿两个方向布置（图8.2.1-2）。

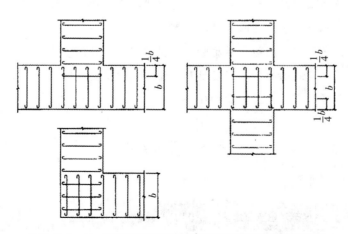

图8.2.1-2 墙下条形基础纵横交叉处底板受力钢筋布置

【条文解析】

扩展基础是指柱下钢筋混凝土独立基础和墙下钢筋混凝土条形基础。由于基础底板中垂直于受力钢筋的另一个方向的配筋具有分散部分荷载的作用，有利于底板内力重分布，因此各国规范中基础板的最小配筋率都小于梁的最小配筋率。

8.2.4 预制钢筋混凝土柱与杯口基础的连接（图8.2.4），应符合下列规定：

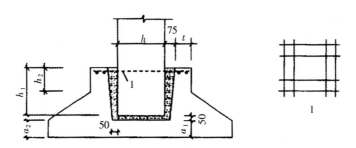

图8.2.4 预制钢筋混凝土柱与杯口基础的连接示意

注：$a_2 \geqslant a_1$；1—焊接网

1 柱的插入深度，可按表8.2.4-1选用，并应满足本规范第8.2.2条钢筋锚固长度的要求及吊装时柱的稳定性。

表8.2.4-1 柱的插入深度 h_1（mm）

矩形或工字形柱				双肢柱
$h<500$	$500 \leqslant h<800$	$800 \leqslant h \leqslant 1000$	$h>1000$	
$h \sim 1.2h$	h	$0.9h$ 且 $\geqslant 800$	$0.8h$ $\geqslant 1000$	$(1/3 \sim 2/3)\,h_a$ $(1.5 \sim 1.8)\,h_b$

注：1 h 为柱截面长边尺寸，h_a 为双肢柱全截面长边尺寸，h_b 为双肢柱全截面短边尺寸；

2 柱轴心受压或小偏心受压时，h_1 可适当减小，偏心距大于 $2h$ 时，h_1 应适当加大。

2 基础的杯底厚度和杯壁厚度，可按表8.2.4-2选用。

表8.2.4-2 基础的杯底厚度和杯壁厚度

柱截面长边尺寸 h/mm	杯底厚度 a_1/mm	杯壁厚度 t/mm
$h<500$	$\geqslant 150$	$150 \sim 200$
$500 \leqslant h<800$	$\geqslant 200$	$\geqslant 200$
$800 \leqslant h<1000$	$\geqslant 200$	$\geqslant 300$

柱截面长边尺寸 h/mm	杯底厚度 a_1/mm	杯壁厚度 t/mm
$1000 \leqslant h < 1500$	$\geqslant 250$	$\geqslant 350$
$1500 \leqslant h < 2000$	$\geqslant 300$	$\geqslant 400$

注：1　双肢柱的杯底厚度值，可适当加大；

　　2　当有基础梁时，基础梁下的杯壁厚度，应满足其支承宽度的要求；

　　3　柱子插入杯口部分的表面应凿毛，柱子与杯口之间的空隙，应用比基础混凝土强度等级高一级的细石混凝土充填密实，当达到材料设计强度的70%以上时，方能进行上部吊装。

3　当柱为轴心受压或小偏心受压且 $t/h_2 \geqslant 0.65$ 时，或大偏心受压且 $t/h_2 \geqslant 0.75$ 时，杯壁可不配筋；当柱为轴心受压或小偏心受压且 $0.5 \leqslant t/h_2 < 0.65$ 时，杯壁可按表 8.2.4-3 构造配筋；其他情况下，应按计算配筋。

表8.2.4-3　杯壁构造配筋

柱截面长边尺寸/mm	$h < 1000$	$1000 \leqslant h < 1500$	$1500 \leqslant h < 2000$
钢筋直径/mm	8~10	10~12	12~16

注：表中钢筋置于杯口顶部，每边两根（图8.2.4）。

【条文解析】

考虑到柱子偏心距对柱插入杯口深度的影响，补充规定：当柱偏心距大于 $2h$ 时，h_1 应适当放大，一般取 $1.2 \sim 1.4h$；对轴心受压或小偏心受压柱，h_1 值可适当减小。

8.2.7　扩展基础的计算应符合下列规定：

1　对柱下独立基础，当冲切破坏锥体落在基础底面以内时，应验算柱与基础交接处以及基础变阶处的受冲切承载力；

2　对基础底面短边尺寸小于或等于柱宽加两倍基础有效高度的柱下独立基础，以及墙下条形基础，应验算柱（墙）与基础交接处的基础受剪切承载力；

3　基础底板的配筋，应按抗弯计算确定；

4　当基础的混凝土强度等级小于柱的混凝土强度等级时，尚应验算柱下基础顶面的局部受压承载力。

【条文解析】

本条规定了扩展基础的设计内容：受冲切承载力计算、受剪切承载力计算、抗弯计算、受压承载力计算。为确保扩展基础设计的安全，在进行扩展基础设计时必须严格执行。

2.2.2 筏基基础

《建筑地基基础设计规范》GB 50007—2011

8.4.1 筏形基础分为梁板式和平板式两种类型，其选型应根据地基土质、上部结构体系、柱距、荷载大小、使用要求以及施工条件等因素确定。框架 - 核心筒结构和筒中筒结构宜采用平板式筏形基础。

【条文解析】

筏形基础分为平板式和梁板式两种类型，其选型应根据工程具体条件确定。与梁板式筏基相比，平板式筏基具有抗冲切及抗剪切能力强的特点，且构造简单，施工便捷，经大量工程实践和部分工程事故分析，平板式筏基具有更好的适应性。

8.4.4 筏形基础的混凝土强度等级不应低于C30，当有地下室时应采用防水混凝土。防水混凝土的抗渗等级应按表8.4.4选用。对重要建筑，宜采用自防水并设置架空排水层。

表8.4.4 防水混凝土抗渗等级

埋置深度 d/m	设计抗渗等级
$d < 10$	P6
$10 \leqslant d < 20$	P8
$20 \leqslant d < 30$	P10
$d \geqslant 30$	P12

【条文解析】

本条主要对筏形基础的混凝土强度等级以及防水混凝土抗渗等级作了明确规定。

8.4.5 采用筏形基础的地下室，钢筋混凝土外墙厚度不应小于250mm，内墙厚度不宜小于200mm。墙的截面设计除满足承载力要求外，尚应考虑变形、抗裂及外墙防渗等要求。墙体内应设置双面钢筋，钢筋不宜采用光面圆钢筋，水平钢筋的直径不应小于12mm，竖向钢筋的直径不应小于10mm，间距不应大于200mm。

【条文解析】

本条主要规定了筏形基础地下室的构造。

8.4.6 平板式筏基的板厚应满足受冲切承载力的要求。

【条文解析】

平板式筏基的板厚通常由冲切控制，包括柱下冲切和内筒冲切，因此其板厚应满足受冲切承载力的要求。

8.4.9 平板式筏基应验算距内筒和柱边缘 h_0 处截面的受剪承载力。当筏板变厚度时，尚应验算变厚度处筏板的受剪承载力。

【条文解析】

平板式筏基内筒、柱边缘处以及筏板变厚度处剪力较大，应进行抗剪承载力验算。

8.4.11 梁板式筏基底板应计算正截面受弯承载力，其厚度尚应满足受冲切承载力、受剪切承载力的要求。

【条文解析】

本条规定了梁板式筏基底板的设计内容：抗弯计算、受冲切承载力计算、受剪切承载力计算。为确保梁板式筏基底板设计的安全，在进行梁板式筏基底板设计时必须严格执行。

8.4.13 地下室底层柱、剪力墙与梁板式筏基的基础梁连接的构造应符合下列规定：

1 柱、墙的边缘至基础梁边缘的距离不应小于50mm（图8.4.13）；

2 当交叉基础梁的宽度小于柱截面的边长时，交叉基础梁连接处应设置八字角，柱角与八字角之间的净距不宜小于50mm（图8.4.13（a））；

3 单向基础梁与柱的连接，可按图8.4.13（b）、（c）采用；

4 基础梁与剪力墙的连接，可按图8.4.13（d）采用。

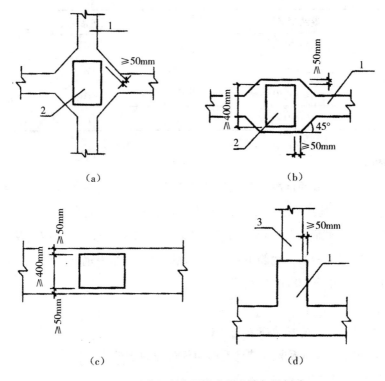

图8.4.13 地下室底层柱或剪力墙与梁板式
筏基的基础梁连接的构造要求

1—基础梁；2—柱；3—墙

【条文解析】

本条主要对地下室底层柱、剪力墙与梁板式筏基的基础梁连接的构造作了明确规定。

8.4.15 按基底反力直线分布计算的梁板式筏基，其基础梁的内力可按连续梁分析，边跨跨中弯矩以及第一内支座的弯矩值宜乘以 1.2 的系数。梁板式筏基的底板和基础梁的配筋除满足计算要求外，纵横方向的底部钢筋尚应有不少于 1/3 贯通全跨，顶部钢筋按计算配筋全部连通，底板上下贯通钢筋的配筋率不应小于 0.15%。

【条文解析】

筏形基础在四角处及四边边区格上，往往地基反力较大，尤其是四角处应力更为集中。设计时，配以辐射状钢筋，给予适当加强，以免在梁板上出现过大的裂缝。

当按连续梁计算梁肋时，必然会遇到计算出的"支座"反力与柱压力不符的问题，对于其中某些位置上的主肋来说，这种矛盾还可能相当突出，因此就更需要设计者在截面设计时结合实际作必要的调整，有时也可用前述静定分析法计算主肋的内力，再参考两种结果进行配筋。

在进行计算与设计时，片筏设计由于以下三种原因，可能引起这种形式过于保守。

1) 附加的分析费及分析中的不确定因素。

2) 此种结构设计保守所增加的造价一般较小，只要超过安全的合理化费用与总的工程造价相比不大。

3) 增加造价，也增加了安全系数。

8.4.17 对有抗震设防要求的结构，当地下一层结构顶板作为上部结构嵌固端时，嵌固端处的底层框架柱下端截面组合弯矩设计值应按现行国家标准《建筑抗震设计规范》GB 50011—2010 的规定乘以与其抗震等级相对应的增大系数。当平板式筏形基础板作为上部结构的嵌固端、计算柱下板带截面组合弯矩设计值时，底层框架柱下端内力应考虑地震作用组合及相应的增大系数。

【条文解析】

本条主要对有抗震设防要求的结构作了明确规定。

8.4.18 梁板式筏基基础梁和平板式筏基的顶面应满足底层柱下局部受压承载力的要求。对抗震设防烈度为 9 度的高层建筑，验算柱下基础梁、筏板局部受压承载力时，应计入竖向地震作用对柱轴力的影响。

【条文解析】

梁板式筏基基础梁和平板式筏基的顶面处与结构柱、剪力墙交界处承受较大的竖向力，设计时应进行局部受压承载力计算。

8.4.19 筏板与地下室外墙的接缝、地下室外墙沿高度处的水平接缝应严格按施工缝要求施工，必要时可设通长止水带。

【条文解析】

对于地下水位以下的地下室筏板基础，必须考虑混凝土的抗渗等级，并进行抗裂验算。

8.4.20 带裙房的高层建筑筏形基础应符合下列规定：

1 当高层建筑与相连的裙房之间设置沉降缝时，高层建筑的基础埋深应大于裙房基础的埋深至少2m。地面以下沉降缝的缝隙应用粗砂填实（图8.4.20（a））。

2 当高层建筑与相连的裙房之间不设置沉降缝时，宜在裙房一侧设置用于控制沉降差的后浇带，当沉降实测值和计算确定的后期沉降差满足设计要求后，方可进行后浇带混凝土浇筑。当高层建筑基础面积满足地基承载力和变形要求时，后浇带宜设在与高层建筑相邻裙房的第一跨内。当需要满足高层建筑地基承载力、降低高层建筑沉降量、减小高层建筑与裙房间的沉降差而增大高层建筑基础面积时，后浇带可设在距主楼边柱的第二跨内，此时应满足以下条件：

1）地基土质较均匀；

2）裙房结构刚度较好且基础以上的地下室和裙房结构层数不少于两层；

3）后浇带一侧与主楼连接的裙房基础底板厚度与高层建筑的基础底板厚度相同（图8.4.20（b））。

3 当高层建筑与相连的裙房之间不设沉降缝和后浇带时，高层建筑及与其紧邻一跨裙房的筏板应采用相同厚度，裙房筏板的厚度宜从第二跨裙房开始逐渐变化，应同时满足主、裙楼基础整体性和基础板的变形要求；应进行地基变形和基础内力的验算，验算时应分析地基与结构间变形的相互影响，并采取有效措施防止产生有不利影响的差异沉降。

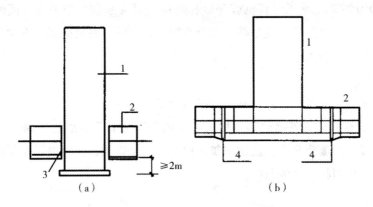

图8.4.20 高层建筑与裙房间的沉降缝、后浇带处理示意

1—高层建筑；2—裙房及地下室；3—室外地坪以下用粗砂填实；4—后浇带

【条文解析】

1）厚筏基础（厚跨比不小于1/6）具备扩散主楼荷载的作用，扩散范围与相邻裙房地下室的层数、间距以及筏板的厚度有关，影响范围不超过三跨。

2）多塔楼作用下大底盘厚筏基础的变形特征为：各塔楼独立作用下产生的变形效应通过以各个塔楼下面一定范围内的区域为沉降中心，各自沿径向向外围衰减。

3）多塔楼作用下大底盘厚筏基础的基底反力的分布规律为：各塔楼荷载产出的基底反力以其塔楼下某一区域为中心，通过各自塔楼周围的裙房基础沿径向向外围扩散，并随着距离的增大而逐渐衰减。

4）大比例室内模型系列试验和工程实测结果表明，当高层建筑与相连的裙房之间不设沉降缝和后浇带时，高层建筑的荷载通过裙房基础向周围扩散并逐渐减小，因此与高层建筑紧邻的裙房基础下的地基反力相对较大，该范围内的裙房基础板厚度突然减小过多时，有可能出现基础板的截面因承载力不够而发生破坏或其因变形过大出现裂缝。因此本条提出高层建筑及与其紧邻一跨的裙房筏板应采用相同厚度，裙房筏板的厚度宜从第二跨裙房开始逐渐变化。

5）室内模型试验结果表明，平面呈L形的高层建筑下的大面积整体筏形基础，筏板在满足厚跨比不小于1/6的条件下，裂缝发生在与高层建筑相邻的裙房第一跨和第二跨交接处的柱旁。试验结果还表明，高层建筑连同紧邻一跨的裙房其变形相当均匀，呈现出接近刚性板的变形特征。因此，当需要设置后浇带时，后浇带宜设在与高层建筑相邻裙房的第二跨内（见图2-3）。

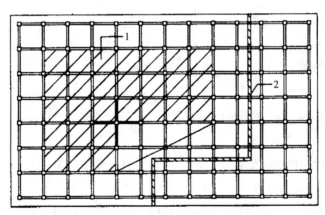

图2-3　平面呈L形的高层建筑后浇带示意

1—L形高层建筑；2—后浇带

8.4.21　在同一大面积整体筏形基础上建有多幢高层和低层建筑时，筏板厚度和配筋宜按上部结构、基础与地基土共同作用的基础变形和基底反力计算确定。

【条文解析】

室内模型试验和工程沉降观察以及反算结果表明，在同一大面积整体筏形基础上有多幢高层和低层建筑时，筏形基础的结构分析宜考虑上部结构、基础与地基土的共同作用，否则将得到与沉降测试结果不符的较小的基础边缘沉降值和较大的基础挠曲度。

8.4.24 筏形基础地下室施工完毕后，应及时进行基坑回填工作。填土应按设计要求选料，回填时应先清除基坑中的杂物，在相对的两侧或四周同时回填并分层夯实，回填土的压实系数不应小于0.94。

【条文解析】

回填土的质量影响着基础的埋置作用，如果不能保证填土和地下室外墙之间的有效接触，将减弱土对基础的约束作用，降低基侧土对地下结构的阻抗。因此，应注意地下室四周回填土应均匀分层夯实。

2.2.3 桩基础

《建筑地基基础设计规范》GB 50007—2011

8.5.2 桩基设计应符合下列规定：

1 所有桩基均应进行承载力和桩身强度计算。对预制桩，尚应进行运输、吊装和锤击等过程中的强度和抗裂验算。

2 桩基础沉降验算应符合本规范第8.5.15条的规定。

3 桩基础的抗震承载力验算应符合现行国家标准《建筑抗震设计规范》GB 50011—2010的有关规定。

4 桩基宜选用中、低压缩性土层作桩端持力层。

5 同一结构单元内的桩基，不宜选用压缩性差异较大的土层作桩端持力层，不宜采用部分摩擦桩和部分端承桩。

6 由于欠固结软土、湿陷性土和场地填土的固结，场地大面积堆载、降低地下水位等原因，引起桩周土的沉降大于桩的沉降时，应考虑桩侧负摩擦力对桩基承载力和沉降的影响。

7 对位于坡地、岸边的桩基，应进行桩基的整体稳定验算。桩基应与边坡工程统一规划，同步设计。

8 岩溶地区的桩基，当岩溶上覆土层的稳定性有保证，且桩端持力层承载力及厚度满足要求，可利用上覆土层作为桩端持力层。当必须采用嵌岩桩时，应对岩溶进行施工勘察。

9 应考虑桩基施工中挤土效应对桩基及周边环境的影响；在深厚饱和软土中不宜采用大片密集有挤土效应的桩基。

10 应考虑深基坑开挖中，坑底土回弹隆起对桩身受力及桩承载力的影响。

11 桩基设计时，应结合地区经验考虑桩、土、承台的共同工作。

12 在承台及地下室周围的回填中，应满足填土密实度要求。

【条文解析】

同一结构单元的桩基，由于采用压缩性差异较大的持力层或部分采用摩擦桩，部分采用端承桩，常引起较大不均匀沉降，导致建筑物构件开裂或建筑物倾斜；在地震荷载作用下，摩擦桩和端承桩的沉降不同，如果同一结构单元的桩基同时采用部分摩擦桩和部分端承桩，将导致结构产生较大的不均匀沉降。

岩溶地区的嵌岩桩在成孔中常发生漏浆、塌孔和埋钻现象，给施工造成困难，因此应首先考虑利用上覆土层作为桩端持力层的可行性。利用上覆土层作为桩端持力层的条件是上覆土层必须是稳定的土层，其承载力及厚度应满足要求。上覆土层的稳定性的判定至关重要，在岩溶发育区，当基岩上覆土层为饱和砂类土时，应视为地面易塌陷区，不得作为建筑场地。必须用作建筑场地时，可采用嵌岩端承桩基础，同时采取勘探孔注浆等辅助措施。基岩面以上为黏性土层，黏性土有一定厚度且无土洞存在或可溶性岩面上有砂岩、泥岩等非可溶岩层时，上覆土层可视为稳定土层。当上覆黏性土在岩溶水上下交替变化作用下可能形成土洞时，上覆土层也应视为不稳定土层。

在深厚软土中，当基坑开挖较深时，基底土的回弹可引起桩身上浮、桩身开裂，影响单桩承载力和桩身耐久性，应引起高度重视。设计时应考虑加强桩身配筋、支护结构设计时应采取防止基底隆起的措施，同时应加强坑底隆起的监测。

承台及地下室周围的回填土质量对高层建筑抗震性能的影响较大，规范均规定了填土压实系数不小于0.94。除要求施工中采取措施尽量保证填土质量外，可考虑改用灰土回填或增加一至两层混凝土水平加强条带，条带厚度不应小于0.5m。

关于桩、土、承台共同工作问题，各地区根据工程经验有不同的处理方法，如混凝土桩复合地基、复合桩基、减少沉降的桩基、桩基的变刚度调平设计等。实际操作中应根据建筑物的要求和岩土工程条件以及工程经验确定设计参数。无论采用哪种模式，承台下土层均应当是稳定土层。液化土、欠固结土、高灵敏度软土、新填土等皆属于不稳定土层，当沉桩引起承台土体明显隆起时也不宜考虑承台底土层的抗力作用。

8.5.3 桩和桩基的构造，应符合下列规定：

1 摩擦型桩的中心距不宜小于桩身直径的3倍；扩底灌注桩的中心距不宜小于扩底直径的1.5倍，当扩底直径大于2m时，桩端净距不宜小于1m。在确定桩距时尚应考虑施工工艺中挤土等效应对邻近桩的影响。

2 扩底灌注桩的扩底直径，不应大于桩身直径的3倍。

3 桩底进入持力层的深度，宜为桩身直径的1~3倍。在确定桩底进入持力层深度时，尚应考虑特殊土、岩溶以及震陷液化等影响。嵌岩灌注桩周边嵌入完整和较完整的未风化、微风化、中风化硬质岩体的最小深度，不宜小于0.5m。

4 布置桩位时宜使桩基承载力合力点与竖向永久荷载合力作用点重合。

5 设计使用年限不少于50年时，非腐蚀环境中预制桩的混凝土强度等级不应低于

C30，预应力桩不应低于C40，灌注桩的混凝土强度等级不应低于C25；二b类环境及三类及四类、五类微腐蚀环境中不应低于C30；在腐蚀环境中的桩，桩身混凝土的强度等级应符合现行国家标准《混凝土结构设计规范》GB 50010—2010 的有关规定。设计使用年限不少于100年的桩，桩身混凝土的强度等级宜适当提高。水下灌注混凝土的桩身混凝土强度等级不宜高于C40。

6 桩身混凝土的材料、最小水泥用量、水灰比、抗渗等级等应符合现行国家标准《混凝土结构设计规范》GB 50010—2010、《工业建筑防腐蚀设计规范》GB 50046—2008 及《混凝土结构耐久性设计规范》GB/T 50476—2008 的有关规定。

7 桩的主筋配置应经计算确定。预制桩的最小配筋率不宜小于0.8%（锤击沉桩）、0.6%（静压沉桩），预应力桩不宜小于0.5%；灌注桩最小配筋率不宜小于0.2% ~ 0.65%（小直径桩取大值）。桩顶以下3~5倍桩身直径范围内，箍筋宜适当加强加密。

8 桩身纵向钢筋配筋长度应符合下列规定：

1）受水平荷载和弯矩较大的桩，配筋长度应通过计算确定。

2）桩基承台下存在淤泥、淤泥质土或液化土层时，配筋长度应穿过淤泥、淤泥质土层或液化土层。

3）坡地岸边的桩、8度及8度以上地震区的桩、抗拔桩、嵌岩端承桩应通长配筋。

4）钻孔灌注桩构造钢筋的长度不宜小于桩长的2/3；桩施工在基坑开挖前完成时，其钢筋长度不宜小于基坑深度的2/3。

9 桩身配筋可根据计算结果及施工工艺要求，可沿桩身纵向不均匀配筋。腐蚀环境中的灌注桩主筋直径不宜小于16mm，非腐蚀性环境中灌注桩主筋直径不应小于12mm。

10 桩顶嵌入承台内的长度不应小于50mm。主筋伸入承台内的锚固长度不应小于钢筋直径（HPB235）的1/30和钢筋直径（HRB335和HRB400）的1/35。对于大直径灌注桩，当采用一柱一桩时，可设置承台或将桩和柱直接连接。桩和柱的连接可按本规范第8.2.5条高杯口基础的要求选择截面尺寸和配筋，柱纵筋插入桩身的长度应满足锚固长度的要求。

11 灌注桩主筋混凝土保护层厚度不应小于50mm；预制桩不应小于45mm，预应力管桩不应小于35mm；腐蚀环境中的灌注桩不应小于55mm。

【条文解析】

本条规定了摩擦型桩的桩中心距限制条件，主要为了减少摩擦型桩侧阻叠加效应及沉桩中对邻桩的影响，对于密集群桩以及挤土型桩，应加大桩距。非挤土桩当承台下桩数少于9根，且少于3排时，桩距可不小于2.5d。对于端承型桩，特别是非挤土端承桩和嵌岩桩桩距的限制可以放宽。

扩底灌注桩的扩底直径，不应大于桩身直径的3倍，是考虑到扩底施工的难易和安全，同时需要保持桩间土的稳定。

桩端进入持力层的最小深度，主要是考虑了在各类持力层中成桩的可能性和难易程度，并保证桩端阻力的发挥。

桩端进入破碎岩石或软质岩的桩，按一般桩来计算桩端进入持力层的深度。桩端进入完整和较完整的未风化、微风化、中等风化硬质岩石时，入岩施工困难，同时硬质岩已提供足够的端阻力。

桩身混凝土最低强度等级与桩身所处环境条件有关。有关岩土及地下水的腐蚀性问题，牵涉腐蚀源、腐蚀类别、性质、程度、地下水位变化、桩身材料等诸多因素。现行国家标准《岩土工程勘察规范》GB 50021—2001、《混凝土结构设计规范》GB 50010—2010、《工业建筑防腐蚀设计规范》GB 50046—2008、《混凝土结构耐久性设计规范》GB/T 50476—2008 等不同角度作了相应的表述和规定。

为了便于操作，本条将桩身环境划分为非腐蚀环境（包括微腐蚀环境）和腐蚀环境两大类，对非腐蚀环境中桩身混凝土强度作了明确规定，腐蚀环境中的桩身混凝土强度、材料、最小水泥用量、水灰比、抗渗等级等还应符合相关规范的规定。

桩身埋于地下，不能进行正常维护和维修，必须采取措施保证其使用寿命，特别是许多情况下桩顶附近位于地下水位频繁变化区，对桩身混凝土及钢筋的耐久性应引起重视。

灌注桩水下浇筑混凝土目前大多采用商品混凝土，混凝土各项性能有保障的条件下，可将水下浇筑混凝土强度等级达到 C45。

当场地位于坡地且桩端持力层和地面坡度超过 10% 时，除应进行场地稳定验算并考虑挤土桩对边坡稳定的不利影响外，桩身尚应通长配筋，用来增加桩身水平抗力。关于通长配筋的理解应该是钢筋长度达到设计要求的持力层需要的长度。

采用大直径长灌注桩时，宜将部分构造钢筋通长设置，用以验证孔径及孔深。

8.5.10　桩身混凝土强度应满足桩的承载力设计要求。

【条文解析】

为避免基桩在受力过程中发生桩身强度破坏，桩基设计时应进行基桩的桩身强度验算，确保桩身混凝土强度满足桩的承载力要求。

8.5.12　非腐蚀环境中的抗拔桩应根据环境类别控制裂缝宽度满足设计要求，预应力混凝土管桩应按桩身裂缝控制等级为二级的要求进行桩身混凝土抗裂验算。腐蚀环境中的抗拔桩和受水平力或弯矩较大的桩应进行桩身混凝土抗裂验算，裂缝控制等级应为二级；预应力混凝土管桩裂缝控制等级应为一级。

【条文解析】

非腐蚀性环境中的抗拔桩，桩身裂缝宽度应满足设计要求。预应力混凝土管桩因增加钢筋直径有困难，考虑其钢筋直径较小，耐久性差，所以裂缝控制等级应为二级，即混凝土拉应力不应超过混凝土抗拉强度设计值。

腐蚀性环境中，考虑桩身钢筋耐久性，抗拔桩和受水平力或弯矩较大的桩不允许桩身混凝土出现裂缝。预应力混凝土管桩裂缝等级应为一级（即桩身混凝土不出现拉应力）。

预应力管桩作为抗拔桩使用时，近期出现了数起桩身抗拔破坏的事故，主要表现在主筋墩头与端板连接处拉脱，同时管桩的接头焊缝耐久性也有问题，因此，在抗拔构件中应慎用预应力混凝土管桩。必须使用时应考虑以下几点：

1）预应力筋必须锚入承台；

2）截桩后应考虑预应力损失，在预应力损失段的桩外围应包裹钢筋混凝土；

3）宜采用单节管桩；

4）多节管桩可考虑通长灌芯，另行设置通长的抗拔钢筋，或将抗拔承载力留有余地，防止墩头拔出；

5）端板与钢筋的连接强度应满足抗拔力要求。

8.5.13 桩基沉降计算应符合下列规定：

1 对以下建筑物的桩基应进行沉降验算；

　　1）地基基础设计等级为甲级的建筑物桩基；

　　2）体形复杂、荷载不均匀或桩端以下存在软弱土层的设计等级为乙级的建筑物桩基；

　　3）摩擦型桩基。

2 桩基沉降不得超过建筑物的沉降允许值，并应符合本规范表5.3.4的规定。

【条文解析】

地基基础设计强调变形控制原则，桩基础也应按变形控制原则进行设计。本条规定了桩基沉降计算的适用范围以及控制原则。

8.5.14 嵌岩桩、设计等级为丙级的建筑物桩基、对沉降无特殊要求的条形基础下不超过两排桩的桩基、吊车工作级别 A5 及 A5 以下的单层工业厂房且桩端下为密实土层的桩基，可不进行沉降验算。当有可靠地区经验时，对地质条件不复杂、荷载均匀、对沉降无特殊要求的端承型桩基也可不进行沉降验算。

【条文解析】

对于地基基础设计等级为丙级的建筑物、群桩效应不明显的建筑物桩基，可根据单桩静载荷试验的变形及当地工程经验估算建筑物的沉降量。

8.5.16 以控制沉降为目的设置桩基时，应结合地区经验，并满足下列要求：

1 桩身强度应按桩顶荷载设计值验算；

2 桩、土荷载分配应按上部结构与地基共同作用分析确定；

3 桩端进入较好的土层，桩端平面处土层应满足下卧层承载力设计要求；

4 桩距可采用4~6倍桩身直径。

【条文解析】

开发为控制沉降而设置桩基的方法是考虑桩、土、承台共同工作时，基础的承载力可以满足要求，而下卧层变形过大，此时采用摩擦型桩旨在减少沉降，以满足建筑物的使用要求。以控制沉降为目的设置桩基是指直接用沉降量指标来确定用桩的数量。能否实行这种设计方法，必须要有当地的经验，特别是符合当地工程实践的桩基沉降计算方法。直接用沉降量确定用桩数量后，还必须满足本条所规定的使用条件和构造措施。上述方法的基本原则有下面三点。

1）设计用桩数量可以根据沉降控制条件，即允许沉降量计算确定。

2）基础总安全度不能降低，应按桩、土和承台共同作用的实际状态来验算。桩土共同工作是一个复杂的过程，随着沉降的发展，桩、土的荷载分担不断变化，作为一种最不利状态的控制，桩顶荷载可能接近或等于单桩极限承载力。为了保证桩基的安全度，规定按承载力特征值计算的桩群承载力与土承载力之和应大于或等于作用的标准组合产生的作用在桩基承台顶面的竖向力与承台及其上土自重之和。

3）为保证桩、土和承台共同工作，应采用摩擦型桩，使桩基产生可以容许的沉降，承台底不致脱空，在桩基沉降过程中充分发挥桩端持力层的抗力。同时桩端还要置于相对较好的土层中，防止沉降过大，达不到预期控制沉降的目的。为保证承台底不脱空，当承台底土为欠固结土或承载力利用价值不大的软土时，尚应对其进行处理。

8.5.17　桩基承台的构造，除满足受冲切、受剪切、受弯承载力和上部结构的要求外，尚应符合下列要求：

1　承台的宽度不应小于500mm。边桩中心至承台边缘的距离不宜小于桩的直径或边长，且桩的外边缘至承台边缘的距离不小于150mm。对于条形承台梁，桩的外边缘至承台梁边缘的距离不小于75mm。

2　承台的最小厚度不应小于300mm。

3　承台的配筋，对于矩形承台，其钢筋应按双向均匀通长布置（图8.5.17（a）），钢筋直径不宜小于10mm，间距不宜大于200mm；对于三桩承台，钢筋应按三向板带均匀布置，且最里面的三根钢筋围成的三角形应在柱截面范围内（图8.5.17（b））。承台梁的主筋除满足计算要求外，尚应符合现行国家标准《混凝土结构设计规范》GB 50010—2010关于最小配筋率的规定，主筋直径不宜小于12mm，架立筋不宜小于10mm，箍筋直径不宜小于6mm（图8.5.17（c））；柱下独立桩基承台的最小配筋率不应小于0.15%。钢筋锚固长度自边桩内侧（当为圆桩时，应将其直径乘以0.886等效为方桩）算起，锚固长度不应小于35倍钢筋直径，当不满足时应将钢筋向上弯折，此时钢筋水平段的长度不应小于25倍钢筋直径，弯折段的长度不应小于10倍钢筋直径。

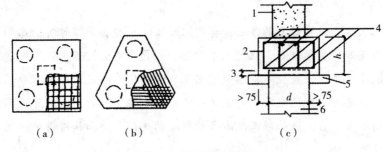

图 8.5.17　承台配筋

1—墙；2—箍筋直径≥6mm；3—桩顶入承台≥50mm；4—承台梁内主筋
除须按计算配筋外尚应满足最小配筋率；5—垫层 100mm 厚 C10 混凝土

4　承台混凝土强度等级不应低于 C20；纵向钢筋的混凝土保护层厚度不应小于 70mm，当有混凝土垫层时，不应小于 50mm；且不应小于桩头嵌入承台内的长度。

【条文解析】

承台之间的连接应符合下列要求：

1）单桩承台，应在两个互相垂直的方向上设置连系梁。

2）两桩承台，应在其短向设置连系梁。

3）有抗震要求的柱下独立承台，宜在两个主轴方向设置连系梁。

4）连系梁顶面宜与承台位于同一标高。连系梁的宽度不应小于 250mm，梁的高度可取承台中心距的 1/15～1/10，且不宜小于 400mm。

5）连系梁的主筋应按计算要求确定。连系梁内上下纵向钢筋直径不应小于 12mm 且不应少于 2 根，并应按受拉要求锚入承台。

8.5.20　柱下桩基础独立承台应分别对柱边和桩边、变阶处和桩边连线形成的斜截面进行受剪计算。当柱边外有多排桩形成多个剪切斜截面时，尚应对每个斜截面进行验算。

【条文解析】

桩基承台的柱边、变阶处等部位剪力较大，应进行斜截面抗剪承载力验算。

8.5.22　当承台的混凝土强度等级低于柱或桩的混凝土强度等级时，尚应验算柱下或桩上承台的局部受压承载力。

【条文解析】

桩基承台与柱、桩交界处承受较大的竖向力，设计时应进行局部受压承载力计算。

8.5.23　承台之间的连接应符合下列要求：

1　单桩承台，应在两个互相垂直的方向上设置连系梁。

2　两桩承台，应在其短向设置连系梁。

3　有抗震要求的柱下独立承台，宜在两个主轴方向设置连系梁。

4 连系梁顶面宜与承台位于同一标高。连系梁的宽度不应小于250mm，梁的高度可取承台中心距的1/15~1/10，且不小于400mm。

5 连系梁的主筋应按计算要求确定。连系梁内上下纵向钢筋直径不应小于12mm且不应少于2根，并应按受拉要求锚入承台。

【条文解析】

承台之间的连接，通常应在两个互相垂直的方向上设置连系梁。对于单层工业厂房排架柱基础横向跨度较大、设置连系梁有困难，可仅在纵向设置连系梁，在端部应按基础设计要求设置地梁。

10.2.13 人工挖孔桩终孔时，应进行桩端持力层检验。单柱单桩的大直径嵌岩桩，应视岩性检验孔底下3倍桩身直径或5m深度范围内有无土洞、溶洞、破碎带或软弱夹层等不良地质条件。

【条文解析】

人工挖孔桩应逐孔进行终孔验收，终孔验收的重点是持力层的岩土特征。对单柱单桩的大直径嵌岩桩，承载能力主要取决嵌岩段岩性特征和下卧层的持力性状，终孔时，应用超前钻逐孔对孔底下3d或5m深度范围内持力层进行检验，查明是否存在溶洞、破碎带和软夹层等，并提供岩芯抗压强度试验报告。

终孔验收如发现与勘察报告及设计文件不一致，应由设计人提出处理意见。缺少经验时，应进行桩端持力层岩基原位荷载试验。

10.2.14 施工完成后的工程桩应进行桩身完整性检验和竖向承载力检验。承受水平力较大的桩应进行水平承载力检验，抗拔桩应进行抗拔承载力检验。

【条文解析】

单桩竖向静载试验应在工程桩的桩身质量检验后进行。

《建筑桩基技术规范》JGJ 94—2008

3.1.2 根据建筑规模、功能特征、对差异变形的适应性、场地地基和建筑物体形的复杂性以及由于桩基问题可能造成建筑破坏或影响正常使用的程度，应将桩基设计分为表3.1.2所列的三个设计等级。桩基设计时，应根据表3.1.2确定设计等级。

表3.1.2　建筑桩基设计等级

设计等级	建筑类型
甲级	(1) 重要的建筑 (2) 30层以上或高度超过100m的高层建筑 (3) 体形复杂且层数相差超过10层的高低层（含纯地下室）连体建筑 (4) 20层以上框架–核心筒结构及其他对差异沉降有特殊要求的建筑

设计等级	建筑类型
甲级	（5）场地和地基条件复杂的 7 层以上的一般建筑及坡地、岸边建筑 （6）对相邻既有工程影响较大的建筑
乙级	除甲级、丙级以外的建筑
丙级	场地和地基条件简单、荷载分布均匀的 7 层及 7 层以下的一般建筑

【条文解析】

划分建筑桩基设计等级，旨在界定桩基设计的复杂程度、计算内容和应采取的相应措施。桩基设计等级是根据建筑物规模、体形与功能特征、场地地质与环境的复杂程度，以及由于桩基问题可能造成建筑物破坏或影响正常使用的程度划分为三个等级。

3.1.3　桩基应根据具体条件分别进行下列承载能力计算和稳定性验算：

1　应根据桩基的使用功能和受力特征分别进行桩基的竖向承载力计算和水平承载力计算。

2　应对桩身和承台结构承载力进行计算；对于桩侧土不排水抗剪强度小于 10kPa 且长径大于 50 的桩，应进行桩身压屈验算；对于混凝土预制桩，应按吊装、运输和锤击作用进行桩身承载力验算；对于钢管桩，应进行局部压屈验算。

3　对桩端平面以下存在软弱下卧层时，应进行软弱下卧层承载力验算。

4　对位于坡地、岸边的桩基，应进行整体稳定性验算。

5　对于抗浮、抗拔桩基，应进行基桩和群桩的抗拔承载力计算。

6　对于抗震设防区的桩基，应进行抗震承载力验算。

【条文解析】

关于桩基承载力计算和稳定性验算，是承载能力极限状态设计的具体内容，应结合工程具体条件有针对性地进行计算或验算，条文所列 6 项内容中有的为必算项，有的为可算项。

3.1.4　下列建筑桩基应进行沉降计算：

1　设计等级为甲级的非嵌岩桩和非深厚坚硬持力层的建筑桩基；

2　设计等级为乙级的体形复杂、荷载分布显著不均匀或桩端平面以下存在软弱土层的建筑桩基；

3　软土地基多层建筑减沉复合疏桩基础。

3.1.5　对受水平荷载较大，或对水平位移有严格限制的建筑桩基，应计算其水平位移。

【条文解析】

桩基变形涵盖沉降和水平位移两大方面，后者包括长期水平荷载、高抗震烈度区水平地震作用以及风荷载等引起的水平位移；桩基沉降是计算绝对沉降、差异沉降、整体倾斜和局部倾斜的基本参数。

3.1.7 桩基设计时，所采用的作用效应组合与相应的抗力应符合下列规定：

1 确定桩数和布桩时，应采用传至承台底面的荷载效应标准组合；相应的抗力应采用基桩或复合基桩承载力特征值。

2 计算荷载作用下的桩基沉降和水平位移时，应采用荷载效应准永久组合；计算水平地震作用、风载作用下的桩基水平位移时，应采用水平地震作用、风载效应标准组合。

3 验算坡地、岸边建筑桩基的整体稳定性时，应采用荷载效应标准组合；抗震设防区，应采用地震作用效应和荷载效应的标准组合。

4 在计算桩基结构承载力、确定尺寸和配筋时，应采用传至承台顶面的荷载效应基本组合。当进行承台和桩身裂缝控制验算时，应分别采用荷载效应标准组合和荷载效应准永久组合。

5 桩基结构安全等级、结构设计使用年限和结构重要性系数 γ_0 应按现行有关建筑结构规范的规定采用，除临时性建筑外，重要性系数 γ_0 应不小于 1.0。

6 对桩基结构进行抗震验算时，其承载力调整系数 γ_{RE} 应按现行国家标准《建筑抗震设计规范》GB 50011—2010 的规定采用。

【条文解析】

桩基设计所采用的作用效应组合和抗力是根据计算或验算的内容相适应的原则确定。

5.2.1 桩基竖向承载力计算应符合下列规定。

1 荷载效应标准组合。

轴心竖向力作用下

$$N_k \leqslant R \tag{5.2.1-1}$$

偏心竖向力作用下。除满足上式外，尚应满足下式的要求：

$$N_{kmax} \leqslant 1.2R \tag{5.2.1-2}$$

2 地震作用效应和荷载效应标准组合。

轴心竖向力作用下

$$N_{Ek} \leqslant 1.25R \tag{5.2.1-3}$$

偏心竖向力作用下，除满足上式外。尚应满足下式的要求：

$$N_{Ekmax} \leqslant 1.5R \tag{5.2.1-4}$$

式中 N_k ——荷载效应标准组合轴心竖向力作用下，基桩或复合基桩平均竖向力；

N_{kmax} ——荷载效应标准组合偏心竖向力作用下，桩顶最大竖向力；

N_{Ek} ——地震作用效应和荷载效应标准组合下，基桩或复合基桩平均竖向力；

N_{Ekmax} ——地震作用效应和荷载效应标准组合下，基桩或复合基桩最大竖向力；

R ——基桩或复合基桩竖向承载力特征值。

【条文解析】

桩基安全度水准与《建筑桩基技术规范》JGJ 94—2008 相比，有所提高。这是由以下三个原因导致的。

1）建筑结构荷载规范的均布活载标准值较前提高了 1/3（办公楼、住宅），荷载组合系数提高了 17%；由此使以土的支承阻力制约的桩基承载力安全度有所提高。

2）基本组合的荷载分项系数由 1.25 提高至 1.35（以永久荷载控制的情况）。

3）钢筋和混凝土强度设计值略有降低。

以上 2）、3）因素使桩基结构承载力安全度有所提高。

5.4.2　符合下列条件之一的桩基，当桩周土层产生的沉降超过基桩的沉降时，在计算基桩承载力时应计入桩侧负摩阻力：

1　桩穿越较厚松散填土、自重湿陷性黄土、欠固结土、液化土层进入相对较硬土层时；

2　桩周存在软弱土层，邻近桩侧地面承受局部较大的长期荷载，或地面大面积堆载（包括填土）时；

3　由于降低地下水位，使桩周土有效应力增大，并产生显著压缩沉降时。

【条文解析】

本文为桩基设计时应该考虑桩侧负摩阻力的使用条件。当桩周土层产生的沉降超过基桩的沉降时，应考虑桩侧负摩阻力对桩基承载力和变形的影响。考虑桩侧负摩阻力时，基桩承载力应满足设计要求；考虑桩侧负摩阻力的桩基沉降量应满足设计要求。

5.5.1　建筑桩基沉降变形计算值不应大于桩基沉降变形允许值。

5.5.4　建筑桩基沉降变形允许值，应按表 5.5.4 规定采用。

表 5.5.4　建筑桩基沉降变形允许值

变形特征	允许值
砌体承重结构基础的局部倾斜	0.002
各类建筑相邻柱（墙）基的沉降差 （1）框架、框架-剪力墙、框架-核心筒结构 （2）砌体墙填充的边排柱 （3）当基础不均匀沉降时不产生附加应力的结构	$0.002l_0$ $0.0007l_0$ $0.005l_0$
单层排架结构（柱距为 6m）桩基的沉降量/mm	120
桥式吊车轨面的倾斜（按不调整轨道考虑） 　纵向 　横向	0.004 0.003

变形特征		允许值
多层和高层建筑的整体倾斜	$H_g \leqslant 24$	0.004
	$24 < H_g \leqslant 60$	0.003
	$60 < H_g \leqslant 100$	0.0025
	$H_g > 100$	0.002
高耸结构桩基的整体倾斜	$H_g \leqslant 20$	0.008
	$20 < H_g \leqslant 50$	0.006
	$50 < H_g \leqslant 100$	0.005
	$100 < H_g \leqslant 150$	0.004
	$150 < H_g \leqslant 200$	0.003
	$200 < H_g \leqslant 250$	0.002
高耸结构基础的沉降量/mm	$H_g \leqslant 100$	350
	$100 < H_g \leqslant 200$	250
	$200 < H_g \leqslant 250$	150
体形简单的剪力墙结构 高层建筑桩基最大沉降量/mm	—	200

注：l_0 为相邻柱（墙）二测点间距离，H_g 为自室外地面算起的建筑物高度（m）。

【条文解析】

根据《建筑桩基技术规范》JGJ 94—2008 第5.5.2条和第5.5.3条的规定：

1）桩基沉降变形可用下列指标表示：

①　沉降量；

②　沉降差；

③　整体倾斜——建筑物桩基础倾斜方向两端点的沉降差与其距离之比值；

④　局部倾斜——墙下条形承台沿纵向某一长度范围内桩基础两点的沉降差与其距离之比值。

2）计算桩基沉降变形时，桩基变形指标应按下列规定选用：

①　由于土层厚度与性质不均匀、荷载差异、体形复杂、相互影响等因素引起的地基沉降变形，对于砌体承重结构应由局部倾斜控制；

②　对于多层或高层建筑和高耸结构应由整体倾斜值控制；

③　当其结构为框架、框架-剪力墙、框架-核心筒结构时，尚应控制柱（墙）之间的差异沉降。

5.9.6　桩基承台厚度应满足柱（墙）对承台的冲切和基桩对承台的冲切承载力要求。

5.9.9 柱（墙）下桩基承台，应分别对柱（墙）边、变阶处和桩边连线形成的贯通承台的斜截面的受剪承载力进行验算。当承台悬挑边有多排基桩形成多个斜截面时，应对每个斜截面的受剪承载力进行验算。

【条文解析】

以上两条对桩基承台厚度应满足的要求和柱（墙）下桩基承台斜截面的受剪承载力计算作出规定。由于剪切破坏面通常发生在柱边（墙边）与桩边连线形成的贯通承台的斜截面处，因而受剪计算斜截面取在柱边处。当柱（墙）承台悬挑边有多排基桩时，应对多个斜截面的受剪承载力进行计算。

5.9.15 对于柱下桩基，当承台混凝土强度等级处于柱或桩的混凝土强度等级时，应验算柱下或桩上承台的局部受压承载力。

【条文解析】

承台混凝土强度等级低于柱或桩的混凝土强度等级时，应按现行《混凝土结构设计规范》GB 50010—2010 的规定验算柱下或桩顶承台的局部受压承载力，避免承台发生局部受压破坏。

《湿陷性黄土地区建筑规范》GB 50025—2004

5.7.2 在湿陷性黄土场地采用桩基础，桩端必须穿透湿陷性黄土层，并应符合下列要求：

1 在非自重湿陷性黄土场地，桩端应支承在压缩性较低的非湿陷性黄土层中；

2 在自重湿陷性黄土场地，桩端应支承在可靠的岩（或土）层中。

【条文解析】

在湿陷性黄土场地桩周浸水后，桩身尚有一定的正摩擦力，在充分发挥并利用桩周正摩擦力的前提下，要求桩端支承在压缩性较低的非湿陷性黄土层中。

自重湿陷性黄土场地建筑物地基浸水后，桩周土可能产生负摩擦力，为了避免由此产生下拉力，使桩的轴向力加大而产生较大沉降，桩端必须支承在可靠的持力层中。桩底端应坐落在基岩上，采用端承桩；或桩底端坐落在卵石、密实的砂类土和饱和状态下液性指数 $I_L < 0$ 的硬黏性土层上，采用以端承力为主的摩擦端承桩。

除此之外，对于混凝土灌注桩纵向受力钢筋的配置长度，虽然在规范中没有提出明确要求，但在设计中应有所考虑。对于在非自重湿陷性黄土层中的桩，虽然不会产生较大的负摩擦力，但一经浸水桩周土可能变软或产生一定量的负摩擦力，对桩产生不利影响。因此，建议桩的纵向钢筋除应自桩顶按 1/3 桩长配置外，配筋长度尚应超过湿陷性黄土层的厚度；对于在自重湿陷性黄土层中的端承桩，由于桩侧可能承受较大的负摩擦力，中性点截面处的轴向压力往往大于桩顶，全桩长的轴向压力均较大。因此，建议桩身纵向钢筋应通长配置。

《载体桩设计规程》JGJ 135—2007

4.5.1 对于下列建筑物的载体桩基应进行沉降计算：

1 建筑桩基设计等级为甲级的载体桩基；

2 体形复杂、负荷不均匀或桩端以下存在软弱下卧层的设计等级为乙级的载体桩基；

3 地基条件复杂、对沉降要求严格的载体桩基。

4.5.4 建筑物载体桩基沉降变形计算值不应大于建筑物桩基沉降变形允许值。

【条文解析】

载体桩是指由混凝土桩身和载体构成的桩。原复合载体夯扩桩简称复合载体桩，现称载体桩。施工时采用柱锤夯击，护筒跟进成孔，达到设计标高后，柱锤夯出护筒底一定深度，再分批向孔内投入填充料，用柱锤反复夯实，达到设计要求后再填入混凝土夯实，形成载体，然后再执行下钢筋笼、浇注混凝土、振捣、养护等工序形成混凝土桩身。从受力原理分析，混凝土桩身相当于传力杆，载体相当于无筋扩展基础。根据桩身混凝土的施工方法、施工材料及受力条件等的不同，载体桩有现浇钢筋混凝土桩身载体桩、素混凝土桩身载体桩和预制桩身载体桩。载体桩着重研究载体的受力，其核心为土体密实，承载力主要源于载体。

2.3 边坡、基坑支护

《建筑地基基础设计规范》GB 50007—2011

6.7.1 边坡设计应符合下列规定：

1 边坡设计应保护和整治边坡环境，边坡水系应因势利导，设置地表排水系统，边坡工程应设内部排水系统。对于稳定的边坡，应采取保护及营造植被的防护措施。

2 建筑物的布局应依山就势，防止大挖大填。对于平整场地而出现的新边坡，应及时进行支挡或构造防护。

3 应根据边坡类型、边坡环境、边坡高度及可能的破坏模式，选择适当的边坡稳定计算方法和支挡结构形式。

4 支挡结构设计应进行整体稳定性验算、局部稳定性验算、地基承载力计算、抗倾覆稳定性验算、抗滑移稳定性验算及结构强度计算。

5 边坡工程设计前，应进行详细的工程地质勘察，并应对边坡的稳定性作出准确的评价；对周围环境的危害性作出预测；对岩石边坡的结构面调查清楚，指出主要结构面的所在位置；提供边坡设计所需要的各项参数。

6 边坡的支挡结构应进行排水设计。对于可以向坡外排水的支挡结构，应在支挡结构上设置排水孔。排水孔应沿着横竖两个方向设置，其间距宜取 2～3m，排水孔外斜坡度宜为5%，孔眼尺寸不宜小于100mm。支挡结构后面应做好滤水层，必要时应做排水暗沟。支挡结构后面有山坡时，应在坡脚处设置截水沟。对于不能向坡外排水的边坡，应在支挡结构后面设置排水暗沟。

7 支挡结构后面的填土，应选择透水性强的填料。当采用黏性土作填料时，宜掺入适量的碎石。在季节性冻土地区，应选择不冻胀的炉渣、碎石、粗砂等填料。

【条文解析】

边坡设计的一般原则：

1）边坡工程与环境之间有着密切的关系，边坡处理不当，将破坏环境、毁坏生态平衡，治理边坡必须强调环境保护。

2）在山区进行建设，切忌大挖大填，某些建设项目，不顾环境因素，大搞人造平原，最后出现大规模滑坡，大量投资毁于一旦，还酿成生态环境的破坏。应提倡依山就势。

3）工程地质勘察工作，是不可缺少的基本建设程序。边坡工程的影响面较广，处理不当就可酿成地质灾害，工程地质勘察尤为重要。勘察工作不能局限于红线范围，必须扩大勘察面，一般在坡顶的勘察范围，应达到坡高的1~2倍，才能获取较完整的地质资料。对于高大边坡，应进行专题研究，提出可行性方案经论证后方可实施。

4）边坡支挡结构的排水设计，是支挡结构设计很重要的一环，许多支挡结构的失效，都与排水不善有关。根据重庆市的统计，倒塌的支挡结构，由于排水不善造成的事故占80%以上。

6.7.2 在坡体整体稳定的条件下，土质边坡的开挖应符合下列规定：

1 边坡的坡度允许值，应根据当地经验，参照同类土层的稳定坡度确定。当土质良好且均匀、无不良地质现象、地下水不丰富时，可按表6.7.2确定。

表6.7.2 土质边坡坡度允许值

土的类别	密实度或状态	坡度允许值（高宽比）	
		坡高在5m以内	坡高为5~10m
碎石土	密实	1:0.35~1:0.50	1:0.50~1:0.75
	中密	1:0.50~1:0.75	1:0.75~1:1.00
	稍密	1:0.75~1:1.00	1:1.00~1:1.25
黏性土	坚硬	1:0.75~1:1.00	1:1.00~1:1.25
	硬塑	1:1.00~1:1.25	1:1.25~1:1.50

注：1 表中碎石土的充填物为坚硬或硬塑状态的黏性土；

2 对于砂土或充填物为砂土的碎石土，其边坡坡度允许值均按自然休止角确定。

2 土质边坡开挖时，应采取排水措施，边坡的顶部应设置截水沟。在任何情况下不应在坡脚及坡面上积水。

3 边坡开挖时，应由上往下开挖，依次进行。弃土应分散处理，不得将弃土堆置在坡顶及坡面上。当必须在坡顶或坡面上设置弃土转运站时，应进行坡体稳定性验算，严格控制堆栈的土方量。

4 边坡开挖后，应立即对边坡进行防护处理。

【条文解析】

对于新研究出来或新近堆栈而成的新边坡，地面水和地下水对其稳定性的影响较大，必须加强排水措施。边坡的顶部必须设置截水沟，以拦截边坡上部山体的流水。在边坡坡面上，也应根据具体情况设置一定的排水沟，以排泄地表水。在任何情况下，都不允许在坡面及坡脚积水。原因很简单，由于土的收缩及张拉应力的作用，在土坡的坡顶附近，可能发生裂缝，地表水渗入裂缝以后，将产生静水压力，成为促使土坡滑动的滑动力。

开挖后的边坡必须注意和加强环境保护意识，在边坡治理的同时，做到立即绿化，即实施生态治理。目前比较流行的做法是在稳定的土质边坡上采用小型锚杆（又称作土钉）来固定覆盖在边坡表面上的钢筋混凝土网架，底部植被绿化。

6.8.1 在岩石边坡整体稳定的条件下，岩石边坡的开挖坡度允许值，应根据当地经验按工程类比的原则，参照本地区已有稳定边坡的坡度值加以确定。

【条文解析】

岩石边坡在整体稳定的条件下，进行边坡开挖作业，必须根据经论证后确定的稳定坡度允许值进行开挖，且应由上向下开挖。新近开挖出来的岩石边坡，必须进行认真支护及表面覆盖，防止边坡岩体风体。未采取支护措施的临时边坡，其坡度（高宽比）允许值应按照工程类比的原则，参考场地附近已有的岩石边坡稳定坡度值，根据经验确定。当附近不存在相类似的稳定岩石边坡，或无足够经验的地区，新开挖出来的临时边坡，可参考表2-1及表2-2确定。

表2-1　软质岩临时边坡坡度允许值

岩体结构类别	风化程度	坡度（高宽比）允许值	
		坡高在8m以内	坡高为8~15m
整体结构	微风化	1:0.10~1:0.15	1:0.15~1:0.20
	中等风化	1:0.15~1:0.20	1:0.20~1:0.30
	强风化	1:0.20~1:0.30	1:0.30~1:0.40
块状结构	微风化	1:0.15~1:0.20	1:0.20~1:0.30
	中等风化	1:0.20~1:0.30	1:0.30~1:0.40
	强风化	1:0.30~1:0.40	1:0.40~1:0.50
层状结构	微风化	1:0.20~1:0.30	1:0.30~1:0.40
	中等风化	1:0.30~1:0.40	1:0.40~1:0.50
	强风化	1:0.40~1:0.50	1:0.50~1:0.60

表2-2 硬质岩临时边坡坡度允许值

岩体结构类别	风化程度	坡度（高宽比）允许值		
		坡高在8m以内	坡高为8~15m	坡高为15~25m
整体结构	微风化	1:0.05	1:0.05~1:0.10	1:0.10~1:0.15
	中等风化	1:0.05~1:0.10	1:0.10~1:0.15	1:0.15~1:0.20
	强风化	1:0.10~1:0.15	1:0.15~1:0.20	1:0.20~1:0.30
块状结构	微风化	1:0.05~1:0.10	1:0.10~1:0.15	1:0.15~1:0.20
	中等风化	1:0.10~1:0.15	1:0.15~1:0.20	1:0.20~1:0.30
	强风化	1:0.15~1:0.20	1:0.20~1:0.30	1:0.30~1:0.40
层状结构	微风化	1:0.10~1:0.15	1:0.15~1:0.20	1:0.20~1:0.30
	中等风化	1:0.15~1:0.20	1:0.20~1:0.30	1:0.30~1:0.40
	强风化	1:0.20~1:0.30	1:0.30~1:0.40	1:0.40~1:0.50

注：当遇到下列情况之一时，边坡的坡度允许值应另行确定，或采取适当的支护措施。
  (1) 设计等级甲级的建筑场地上的边坡；
  (2) 外倾结构边坡，软岩边坡，碎裂结构边坡；
  (3) 坡高大于15m的软质岩边陂，坡高大于20m的硬质岩边陂。

6.8.2　当整体稳定的软质岩边坡高度小于12m、硬质岩边坡高度小于15m时，边坡开挖时可进行构造处理（图6.8.2-1、图6.8.2-2）。

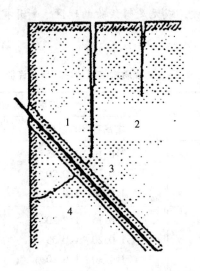

图6.8.2-1　边坡顶部支护

1—崩塌体；2—岩石边坡顶部裂隙；3—锚杆；4—破裂面

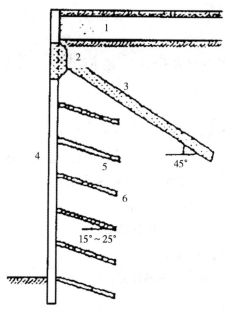

图6.8.2-2 整体稳定边坡支护

1—土层；2—横向连系梁；3—支护锚杆；4—面板；5—防护锚杆；6—岩石

【条文解析】

整体稳定边坡，原始地应力释放后回弹较快，在现场很难测量到横向推力。但在高切削的岩石边坡上，很容易发现边坡顶部的拉伸裂隙，其深度约为边坡高度的 $0.2 \sim 0.3$ 倍，离开边坡顶部边缘一定距离后便很快消失，说明边坡顶部确实有拉应力存在。这一点从二维光弹试验中也得到了证明。从光弹试验中也证明了边坡的坡脚，存在着压应力与剪切应力，对岩石边坡来说，岩石本身具有较高的抗压与抗剪切强度，所以岩石边坡的破坏，都是从顶部垮塌开始的。因此对于整体结构边坡的支护，应注意加强顶部的支护结构。

边坡的顶部裂隙比较发育，必须采用强有力的锚杆进行支护，在顶部 $0.2h \sim 0.3h$ 高度处，至少布置一排结构锚杆，锚杆的横向间距不应大于 $3m$，长度不应小于 $6m$。结构锚杆直径不宜小于 $130mm$，钢筋不宜小于 $3\phi22$。其余部分为防止风化剥落，可采用锚杆进行构造防护。防护锚杆的孔径宜采用 $50 \sim 100mm$，锚杆长度宜采用 $2 \sim 4m$，锚杆的间距宜采用 $1.5 \sim 2.0m$。

6.8.3 对单结构面外倾边坡作用在支挡结构上的推力，可根据楔体平衡法进行计算，并应考虑结构面填充物的性质及其浸水后的变化。具有两组或多组结构面的交线倾向于临空面的边坡，可采用棱形体分割法计算棱体的下滑力。

【条文解析】

单结构面外倾边坡的横推力较大，主要原因是结构面的抗剪强度一般较低。在工程实践中，单结构面外倾边坡的横推力，通常采用楔形体平面课题进行计算。

对于具有两组或多组结构面形成的下滑棱柱体，其下滑力通常采用棱形体分割法进行计算。

9.1.2 基坑支护设计应确保岩土开挖、地下结构施工的安全，并应确保周围环境不受损害。

【条文解析】

基坑支护结构的功能是为地下结构的施工创造条件、保证施工安全，并保证基坑周围环境得到应有的保护。基坑工程设计与施工时，应根据场地的地质条件及具体的环境条件，通过有效的工程措施，满足对周边环境的保护要求。

9.1.3 基坑工程设计应包括下列内容：

1 支护结构体系的方案和技术经济比较；

2 基坑支护体系的稳定性验算；

3 支护结构的承载力、稳定和变形计算；

4 地下水控制设计；

5 对周边环境影响的控制设计；

6 基坑土方开挖方案；

7 基坑工程的监测要求。

【条文解析】

本条规定了基坑支护结构设计的基本原则，为确保基坑支护结构设计的安全，在进行基坑支护结构设计时必须严格执行。

基坑支护结构设计应从稳定、强度和变形三个方面满足设计要求。

1）稳定：指基坑周围土体的稳定性，即不发生土体的滑动破坏，因渗流造成流砂、流土、管涌以及支护结构、支撑体系的失稳。

2）强度：支护结构，包括支撑体系或锚杆结构的强度应满足构件强度和稳定设计的要求。

3）变形：因基坑开挖造成的地层移动及地下水位变化引起的地面变形，不得超过基坑周围建筑物、地下设施的变形允许值，不得影响基坑工程基桩的安全或地下结构的施工。

基坑工程施工过程中的监测应包括对支护结构和对周边环境的监测，并提出各项监测要求的报警值。随基坑开挖，通过对支护结构桩、墙及其支撑系统的内力、变形的测试，掌握其工作性能和状态。通过对影响区域内的建筑物、地下管线的变形监测，了解基坑降水和开挖过程中对其影响的程度，作出在施工过程中基坑安全性的评价。

9.1.4 基坑工程设计安全等级、结构设计使用年限、结构重要性系数，应根据基坑工程的设计、施工及使用条件按有关规范的规定采用。

【条文解析】

基坑支护结构设计时，应规定支护结构的设计使用年限。基坑工程的施工条件一般均比较复杂，且易受环境及气象因素影响，施工周期宜短不宜长。支护结构设计的有效期一般不宜超过 2 年。

基坑工程设计时，应根据支护结构破坏可能产生后果的严重性，确定支护结构的安全等级。基坑工程的事故和破坏，通常受设计、施工、现场管理及地下水控制条件等多种因素影响。其中对于不按设计要求施工及管理水平不高等因素，应有相应的有效措施加以控制，对支护结构设计的安全等级，可按表 2-3 的规定确定。

表 2-3 基坑支护结构的安全等级

安全等级	破坏后果	适用范围
一级	很严重	有特殊安全要求的支护结构
二级	严重	重要的支护结构
三级	不严重	一般的支护结构

基坑支护结构施工或使用期间可能遇到设计时无法预测的不利荷载条件，所以基坑支护结构设计采用的结构重要性系数的取值不宜小于 1.0。

9.1.5 基坑支护结构设计应符合下列规定：

1 所有支护结构设计均应满足强度和变形计算以及土体稳定性验算的要求；

2 设计等级为甲级、乙级的基坑工程，应进行因土方开挖、降水引起的基坑内外土体的变形计算；

3 高地下水位地区设计等级为甲级的基坑工程，应按本规范第 9.9 节的规定进行地下水控制的专项设计。

【条文解析】

不同设计等级基坑工程设计原则的区别主要体现在变形控制及地下水控制设计要求。对设计等级为甲级的基坑变形计算除基坑支护结构的变形外，尚应进行基坑周边地面沉降以及周边被保护对象的变形计算。对场地水文地质条件复杂、设计等级为甲级的基坑应作地下水控制的专项设计，主要目的是要在充分掌握场地地下水规律的基础上，减少因地下水处理不当对周边建（构）筑物以及地下管线的损坏。

9.1.6 基坑工程设计采用的土的强度指标，应符合下列规定：

1 对淤泥及淤泥质土，应采用三轴不固结不排水抗剪强度指标。

2 对正常固结的饱和黏性土应采用在土的有效自重应力下预固结的三轴不固结不排水抗剪强度指标；当施工挖土速度较慢，排水条件好，土体有条件固结时，可采用三轴固结不排水抗剪强度指标。

3 对砂类土，采用有效应力强度指标。

4 验算软黏土隆起稳定性时，可采用十字板剪切强度或三轴不固结不排水抗剪强度指标。

5 灵敏度较高的土，基坑邻近有交通频繁的主干道或其他对土的扰动源时，计算采用土的强度指标宜适当进行折减。

6 应考虑打桩、地基处理的挤土效应等施工扰动原因造成对土强度指标降低的不利影响。

【条文解析】

基坑工程设计时，对土的强度指标的选用，主要应根据现场土体的排水条件及固结条件确定。

三轴试验受力明确，又可控制排水条件，因此，在基坑工程中确定土的强度指标时规定应采用三轴剪切试验方法。

软黏土灵敏度高，受扰动后强度下降明显。这种黏土矿物颗粒在一定条件下从凝聚状态迅速过渡到胶溶状态的现象，称为"触变现象"。深厚软黏土中的基坑，在扰动源作用下，随着基坑变形的发展，灵敏黏土强度降低的现象是不可忽视的。

9.1.7 因支护结构变形、岩土开挖及地下水条件变化引起的基坑内外土体变形应符合下列规定：

1 不得影响地下结构尺寸、形状和正常施工；

2 不得影响既有桩基的正常使用；

3 对周围已有建、构筑物引起的地基变形不得超过地基变形允许值；

4 不得影响周边地下建（构）筑物、地下轨道交通设施及管线的正常使用。

【条文解析】

基坑设计时对变形的控制主要考虑因土方开挖和降水引起的对基坑周边环境的影响。基坑施工不可避免地会对周边建（构）筑物等产生附加沉降和水平位移，设计时应控制建（构）筑物等地基的总变形值（原有变形加附加变形）不得超过地基的允许变形值。

土方开挖使坑内土体产生隆起变形和侧移，严重时将使坑内工程桩偏位、开裂甚至断裂。设计时应明确对土方开挖过程的要求，保证对工程桩的正常使用。

9.1.8 基坑工程设计应具备以下资料：

1 岩土工程勘察报告；

2 建筑物总平面图、用地红线图；

3 建筑物地下结构设计资料，以及桩基础或地基处理设计资料；

4 基坑环境调查报告，包括基坑周边建（构）筑物、地下管线、地下设施及地下交通工程等的相关资料。

【条文解析】

基坑工程设计时，首先应掌握以下资料：

1）岩土工程勘察报告；

2）建筑总平面图、工程用地红线图、地下工程的建筑、结构设计图；

3）邻近建筑物的平面位置、基础类型及结构图、埋深及荷载，周围道路、地下设施、市政管道及通信工程管线图、基坑周围环境对基坑支护结构系统的设计要求等。

9.1.9 基坑土方开挖应严格按设计要求进行，不得超挖。基坑周边堆载不得超过设计规定。土方开挖完成后应立即施工垫层，对基坑进行封闭，防止水浸和暴露，并应及时进行地下结构施工。

【条文解析】

基坑开挖是大面积的卸载过程，将引起基坑周边土体应力场变化及地面沉降。降雨或施工用水渗入土体会降低土体的强度和增加侧压力，饱和黏性土随着基坑暴露时间延长和经受扰动，坑底土强度逐渐降低，从而降低支护体系的安全度。基底暴露后应及时铺筑混凝土垫层，这对保护坑底土不受施工扰动、延缓应力松弛具有重要的作用，特别是雨期施工中作用更为明显。

基坑周边荷载，会增加墙后土体的侧向压力，增大滑动力矩，降低支护体系的安全度。施工过程中，不得随意在基坑周围堆土，形成超过设计要求的地面超载。

9.2.1 基坑工程勘察宜在开挖边界外开挖深度的 1 ~ 2 倍范围内布置勘探点。勘察深度应满足基坑支护稳定性验算、降水或止水帷幕设计的要求。当基坑开挖边界外无法布置勘察点时，应通过调查取得相关资料。

【条文解析】

拟建建筑物的详细勘察，大多数是沿建筑物外轮廓布置勘探工作，往往使基坑工程的设计和施工依据的地质资料不足。本条要求勘察及勘探范围应超出建筑物轮廓线，一般取基坑周围相当基坑深度的 2 倍，当有特殊情况时，尚需扩大范围。勘探点的深度一般不应小于基坑深度的 2 倍。

9.2.2 应查明场区水文地质资料及与降水有关的参数，并应包括下列内容：

1 地下水的类型、地下水位高程及变化幅度；

2 各含水层的水力联系、补给、径流条件及土层的渗透系数；

3 分析流砂、管涌产生的可能性；

4 提出施工降水或隔水措施以及评估地下水位变化对场区环境造成的影响。

【条文解析】

基坑工程设计时，对土的强度指标有较高要求，在勘察手段上，要求钻探取样与原位测试并重，综合确定提供设计计算用的强度指标。

9.2.4 严寒地区的大型越冬基坑应评价各土层的冻胀性，并应对特殊土受开挖、振动影响以及失水、浸水影响引起的土的特性参数变化进行评估。

【条文解析】

越冬基坑受土的冻胀影响评价需要土的相关参数，特殊性土也需其相关设计参数。

9.3.1 支护结构的作用效应包括下列各项：

1 土压力；

2 静水压力、渗流压力；

3 基坑开挖影响范围以内的建（构）筑物荷载、地面超载、施工荷载及邻近场地施工的影响；

4 温度变化及冻胀对支护结构产生的内力和变形；

5 临水支护结构尚应考虑波浪作用和水流退落时的渗流力；

6 作为永久结构使用时建筑物的相关荷载作用；

7 基坑周边主干道交通运输产生的荷载作用。

【条文解析】

作用在支护结构上的侧向荷载包括土压力、水压力、渗流压力，基坑周围的建筑物及施工荷载引起的侧向压力等。准确确定作用在支护结构上的荷载效应是设计中的重要环节。

9.4.2 支护结构的入土深度应满足基坑支护结构稳定性及变形验算的要求，并结合地区工程经验综合确定。有地下水渗流作用时，应满足抗渗流稳定的验算，并宜插入坑底下部不透水层一定深度。

【条文解析】

支护结构的入土深度应满足基坑支护结构稳定性及变形验算的要求，并结合地区工程经验综合确定。按当上述要求确定了入土深度，但支护结构的底部位于软土或液化土层中时，支护结构的入土深度应适当加大，支护结构的底部应进入下卧较好的土层。

9.4.3 桩、墙式支护结构设计计算应符合下列规定：

1 桩、墙式支护可为柱列式排桩、板桩、地下连续墙、型钢水泥土墙等独立支护或与内支撑、锚杆组合形成的支护体系，适用于施工场地狭窄、地质条件差、基坑较深或需要严格控制支护结构或基坑周边环境地基变形时的基坑工程。

2 桩、墙式支护结构的设计应包括下列内容：

1）确定桩、墙的入土深度；

2）支护结构的内力和变形计算；

3）支护结构的构件和节点设计；

4）基坑变形计算，必要时提出对环境保护的工程技术措施；

5）支护桩、墙作为主体结构一部分时，尚应计算在建筑物荷载作用下的内力及变形；

6）基坑工程的监测要求。

【条文解析】

桩、墙式支护结构的计算包括两个方面，其一是基坑内外土体的稳定性验算，其二是支护结构的内力变形计算及截面强度设计。其计算内容为：

1）确定桩、墙的入土深度，满足基坑稳定性验算要求。

2）桩、墙式支护结构的内力变形计算。

3）根据支撑系统的布置及设置、拆除支撑顺序，进行支护结构的内力分析及变形计算。

4）支护结构的构件和节点设计。

5）基坑变形计算，控制基坑变形以达到保护周边环境的目的，并应提出应对的工程技术措施。

6）支护桩、墙作为主体结构的一部分时，尚应计算在使用荷载作用下的内力变形。

9.5.2　支撑结构计算分析应符合下列原则：

1　内支撑结构应按与支护桩、墙节点处变形协调的原则进行内力与变形分析；

2　在竖向荷载及水平荷载作用下支撑结构的承载力和位移计算应符合国家现行结构设计规范的有关规定，支撑体系可根据不同条件按平面框架、连续梁或简支梁分析；

3　当基坑内坑底标高差异大，或因基坑周边土层分布不均匀，土性指标差异大，导致作用在内支撑周边侧向土压力值变化较大时，应按桩、墙与内支撑系统节点的位移协调原则进行计算；

4　有可靠经验时，可采用空间结构分析方法，对支撑、围檩（压顶梁）和支护结构进行整体计算；

5　内支撑系统的各水平及竖向受力构件，应按结构构件的受力条件及施工中可能出现的不利影响因素，设置必要的连接构件，保证结构构件在平面内及平面外的稳定性。

【条文解析】

基坑支护结构的内力和变形分析大多采用平面杆系模型进行计算。通常把支撑系统结构视为平面框架，承受支护桩传来的侧向力。为避免计算模型产生"漂移"现象，应在适当部位加设水平约束或采用"弹簧"等予以约束。

当基坑周边的土层分布或土性差异大，或坑内挖深差异大，不同的支护桩其受力条件相差较大时，应考虑支撑系统节点与支撑桩支点之间的变形协调。这时应采用支撑桩与支撑系统结合在一起的空间结构计算简图进行内力分析。

支撑系统中的竖向支撑立柱，应按偏心受压构件计算。计算时除应考虑竖向荷载作用外，尚应考虑支撑横向水平力对立柱产生的弯矩，以及土方开挖时，作用在立柱上的侧向土压力引起的弯矩。

9.5.3　支撑结构的施工与拆除顺序，应与支护结构的设计工况相一致，必须遵循先撑后挖的原则。

【条文解析】

当采用内支撑结构时，支撑结构的设置与拆除是支撑结构设计的重要内容之一，设计时应有针对性地对支撑结构的设置和拆除过程中的各种工况进行设计计算。如果支撑结构的施工与设计工况不一致，将可能导致基坑支护结构发生承载力、变形、稳定性破坏。因此支撑结构的施工，包括设置、拆除、土方开挖等，应严格按照设计工况进行。

《锚杆喷射混凝土支护技术规范》GB 50086—2001

1.0.3 锚喷支护的设计与施工，必须做好工程的地质勘察工作，因地制宜，正确有效地加固围岩，合理利用围岩的自承能力。

【条文解析】

基于工程质量、造价、工期等诸多因素，喷锚支护应首先考虑加固围岩，发挥围岩的自承能力，故查明地质条件至关重要。搞清了地质条件，设计施工才能针对具体地质条件进行。有时地质条件错综复杂，不易查清，故应加强施工过程中的地质工作，为修改设计和指导施工提供准确、及时的信息。

4.1.11 对下列地质条件的锚喷支护设计，应通过试验后确定：

1 膨胀性岩体；

2 未胶结的松散岩体；

3 有严重湿陷性的黄土层；

4 大面积淋水地段；

5 能引起严重腐蚀的地段；

6 严寒地区的冻胀岩体。

【条文解析】

本条规定的6种地质条件，情况比较特殊，采用喷锚支护尚缺乏经验，均不属于本规范关于围岩分类中的正常类型。因此，当采用喷锚支护时，应通过试验取得相关试验资料，并进行专门论证后才能设计以保证设计合理、工程安全。

4.3.1 喷射混凝土的设计强度等级不应低于C15；对于竖井及重要隧洞和斜井工程，喷射混凝土的设计强度等级不应低于C20；喷射混凝土1d龄期的抗压强度不应低于5MPa。钢纤维喷射混凝土的设计强度等级不应低于C20，其抗拉强度不应低于2MPa。

不同强度等级喷射混凝土的设计强度应按表4.3.1采用。

表4.3.1 喷射混凝土的强度设计值（MPa）

喷射混凝土强度等级	强度种类			
	C15	C20	C25	C30
轴心抗压	7.5	10.0	12.5	15.0
抗拉	0.9	1.1	1.3	1.5

【条文解析】

喷射混凝土的强度等级是决定其力学性能和耐久性的重要指标，关系支护结构的工作性能和使用效果。但由于地下工程要求喷射混凝土施工后，具有较高的支护抗力，特别在软弱围岩中，喷射混凝土的早期强度至关重要。故规定，添加速凝剂的条件下，1d龄期的抗压强度不应低于5MPa。

4.3.3 喷射混凝土支护的厚度，最小不应低于50mm，最大不宜超过200mm。

【条文解析】

喷射混凝土的收缩较大，喷层中的骨料少，调查表明，厚度小于50mm时容易发生收缩开裂。同时，喷层过薄也不足以抵抗岩块的移动，以致出现局部开裂剥落。故规定，喷射混凝土的厚度不应小于50mm。此外，喷锚支护应有一定的柔性，喷层过厚，特别在软弱围岩中的初期支护，会产生过大的形变压力，导致喷层破坏。故规定喷层厚度不应大于200mm。

《建筑边坡工程技术规范》GB 50330—2013

3.1.3 建筑边坡工程的设计使用年限不应低于被保护的建（构）筑物设计使用年限。

【条文解析】

边坡的使用年限指边坡工程的支护结构能发挥正常支护功能的年限，边坡工程设计年限临时边坡为2年，永久边坡按50年设计，当受边坡支护结构保护的建筑物（坡顶塌滑区、坡下塌方区）为临时或永久性时，支护结构的设计使用年限应不低于上述值。

3.1.4 建筑边坡支护结构形式应考虑场地地质和环境条件、边坡高度、边坡侧压力的大小和特点、对边坡变形控制的难易程度以及边坡工程安全等级等因素，可按表3.1.4选定。

表3.1.4　边坡支护结构常用形式

支护结构	边坡环境条件	边坡高度 H/m	边坡工程安全等级	备注
重力式挡墙	场地允许、坡顶无重要建（构）筑物	土质边坡，$H \leqslant 10$ 岩质边坡，$H \leqslant 12$	一、二、三级	不利于控制边坡变形。土方开挖后边坡稳定较差时不应采用
悬臂式挡墙、扶壁式挡墙	填方区	悬臂式挡墙，$H \leqslant 6$ 扶壁式挡墙，$H \leqslant 10$	一、二、三级	适用于土质边坡
锚拉式桩板挡墙		悬臂式，$H \leqslant 15$ 锚拉式，$H \leqslant 25$	一、二、三级	桩嵌固段土质较差时不宜采用，当对挡墙变形要求较高时宜采用锚拉式桩板挡墙

支护结构	边坡环境条件	边坡高度 H/m	边坡工程安全等级	备注
板肋式或格构式锚杆挡墙		土质边坡，$H \leqslant 15$ 岩质边坡，$H \leqslant 30$	一、二、三级	边坡高度较大或稳定性较差时宜采用逆做法施工。对挡墙变形有较高要求的边坡，宜采用预应力锚杆
排桩式锚杆挡墙	坡顶建（构）筑物需要保护，场地狭窄	土质边坡，$H \leqslant 15$ 岩质边坡，$H \leqslant 30$	一、二、三级	有利于对边坡变形控制，适用于稳定性较差的土质边坡、有外倾软弱结构面的岩质边坡、垂直开挖施工尚不能保证稳定的边坡
岩石锚喷支护		Ⅰ类岩质边坡，$H \leqslant 30$	一、二、三级	适用于岩质边坡
		Ⅱ类岩质边坡，$H \leqslant 30$	二、三级	
		Ⅲ类岩质边坡，$H \leqslant 15$	二、三级	
坡率法	坡顶无重要建（构）筑物，场地有放坡条件	土质边坡，$H \leqslant 10$ 岩质边坡，$H \leqslant 25$	一、二、三级	不良地质段，地下水发育区、软塑及流塑状土时不应采用

【条文解析】

综合考虑场地地质条件、边坡变形控制的难易程度、边坡重要性及安全等级、施工可行性及经济性、选择合理的支护设计方案是设计成功的关键。为便于确定设计方案，本条介绍了工程中常用的边坡支护形式，其中，锚拉式桩板挡墙、板肋式或格构式锚杆挡墙、排桩式锚杆挡墙属于有利于对边坡变形进行控制的支护形式，其余支护形式均不利于边坡变形控制。

3.1.5　规模大、破坏后果很严重、难以处理的滑坡、危岩、泥石流及断层破碎带地区，不应修筑建筑边坡。

【条文解析】

建筑边坡场地有无不良地质现象是建筑物及建筑边坡选址首先必须考虑的重大问题。显然在滑坡、危岩及泥石流规模大、破坏后果严重、难以处理的地段规划建筑场地是难以满足安全可靠、经济合理的原则的，何况自然灾害的发生也往往不以人们的意志为转移。因此在规模大、难以处理的、破坏后果很严重的滑坡、危岩、泥石流及断层破碎带地区不应修建建筑边坡。

3.1.6　山区工程建设时应根据地质、地形条件及工程要求，因地制宜设置边坡、避免形成深挖高填的边坡工程。对稳定性较差且边坡高度较大的边坡工程宜采用放坡或分阶放坡方式进行治理。

【条文解析】

稳定性较差的高大边坡，采用后仰放坡或分阶放坡方案，有利于减小侧压力，提高施工期的安全和降低施工难度。分阶放坡时水平台阶应有足够宽度，否则应考虑上阶边坡对下阶边坡的荷载影响。

3.1.7 当边坡坡体内洞室密集面对边坡产生不利影响时，应根据洞室大小和深度等因素进行稳定性分析，采取相应的加强措施。

【条文解析】

当边坡坡体内及支护结构基础下洞室（人防洞室或天然溶洞）密集时，可能造成边坡工程施工期塌方或支护结构变形过大，已有不少工程教训，设计时应引起充分重视。

3.1.12 下列边坡工程的设计及施工应进行专门论证：

1 高度超过本规范适用范围的边坡工程；

2 地质和环境条件复杂、稳定性极差的一级边坡工程；

3 边坡塌滑区有重要建（构）筑物、稳定性较差的边坡工程；

4 采用新结构、新技术的一、二级边坡工程。

【条文解析】

本条所指稳定性极差、较差的边坡工程是指按相关规定处理后安全度控制都非常难、困难的边坡。本条所指的"新结构、新技术"是指尚示被规范和有关文件认可的新结构、新技术。对工程中出现超过规范应用范围的重大技术难题，新结构、新技术的合理推广应用以及严重事故的正确处理，采用专门技术论证的方式可达到技术先进、确保质量、安全经济的良好效果。

3.2.2 破坏后果很严重、严重的下列边坡工程，其安全等级应定为一级：

1 由外倾软弱结构面控制的边坡工程；

2 工程滑坡地段的边坡工程；

3 边坡塌滑区有重要建（构）筑物的边坡工程。

【条文解析】

由外倾软弱结构面控制边坡稳定的边坡工程和工程滑坡地段的边坡工程，其边坡稳定性很差，发生边坡塌滑事故的概率高，且破坏后果很严重，边坡塌滑区内有重要建（构）筑物的边坡工程，破坏后直接危及到重要建（构）筑物安全，后果极其严重，因此对上述边坡工程安全等级定为一级。

3.3.6 边坡支护结构设计时应进行下列计算和验算：

1 支护结构及其基础的抗压、抗弯、抗剪、局部抗压承载力的计算；支护结构基础的地基承载力计算；

2 锚杆锚固体的抗拔承载力及锚杆杆体抗拉承载力的计算；

3　支护结构稳定性验算。

【条文解析】

本条第1~3款所列内容是支护结构承载力计算和稳定性计算的基本要求，是边坡工程满足承载力能力极限状态的具体内容，是支护结构安全的重要保证。

《建筑基坑支护技术规程》JGJ 120—2012

3.1.2　基坑支护应满足下列功能要求：

1　保证基坑周边建（构）筑物、地下管线、道路的安全和正常使用；

2　保证主体地下结构的施工空间。

【条文解析】

基坑支护工程是为主体结构地下部分的施工而采取的临时性措施。因基坑开挖涉及基坑周边环境安全，支护结构除满足主体结构施工要求外，还需满足基坑周边环境要求。支护结构的设计和施工应把保护基坑周边环境安全放在重要位置。本条规定了基坑支护应具有的两种功能。首先基坑支护应具有防止基坑的开挖危害周边环境的功能，这是支护结构首要的功能。其次，应具有保证工程自身主体结构施工安全的功能，应为主体地下结构施工提供正常施工的作业空间及环境，提供施工材料、设备堆放和运输的场地、道路条件，隔断基坑内外地下水、地表水，以保证地下结构和防水工程的正常施工。该条规定的目的，是明确基坑支护工程不能为了考虑本工程项目的要求和利益，而损害环境和相邻建（构）筑物所有权人的利益。

3.1.3　当基坑开挖面上方的锚杆、土钉、支撑未达到设计要求时，严禁向下超挖土方。

3.1.4　采用锚杆或支撑的支护结构，在未达到设计规定的拆除条件时，严禁拆除锚杆或支撑。

8.1.5　基坑周边施工材料、设施或车辆荷载严禁超过设计要求的地面荷载限值。

【条文解析】

基坑支护工程属住房和城乡建设部《危险性较大的分部分项工程安全管理办法》建质〔2009〕87号文件中的危险性较大的分部分项工程范围，施工与基坑开挖不当会对基坑周边环境和人的生命安全酿成严重后果。基坑开挖面上方的锚杆、支撑、土钉未达到设计要求时向下超挖土方，临时性锚杆或支撑在未达到设计拆除条件时进行拆除，基坑周边施工材料、设施或车辆荷载超过设计地面荷载限值致使支护结构受力超越设计状态，均属严重违反设计要求进行施工的行为。锚杆、支撑、土钉未按设计要求设置，锚杆和土钉注浆体、混凝土支撑和混凝土腰梁的养护时间不足而未达到开挖时的设计承载力，锚杆、支撑、腰梁、挡土构件之间的连接强度未达到设计强度，预应力锚杆、预加轴力的支撑未按设计要求施加预加力等情况均为未达到设计要求。当主体地下结构施工过程需要拆除局部锚杆或支撑时，拆除锚杆或支撑后支护结构的状态是应考虑的设计工况之一。拆除锚杆或支撑的设计条件，即以主体地下结构构件进行替换的要求或将基坑回填高度的要求等，应在设计中明确规定。基坑周边施工设施是指施工设备、塔吊、临时建筑、广告牌等，其对支护结构的作用可按地面荷载考虑。

2.4 地基处理

《建筑地基基础设计规范》GB 50007—2011

7.2.2 局部软弱土层以及暗塘、暗沟等，可采用基础梁、换土、桩基或其他方法处理。

【条文解析】

在工程上经常会遇到局部软弱土层及暗塘、暗沟等不良地基，这类地基的特点是均匀性很差，土质软弱，有机质含量较高，因而地基承载力低、不均匀变形大，一般都不能作为天然地基的持力层。对这类地基，工程上常用的处理方法有以下几种。

1. 基础梁跨越

这种方法适用于处理软弱土范围较窄而深度较深又不容易挖除的情况。采用基础梁跨越，将上部结构荷载通过基础梁传至两侧较好的土层中。必要时，对上部结构进行适当加强。

2. 换填垫层

这种方法适用于处理软弱土范围较大，而深度不深，其下为好土层的情况。此时，可将软弱土层挖除，换填上质地坚硬、性能稳定、无侵蚀性的砂、砾砂、级配砂石、矿渣等材料。

3. 基础落深

这种方法适用于需要处理的软弱土范围和深度不大、下卧层土质较好并便于施工的情况。施工时，将局部软弱土挖除，把基础落深到下面好土层中。

4. 短桩

适用于需要处理的深度较大、采用其他方法施工困难或容易造成对周围环境的不利影响等情况，采用桩基础，将上部结构荷载传至桩端较好的土层中。

5. 高压喷射注浆

这种方法适用于处理淤泥、淤泥质黏土、黏性土、粉土、黄土、砂土、人工填土等地基。当土中含有较多的植物根茎或有过多的有机质时，应根据现场试验结果确定其适用程度，对既有建筑物可进行托换工程。

7.2.3 当地基承载力或变形不能满足设计要求时，地基处理可选用机械压实、堆载预压、真空预压、换填垫层或复合地基等方法。处理后的地基承载力应通过试验确定。

【条文解析】

真空预压，是在需要加固的地基内设置塑料排水带或砂井等排水竖井，然后在地面铺设砂垫层，其上覆盖不透气薄膜与大气隔绝，通过埋设砂垫层中带有滤水孔的分布管道，用真空装置进行抽气，因而在膜内外形成大气压差——真空度，真空度通过砂垫层和竖井作用于地基土而产生负孔隙水压力和压差，从而引起孔隙水向竖井和砂垫层的渗流而逐渐固结，真空预压的原理见图2-4。由图可见，真空预压是在地基总应力不变条件下，通过抽真空使地基土的负孔隙水压力不断消散，有效应力不断增加，地基逐渐变形的方法。在真空预压过程中，有效应力增量是各向相同的，剪应力不增加，不会引起土体的剪切破坏，因此可一次连续抽真空至最大真空压力。

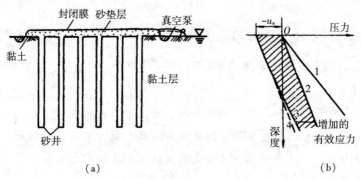

图2-4 真空预压法的原理
（a）真空法；（b）用真空法增加的有效应力
1—总应力线；2—原来的水压线；3—降低后的水压线；4—不考虑排水井内水头损失时的水压力线

工程实践经验表明，真空预压地基必须设置塑料排水带或砂井等排水竖井，使真空度通过竖井向地基深处传递，才能取得良好的加固效果。

此外，常用的地基处理方法还有换填垫层法、振冲法、夯实水泥土桩法、高压喷射注浆法、石灰桩法、土或灰土挤密桩法、柱锤冲扩法、单液硅化法和碱液化法；另外热处理法、冻结法、电渗加固、土工合成材料加固等方法亦能处理不同具体情况的软弱地基。

7.2.4 机械压实包括重锤夯实、强夯、振动压实等方法，可用于处理由建筑垃圾或工业废料组成的杂填土地基，处理有效深度应通过试验确定。

【条文解析】

重锤夯实法的主要作用在于在杂填土表面可形成一层较为均匀的硬壳层，但在有效夯实深度范围内存在地下水或较弱黏性土层时，就不宜采用重锤夯实，以免出现橡皮土现象。重锤夯实法也不适用于大块钢渣组成的杂填土，因其强度高，无法将其击碎，这时可采用强夯法，但要考虑强夯对周围建筑的振动影响。

振动压实法适用于处理地下水位离振灾面不小于0.6m，含少量黏性土的建筑垃圾、工业废料和炉灰填土地基。施工后的质量检查应采用轻便触探试验，检查深度不小于1.5m。

7.2.5 堆载预压可用于处理较厚淤泥和淤泥质土地基。预压荷载宜大于设计荷载，预压时间应根据建筑物的要求以及地基固结情况决定，并应考虑堆载大小和速率对堆载效果和周围建筑物的影响。采用塑料排水带或砂井进行堆载预压和真空预压时，应在塑料排水带或砂井顶部做排水砂垫层。

【条文解析】

预压法是在建筑物施工前，用堆土或其他荷重对地基进行预压，使地基土压密，从而提高地基强度和减少建筑物建成后的沉降量。

为了加速地基固结，缩短预压时间，常在地基中打入砂井，然后进行堆载预压，这种方法称为砂井堆载预压法，砂井的作用是缩短软土中的排水距离，土中水通过砂井顶部的砂垫层或排水沟排走，使软土中孔隙水压力得以较快地消散，从而加速地基固结，地基强度迅速提高。

堆载预压的设计与施工应解决的主要问题有以下几个方面：

1）预压荷载的大小、分布及加荷速率和预压时间。

2）砂井的设计应根据工程对固结时间的要求，通过固结理论进行计算确定。

3）砂井地基固结度验算。

近年来预压加固法在施工工艺和施工机械方面得到了发展，如打设袋装砂井和塑料排水板等方法。

7.2.6　换填垫层（包括加筋垫层）可用于软弱地基的浅层处理。垫层材料可采用中砂、粗砂、砾砂、角（圆）砾、碎（卵）石、矿渣、灰土、黏性土以及其他性能稳定、无腐蚀性的材料。加筋材料可采用高强度、低徐变、耐久性好的土工合成材料。

【条文解析】

当软土地基的承载力和变形满足不了建筑物的要求，而软土层的厚度又不很大时，采用换填垫层法往往能取得较好的效果。换填垫层法（以下简称垫层法）的原理是将基础下一定厚度的软土层或全部软土层挖除，换填为性能稳定、无侵蚀性、质地坚硬的材料，形成一强度和刚度较好的垫层。垫层材料通常采用中砂、粗砂、砾砂、角（圆）砾、碎石、矿渣等。加筋材料可采用高强度、低徐变、耐久性好的土工合成材料。

垫层的作用如下：

1．提高浅基础地基的承载力

一般来说，地基中的剪切破坏是从基础底面边缘开始逐渐向周围发展的，若能以强度较高的垫层代替软土层，就可提高地基的承载力。垫层地基的承载力取决于垫层厚度、垫层的密实度以及下卧土层的承载力等。根据较多的荷载试验资料，当软弱下卧土层的容许承载力为 $60 \sim 80kPa$，垫层厚度为（$0.5 \sim 1.0$）倍基础宽度时，垫层地基容许承载力为 $100 \sim 150kPa$。

2．减少基础沉降量

一般在相当于基础宽度的深度范围内的土层压缩量约占整个受压土层压缩量的 50%，同时由侧向变形引起的沉降也是浅层部分所占比例较大，若以密实的垫层代替软土层，则可减少该部分的变形。此外，由于垫层对基底附加压力的扩散作用，使作用于下卧土层上的附加压力减小，因而相应地减小了下卧土层的变形。

3．排水作用

垫层起排水作用，可加速软土层的固结。同时，由于基础下设置了垫层，改变了软土层超静孔隙水渗透的方向，减小了渗透力的不利影响。

7.2.7 复合地基设计应满足建筑物承载力和变形要求。当地基土为欠固结土、膨胀土、湿陷性黄土、可液化土等特殊性土时，设计采用的增强体和施工工艺应满足处理后地基土和增强体共同承担荷载的技术要求。

【条文解析】

本条规定了复合地基设计的基本原则，为确保地基设计的安全，在进行地基设计时必须严格执行。

复合地基是指由地基土和竖向增强体（桩）组成、共同承担荷载的人工地基。复合地基按增强体材料可分为刚性桩复合地基、黏结材料桩复合地基和无黏结材料桩复合地基。

当地基土为欠固结土、膨胀土、湿陷性黄土、可液化土等特殊土时，设计时应综合考虑土体的特殊性质，选用适当的增强体和施工工艺，以保证处理后的地基土和增强体共同承担荷载。

7.2.8 复合地基承载力特征值应通过现场复合地基载荷试验确定，或采用增强体载荷试验结果和其周边土的承载力特征值结合经验确定。

【条文解析】

本条强调复合地基的承载力特征值应通过载荷试验确定。可直接通过复合地基载荷试验确定，或通过增强体载荷试验结合土的承载力特征值和地区经验确定。

桩体强度较高的增强体，可以将荷载传递到桩端土层。当桩长较长时，由于单桩复合地基载荷试验的荷载板宽度较小，不能全面反映复合地基的承载特性。因此单纯采用单桩复合地基载荷试验的结果确定复合地基承载力特征值，可能由于试验的载荷板面积或由于褥垫层厚度对复合地基载荷试验结果产生影响。因此对复合地基承载力特征值的试验方法，当采用设计褥垫厚度进行试验时，对于独立基础或条形基础宜采用与基础宽度相等的载荷板进行试验，当基础宽度较大、试验有困难而采用较小宽度载荷板进行试验时，应考虑褥垫层厚度对试验结果的影响。必要时应通过多桩复合地基载荷试验确定。有地区经验时也可采用单桩载荷试验结果和其周边土承载力特征值结合经验确定。

《建筑地基处理技术规范》 JGJ 79—2012

3.0.1 在选择地基处理方案前，应完成下列工作：

1 搜集详细的岩土工程勘察资料、上部结构及基础设计资料等；

2 结合工程情况，了解当地地基处理经验和施工条件，对于有特殊要求的工程，尚应了解其他地基相似场地上同类工程的地基处理经验和使用情况等；

3 根据工程的要求和采用天然地基存在的主要问题，确定地基处理的目的和处理后要求达到的各项技术经济指标等；

4 调查邻近建筑、地下工程、周边道路及有关管线等情况；

5 了解施工场地的周边环境情况。

【条文解析】

本条规定是在选择地基处理方案前应完成的工作，其中强调要进行现场调查研究，了解当地地基处理经验和施工条件，调查邻近建筑、地下工程、管线和环境情况等。

3.0.3 地基处理方法的确定宜按下列步骤进行：

1 根据结构类型、荷载大小及使用要求，结合地形地貌、地层结构、土质条件、地下水特征、环境情况和对邻近建筑的影响等因素进行综合分析，初步选出几种可供考虑的地基处理方案，包括选择两种或多种地基处理措施组成的综合处理方案；

2 对初步选出的各种地基处理方案，分别从加固原理、适用范围、预期处理效果、耗用材料、施工机械、工期要求和对环境的影响等方面进行技术经济分析和对比，选择最佳的地基处理方法；

3 对已选定的地基处理方法，应按建筑物地基基础设计等级和场地复杂程度以及该种地基处理方法在本地区使用的成熟程度，在场地有代表性的区域进行相应的现场试验或试验性施工，并进行必要的测试，以检验设计参数和处理效果。如达不到设计要求时，应查明原因，修改设计参数或调整地基处理方案。

【条文解析】

本条规定了在确定地基处理方法时宜遵循的步骤。着重指出在选择地基处理方案时，宜根据各种因素进行综合分析，初步选出几种可供考虑的地基处理方案，其中强调包括选择两种或多种地基处理措施组成的综合处理方案。工程实践证明，当岩土工程条件较为复杂或建筑物对地基要求较高时，采用单一的地基处理方法，往往满足不了设计要求或造价较高，而由两种或多种地基处理措施组成的综合处理方法可能是最佳选择。

地基处理是经验性很强的技术工作。相同的地基处理工艺，相同的设备，在不同成因的场地上处理效果不尽相同；在一个地区成功的地基处理方法，在另一个地区使用，也需根据场地的特点对施工工艺进行调整，才能取得满意的效果。因此，地基处理方法和施工参数确定时，应进行相应的现场试验或试验性施工，进行必要的测试，以检验设计参数和处理效果。

3.0.5 处理后的地基应满足建筑物地基承载力、变形和稳定性要求，地基处理的设计尚应符合下列规定：

1 经处理后的地基，当在受力层范围内仍存在软弱下卧层时，应进行软弱下卧层地基承载力验算；

2 按地基变形设计或应作变形验算且需进行地基处理的建筑物或构筑物，应对处理后的地基进行变形验算；

3 对建造在处理后的地基上受较大水平荷载或位于斜坡上的建筑物及构筑物，应进行地基稳定性验算。

【条文解析】

本条对处理后的地基应进行的设计计算内容给出了相应的规定。

3 混凝土结构设计

3.1 钢筋混凝土结构

3.1.1 设计的基本原则

《混凝土结构设计规范》GB 50010—2010

3.1.1 混凝土结构设计应包括下列内容：

1 结构方案设计，包括结构选型、传力途径和构件布置；

2 作用及作用效应分析；

3 结构构件截面配筋计算或验算；

4 结构及构件的构造、连接措施；

5 对耐久性及施工的要求；

6 满足特殊要求结构的专门性能设计。

【条文解析】

为满足建筑方案并从根本上保证结构安全。在混凝土结构工程的设计过程中，设计的内容不应仅停留在以构件设计为主的基础上，应扩展到考虑整个结构体系的设计。

3.1.3 混凝土结构的极限状态设计应包括：

1 承载能力极限状态：结构或结构构件达到最大承载力、出现疲劳破坏或不适于继续承载的变形，或结构的连续倒塌；

2 正常使用极限状态：结构或结构构件达到正常使用或耐久性能的某项规定限值。

【条文解析】

承载能力极限状态，结构或构件达到最大承载能力，或达到不适于继续承载的变形的极限状态。

当结构或结构构件出现下列状态之一时，应认为超过了承载能力极限状态：

1）整个结构或结构的一部分作为刚体失去平衡（如倾覆等）。

2）结构构件或连接因所受应力超过材料强度而破坏（包括疲劳破坏）或因过度变形而不适合继续承载。

3）结构转变为机动体系。

4）结构或结构构件丧失稳定（如压屈等）。

5）地基丧失承载能力而破坏（如失稳等）。

而对于正常使用极限状态，则当结构或结构构件出现下列状态之一时，应认为超过了正常使用极限状态。

1）影响正常使用或外观的变形。

2）影响正常使用或耐久性能的局部损坏（包括裂缝）。

3）影响正常使用的振动。

4）影响正常使用的其他特定状态。

3.1.7 设计应明确结构的用途，在设计使用年限内未经技术鉴定或设计许可，不得改变结构的用途和使用环境。

【条文解析】

各类建筑结构的设计使用年限并不一致，应按《建筑结构可靠度设计统一标准》GB 50068—2001 的规定取用，相应的荷载设计值及耐久性措施均应依据设计使用年限确定。改变用途和使用环境（如超载使用、结构开洞、改变使用功能、使用环境恶化等），会影响结构安全性能和使用年限，严重情况下，能引起结构倒塌，因此，任何对结构的改变（无论是在建结构或既有结构），必须经过技术鉴定部门或者设计单位的鉴定、认可，才能改变结构的用途和使用环境，以保证结构在设计使用年限内的安全和使用功能。

3.2.1 混凝土结构的设计方案应符合下列要求：

1 选用合理的结构体系、构件形式和布置；

2 结构的平、立面布置宜规则，各部分的质量和刚度宜均匀、连续；

3 结构传力途径应简捷、明确，竖向构件宜连续贯通、对齐；

4 宜采用超静定结构，重要构件和关键传力部位应增加冗余约束或有多条传力途径；

5 宜采取减小偶然作用影响的措施。

【条文解析】

灾害调查和事故分析表明：结构方案对建筑物的安全有着决定性的影响。在与建筑方案协调时应考虑结构体形（高宽比、长宽比）适当；传力途径和构件布置能够保证结构的整体稳固性；避免因局部破坏引发结构连续倒塌。本条提出了在方案阶段应考虑加强结构整体稳固性的设计原则。

超静定结构——几何特征为几何不变但存在多余约束的结构体系，是实际工程经常采用的结构体系。由于多余约束的存在，使得该类结构在部分约束或连接失效后仍可以承担外荷载。

偶然作用，是指在结构使用期间出现的概率很小，一旦出现，其值很大且持续时间很短的作用。

3.2.2   混凝土结构中结构缝的设计应符合下列要求：

1   应根据结构受力特点及建筑尺度、形状、使用功能要求，合理确定结构缝的位置和构造形式；

2   宜控制结构缝的数量，并应采取有效措施减少设缝对使用功能的不利影响；

3   可根据需要设置施工阶段的临时性结构缝。

【条文解析】

结构设计时通过设置结构缝将结构分割为若干相对独立的单元。结构缝包括伸缝、缩缝、沉降缝、防震缝、构造缝、防连续倒塌的分割缝等。

"结构缝"的作用：主要是为控制不利因素的影响位置，消除混凝土收缩、温度变化、基础不均匀沉降、刚度突变、应力集中、结构防震、防连续倒塌等不利影响。"结构缝"除永久缝外还有临时缝，如施工接槎、后浇带、控制缝等。宜减少结构缝的数量，并应采取措施减小设缝带来的不利影响。

结构缝的设置应考虑对建筑功能（如装修观感、止水防渗、保温隔声等）、结构传力（如结构布置、构件传力）、构造做法和施工可行性等造成的影响。应遵循"一缝多能"的设计原则，采取有效的构造措施。

10.1.1   预应力混凝土结构构件，除应根据设计状况进行承载力计算及正常使用极限状态验算外，尚应对施工阶段进行验算。

【条文解析】

预应力混凝土与钢筋混凝土一样，也是一种组合材料，但预应力钢筋采用高强度钢筋或高强度钢丝束，混凝土采用高强度混凝土。预应力混凝土的主要优点是改善了使用荷载作用下构件的受力性能，可以推迟裂缝的出现，即在使用荷载作用下可以不开裂或减少裂缝宽度，同时还可形成起拱现象，减少构件在荷载作用后的挠度。

为确保预应力混凝土结构在施工阶段的安全，明确规定了在施工阶段应进行承载能力极限状态等验算，施工阶段包括制作、张拉、运输及安装等工序。

《混凝土异形柱结构技术规程》 JGJ 149—2006

4.1.1   居住建筑异形柱结构的安全等级应采用二级。

【条文解析】

按现行国家标准《混凝土结构设计规范》 GB 50010—2010 关于承载能力极限状态的计算规定，根据建筑结构破坏后果的严重程度，建筑结构划分为三个安全等级，采用混凝土异形柱结构的居住建筑属于"一般的建筑物"类，其破坏后果属于"严重"类，其安全等级应采用二级。当异形柱结构用于类似的较为规则的一般民用建筑时，其安全等级也可参照此条规定。

5.3.1   异形柱框架应进行梁柱节点核心区受剪承载力计算。

【条文解析】

试验研究表明，异形柱框架梁柱节点核心区的受剪承载力低于截面面积相同的矩形柱框架梁柱节点的受剪承载力，是异形柱框架的薄弱环节。为确保安全，对抗震设计的二、三、四级抗震等级的梁柱节点核心区以及非抗震设计的梁柱节点核心区均应进行受剪承载力计算。在设计中，尚可采取各类有效措施，例如梁端增设支托或水平加腋等构造措施，以提高或改善梁柱节点核心区的受剪性能。

3.1.2 材料与设计强度

《混凝土结构设计规范》GB 50010—2010

4.1.3 混凝土轴心抗压强度的标准值 f_{ck} 应按表 4.1.3 –1 采用；轴心抗拉强度的标准值 f_{tk} 应按表 4.1.3 –2 采用。

表 4.1.3 –1 混凝土轴心抗压强度标准值（N/mm²）

强度	混凝土强度等级													
	C15	C20	C25	C30	C35	C40	C45	C50	C55	C60	C65	C70	C75	C80
f_{ck}	10.0	13.4	16.7	20.1	23.4	26.8	29.6	32.4	35.5	38.5	41.5	44.5	47.4	50.2

表 4.1.3 –2 混凝土轴心抗拉强度标准值（N/mm²）

强度	混凝土强度等级													
	C15	C20	C25	C30	C35	C40	C45	C50	C55	C60	C65	C70	C75	C80
f_{tk}	1.27	1.54	1.78	2.01	2.20	2.39	2.51	2.64	2.74	2.85	2.93	2.99	3.05	3.11

【条文解析】

我国建筑工程实际应用的混凝土平均强度等级和钢筋的平均强度等级，均低于发达国家。我国结构安全度总体上比国际水平低，但材料用量却并不少，其原因在于国际上较高的安全度是靠较高强度的材料实现的。为了扭转这种情况，给出了高强度混凝土的内容。

混凝土的强度标准值由立方体抗压强度标准值 $f_{cu,k}$ 经计算确定。

1. 轴心抗压强度标准值 f_{ck}

考虑到结构中混凝土的实体强度与立方体试件混凝土强度之间的差异，根据以往的经验，结合试验数据分析并参考其他国家的有关规定，对试件混凝土强度的修正系数取 0.88。

棱柱强度与立方强度之比值 α_{c1}：对 C50 及以下普通混凝土取 0.76；对高强混凝土 C80 取 0.82，中间按线性内插法取值。

C40 以上的混凝土考虑脆性折减系数 α_{c2}：对 C40 取 1.00，对高强混凝土 C80 取 0.87，中间按线性内插法取值。

轴心抗压强度标准值 f_{ck} 按 $0.88\alpha_{c1}\alpha_{c2}f_{cu,k}$ 计算，结果见表 4.1.3 - 1。

2. 轴心抗拉强度标准值 f_{tk}

轴心抗拉强度标准值 f_{tk} 按 $0.88 \times 0.395f_{cu,k}^{0.55}(1-1.645\delta)^{0.45} \times \alpha_{c2}$ 计算，结果见表 4.1.3 - 2。其中系数 0.395 和指数 0.55 为轴心抗拉强度与立方体抗压强度的折算关系，是根据试验数据进行统计分析以后确定的。

C80 以上的高强混凝土，目前虽偶有工程应用但数量很少，且对其性能的研究尚不够，故暂未列入。

4.1.4 混凝土轴心抗压强度的设计值 f_c 应按表 4.1.4 - 1 采用；轴心抗拉强度的设计值 f_t 应按表 4.1.4 - 2 采用。

表 4.1.4 - 1 混凝土轴心抗压强度设计值（N/mm²）

强度	混凝土强度等级													
	C15	C20	C25	C30	C35	C40	C45	C50	C55	C60	C65	C70	C75	C80
f_c	7.2	9.6	11.9	14.3	16.7	19.1	21.1	23.1	25.3	27.5	29.7	31.8	33.8	35.9

表 4.1.4 - 2 混凝土轴心抗拉强度设计值（N/mm²）

强度	混凝土强度等级													
	C15	C20	C25	C30	C35	C40	C45	C50	C55	C60	C65	C70	C75	C80
f_t	0.91	1.10	1.27	1.43	1.57	1.71	1.80	1.89	1.96	2.04	2.09	2.14	2.18	2.22

【条文解析】

混凝土的强度设计值由强度标准值除混凝土材料分项系数 γ_c 确定。混凝土的材料分项系数取 1.40。

1. 轴心抗压强度设计值 f_c

轴心抗压强度设计值等于 $f_{ck}/1.40$，结果见表 4.1.4 - 1。

2. 轴心抗拉强度设计值 f_t

轴心抗拉强度设计值等于 $f_{tk}/1.40$，结果见表 4.1.4 - 2。

4.1.8 当温度在 0 ~ 100℃ 范围内时，混凝土的热工参数可按下列规定取值：

线膨胀系数 α_c：$1 \times 10^{-5}/℃$；

导热系数 λ：10.6kJ/（m·h·℃）；

比热容 c：0.96kJ/（kg·℃）。

【条文解析】

本条提供了进行混凝土间接作用效应计算所需的基本热工参数，包括线膨胀系数、导热系数和比热容，数据参照《水工混凝土结构设计规范》DL/T 5057—2009 的规定采用。

4.2.2 钢筋的强度标准值应具有不小于 95% 的保证率。

普通钢筋的屈服强度标准值 f_{yk}、极限强度标准值 f_{stk} 应按表 4.2.2-1 采用；预应力钢丝、钢绞线和预应力螺纹钢筋的屈服强度标准值 f_{pyk}、极限强度标准值 f_{ptk} 应按表 4.2.2-2 采用。

表 4.2.2-1 普通钢筋强度标准值（N/mm²）

牌号	符号	公称直径 d/mm	屈服强度标准值 f_{yk}	极限强度标准值 f_{stk}
HPB300	Φ	6~22	300	420
HRB335 HRBF335	Φ ΦF	6~50	335	455
HRB400 HRBF400 RRB400	Φ ΦF ΦR	6~50	400	540
HRB500 HRBF500	Φ ΦF	6~50	500	630

表 4.2.2-2 预应力筋强度标准值（N/mm²）

种类		符号	公称直径 d/mm	屈服强度标准值 f_{pyk}	极限强度标准值 f_{ptk}
中强度预应力钢丝	光面	ΦPM	5、7、9	620	800
				780	970
	螺旋肋	ΦHM		980	1270
预应力螺纹钢筋	螺纹	ΦT	18、25、32、40、50	785	980
				930	1080
				1080	1230
消除应力钢丝	光面	ΦP	5	—	1570
				—	1860
			7	—	1570
	螺旋肋	ΦH	9	—	1470
				—	1570

续　表

种类		符号	公称直径 d/mm	屈服强度标准值 f_{pyk}	极限强度标准值 f_{ptk}
钢绞线	1×3（三股）	φS	8.6、10.8、12.9	—	1570
				—	1860
				—	1960
	1×7（七股）		9.5、12.7、15.2、17.8	—	1720
				—	1860
				—	1960
			21.6	—	1860

注：极限强度标准值为 1960N/mm² 的钢绞线作后张预应力配筋时，应有可靠的工程经验。

【条文解析】

普通钢筋采用屈服强度标志。屈服强度标准值 f_{yk} 相当于钢筋标准中的屈服强度特征值 R_{eL}。由于结构抗倒塌设计的需要，本条中钢筋极限强度（即钢筋拉断前相应于最大拉力下的强度）的标准值 f_{stk}，相当于钢筋标准中的抗拉强度特征值 R_m。

预应力筋没有明显的屈服点，一般采用极限强度标志。极限强度标准值 f_{ptk} 相当于钢筋标准中的钢筋抗拉强度 σ_b，在钢筋标准中一般取 0.002 残余应变所对应的应力 $\sigma_{p0.2}$ 作为其条件屈服强度标准值 f_{pyk}。

4.2.3　普通钢筋的抗拉强度设计值 f_y、抗压强度设计值 f'_y 应按表 4.2.3-1 采用；预应力筋的抗拉强度设计值 f_{py}、抗压强度设计值 f'_{py} 应按表 4.2.3-2 采用。

当构件中配有不同种类的钢筋时，每种钢筋应采用各自的强度设计值。横向钢筋的抗拉强度设计值 f_{yv} 应按表中 f_y 的数值采用；当用作受剪、受扭、受冲切承载力计算时，其数值大于 360N/mm² 时应取 360N/mm²。

表 4.2.3-1　普通钢筋强度设计值（N/mm²）

牌号	抗拉强度设计值 f_y	抗压强度设计值 f'_y
HPB300	270	270
HRB335、HRBF335	300	300
HRB400、HRBF400、RRB400	360	360
HRB500、HRBF500	435	410

表4.2.3-2 预应力筋强度设计值（N/mm²）

种类	极限强度标准值 f_{ptk}	抗拉强度设计值 f_{py}	抗压强度设计值 f'_{py}
中强度预应力钢丝	800	510	410
	970	650	
	1270	810	
消除应力钢丝	1470	1040	410
	1570	1110	
	1860	1320	
钢绞线	1570	1110	390
	1720	1220	
	1860	1320	
	1960	1390	
预应力螺纹钢筋	980	650	410
	1080	770	
	1230	900	

注：当预应力筋的强度标准值不符合表4.2.3-2的规定时，其强度设计值应进行相应的比例换算。

【条文解析】

钢筋的强度设计值为其强度标准值除以材料分项系数 γ_s 的数值。延性较好的热轧钢筋 γ_s 取1.10。高强度500MPa级钢筋 γ_s 取1.15。预应力筋 γ_s 一般取不小于1.20。对传统的预应力钢丝、钢绞线取 $0.85\sigma_b$ 作为条件屈服点，γ_s 取1.2；对新增的中强度预应力钢丝和螺纹钢筋，按上述原则计算并考虑工程经验适当调整，列于表4.2.3-2中。

由于构件中钢筋受到混凝土极限受压应变的控制，受压强度受到制约，钢筋抗压强度设计值 f'_y 取与抗拉强度相同，而预应力筋较小。

根据试验研究，限定受剪、受扭、受冲切箍筋的抗拉强度设计值 f_{yv} 不大于360N/mm²；但用作围箍约束混凝土的间接配筋时，其强度设计值不限。

钢筋标准中预应力钢丝、钢绞线的强度等级繁多，对于表中未列出的强度等级可按比例换算，插值确定强度设计值。无黏结预应力筋不考虑抗压强度。预应力筋配筋位置偏离受力区较远时，应根据实际受力情况对强度设计值进行折减。

由于采用裂缝宽度计算控制，对有关轴心受拉和小偏心受拉构件中的抗拉强度设计取值，新规范不再限制。

当构件中配有不同牌号和强度等级的钢筋时，可采用各自的强度设计值进行计算。因为尽管强度不同，但极限状态下各种钢筋先后均已达到屈服。

4.2.5 普通钢筋和预应力筋的弹性模量 E_s 应按表4.2.5采用。

表4.2.5 钢筋的弹性模量（$\times 10^5 N/mm^2$）

牌号或种类	弹性模量 E_s
HPB300 钢筋	2.10
HRB335、HRB400、HRB500 钢筋 HRBF335、HRBF400、HRBF500 钢筋 RRB400 钢筋 预应力螺纹钢筋	2.00
消除应力钢丝、中强度预应力钢丝	2.05
钢绞线	1.95

注：必要时可采用实测的弹性模量。

【条文解析】

正常使用极限状态验算裂缝宽度和挠度时，要用到钢筋的变形参数——弹性模量 E_s。各类钢筋的强度相差尽管很大，但其弹性模量差别很小。

钢绞线是由三股或七股光面钢丝捻绞而成的。其弹性模量不仅取决于构成钢绞线母材的弹性模量，还与捻绞的工艺条件有关，例如捻绞得较松的钢绞线受力时抵抗变形的能力差，弹性模量可能较小；而捻绞得较密甚至模拔以后的钢绞线变形性能就大有改观，弹性模量可能较大。因此，必要时可以通过试验测定钢筋的实际弹性模量，并用于设计计算。

4.2.8 当进行钢筋代换时，除应符合设计要求的构件承载力、最大力下的总伸长率、裂缝宽度验算以及抗震规定以外，尚应满足最小配筋率、钢筋间距、保护层厚度、钢筋锚固长度、接头面积百分率及搭接长度等构造要求。

【条文解析】

钢筋代换除应满足等强代换的原则外，尚应综合考虑不同钢筋牌号的性能差异对裂缝宽度验算、最小配筋率、抗震构造要求等的影响，并应满足钢筋间距、保护层厚度、锚固长度、搭接接头面积百分率及搭接长度等的要求。

《冷轧带肋钢筋混凝土结构技术规程》JGJ 95—2011

3.1.2 冷轧带肋钢筋的强度标准值应具有不小于95%的保证率。

钢筋混凝土用冷轧带肋钢筋的强度标准值 f_{yk} 应由抗拉屈服强度表示，并应按表3.1.2-1采用。预应力混凝土用冷轧带肋钢筋的强度标准值 f_{ptk} 应由抗拉强度表示，并应按表3.1.2-2采用。

表 3.1.2 - 1　钢筋混凝土用冷轧带肋钢筋强度标准值（N/mm²）

牌号	符号	钢筋直径/mm	f_{yk}
CRB550	Φ^R	4 ~ 12	500
CRB600H	Φ^{RH}	5 ~ 12	520

表 3.1.2 - 2　预应力混凝土用冷轧带肋钢筋强度标准值（N/mm²）

牌号	符号	钢筋直径/mm	f_{ptk}
CRB650	Φ^R	4、5、6	650
CRB650H	Φ^{RH}	5 ~ 6	650
CRB800	Φ^R	5	800
CRB800H	Φ^{RH}	5 ~ 6	800
CRB970	Φ^R	5	970

【条文解析】

本条规定了冷轧带肋钢筋的强度标准值，内容涉及钢筋强度等级划分和结构安全。

3.1.3　冷轧带肋钢筋的抗拉强度设计值 f_y 及抗压强度设计值 f'_y 应按表 3.1.3 - 1、表 3.1.3 - 2 采用。

表 3.1.3 - 1　钢筋混凝土用冷轧带肋钢筋强度设计值（N/mm²）

牌号	符号	f_y	f'_y
CRB550	Φ^R	400	380
CRB600H	Φ^{RH}	415	380

注：冷轧带肋钢筋用作横向钢筋的强度设计值 f_{yv} 应按表中 f_y 的数值采用；当用作受剪、受扭、受冲切承载力计算时，其数值应取 360N/mm²。

表 3.1.3 - 2　预应力混凝土用冷轧带肋钢筋强度设计值（N/mm²）

牌号	符号	f_{py}	f'_{py}
CRB650	Φ^R	430	380
CRB650H	Φ^{RH}	430	380
CRB800	Φ^R	530	380
CRB800H	Φ^{RH}	530	380
CRB970	Φ^R	650	380

【条文解析】

本条规定了冷轧带肋钢筋的强度设计值，内容涉及结构安全。

《冷轧扭钢筋混凝土构件技术规程》 JGJ 115—2006

3.2.4　冷轧扭钢筋的强度标准值、设计值应按表3.2.4采用。

表3.2.4　冷轧扭钢筋强度设计值（N/mm²）

强度级别	型号	符号	标志直径 d/mm	f_{yk} 或 f_{ptk}
CTB 550	I	Φ^T	6.5、8、10、12	550
	II		6.5、8、10、12	550
	III		6.5、8、10	550
CTB 650	IV		6.5、8、10	650

3.2.5　冷轧扭钢筋抗拉（压）强度设计值和弹性模量应按表3.2.5采用。

表3.2.5　冷轧扭钢筋抗拉（压）强度设计值和弹性模量（N/mm²）

强度级别	型号	符号	f_y (f'_y) 或 f_{py} (f'_{py})	弹性模量 E_s
CTB 550	I	Φ^T	360	1.9×10^5
	II		360	1.9×10^5
	III		360	1.9×10^5
CTB 850	III		430	1.9×10^5

【条文解析】

冷轧扭钢筋经轧扭加工后强度提高，但延性损失，伸长率降低，容易在伸长变形时拉断而引起构件脆性破坏。因此，对其强度的设计值不能取值过高。冷轧扭钢筋只能作非预应力钢筋，均统一取强度标准值及设计值。

冷轧扭钢筋属无明显屈服点的钢材，根据国家标准规定，其极限抗拉强度即为抗拉强度标准值。从总体大子样统计，强度标准值（f_{atk}）取实际抗拉强度平均值减1.645倍标准差后取整确定，即具有不小于95%的保证率。其数值为580N/mm²；抗拉强度和抗压强度的设计值（f_y、f'_y）为标准值除以材料分项系数 γ_s 的结果，统取为360N/mm²。冷轧扭钢筋作为非预应力钢筋应用时，强度设计参数与其他冷加工钢筋相同，只是强度标准值偏大（580N/mm²），但设计值一致。

此外，冷轧扭钢筋以轧扭前的母材直径作公称直径，直径与截面积之间不存在 $\pi/4d^2$ 的关系。故冷轧扭钢筋设计时，截面面积应按有关规程查得。

8.1.4 冷轧扭钢筋的力学性能应符合表 8.1.4 的规定。

表 8.1.4 力学性能指标

级别	型号	抗拉强度 f_{yk}/（N/mm²）	伸长率 A/%	180°弯曲（弯心直径=3d）
CTB 550	I	≥550	$A_{11.3}$≥4.5	受弯曲部位钢筋表面不得产生裂纹
	II	≥550	A≥10	
	III	≥550	A≥12	
CTB 650	III	≥650	A_{100}≥4	

注：1 d 为冷轧扭钢筋标志直径；

2 A、$A_{11.3}$ 分别表示以标距 $5.65\sqrt{S_0}$ 或 $11.3\sqrt{S_0}$（S_0 为试样原始截面面积）的试样拉断伸长率，A_{100} 表示标距为 100mm 的试样拉断伸长率。

【条文解析】

使用方在冷轧扭钢筋产品进场后均应分批复检，以确保质量。

3.1.3 基本构造规定

《混凝土结构设计规范》GB 50010—2010

8.1.1 钢筋混凝土结构伸缩缝的最大间距可按表 8.1.1 确定。

表 8.1.1 钢筋混凝土结构伸缩缝最大间距（m）

结构类别		室内或土中	露天
排架结构	装配式	100	70
框架结构	装配式	75	50
	现浇式	55	35
剪力墙结构	装配式	65	40
	现浇式	45	30
挡土墙、地下室墙壁等类结构	装配式	40	30
	现浇式	30	20

注：1 装配整体式结构的伸缩缝间距，可根据结构的具体情况取表中装配式结构与现浇式结构之间的数值；

2 框架－剪力墙结构或框架－核心筒结构房屋的伸缩缝间距，可根据结构的具体情况取表中框架结构与剪力墙结构之间的数值；

3 当屋面无保温或隔热措施时，框架结构、剪力墙结构的伸缩缝间距宜按表中露天栏的数值取用；

4 现浇挑檐、雨罩等外露结构的局部伸缩缝间距不宜大于 12m。

【条文解析】

混凝土结构的伸（膨胀）缝、缩（收缩）缝合称伸缩缝。伸缩缝是结构缝的一种，目的是为减小由于温差（早期水化热或使用期季节温差）和体积变化（施工期或使用早期的混凝土收缩）等间接作用效应积累的影响，将混凝土结构分割为较小的单元，避免引起较大的约束应力和开裂。

由于现代水泥强度等级提高、水化热加大、凝固时间缩短；混凝土强度等级提高、拌和物流动性加大、结构的体量越来越大；为满足混凝土泵送、免振等工艺，混凝土的组分变化造成收缩增加，近年由此而引起的混凝土体积收缩呈增大趋势，现浇混凝土结构的裂缝问题比较普遍。

8.1.4　当设置伸缩缝时，框架、排架结构的双柱基础可不断开。

【条文解析】

由于在混凝土结构的地下部分，温度变化和混凝土收缩能够得到有效的控制，故其有关结构在地下可以不设伸缩缝。对不均匀沉降结构设置沉降缝的情况不包括在内，设计时可根据具体情况自行掌握。

8.2.1　构件中普通钢筋及预应力筋的混凝土保护层厚度应满足下列要求。

1　构件中受力钢筋的保护层厚度不应小于钢筋的直径 d；

2　设计使用年限为 50 年的混凝土结构，最外层钢筋的保护层厚度应符合表 8.2.1 的规定；设计使用年限为 100 年的混凝土结构，最外层钢筋的保护层厚度不应小于表 8.2.1 中数值的 1.4 倍。

表 8.2.1　混凝土保护层的最小厚度 c （mm）

环境类别	板、墙、壳	梁、柱、杆
一	15	20
二 a	20	25
二 b	25	35
三 a	30	40
三 b	40	50

注：1　混凝土强度等级不大于C25时，表中保护层厚度数值应增加5mm；
　　2　钢筋混凝土基础宜设置混凝土垫层，基础中钢筋的混凝土保护层厚度应从垫层顶面算起，且不应小于40mm。

【条文解析】

1）混凝土保护层厚度不小于受力钢筋直径（单筋的公称直径或并筋的等效直径）的要求，是为了保证握裹层混凝土对受力钢筋的锚固。

2）从混凝土碳化、脱钝和钢筋锈蚀的耐久性角度考虑，不再以纵向受力钢筋的外缘，而以最外层钢筋（包括箍筋、构造筋、分布筋等）的外缘计算混凝土保护层厚度。

3）根据对结构所处耐久性环境类别的划分，调整混凝土保护层厚度的数值。对一般情况下混凝土结构的保护层厚度稍有增加；而对恶劣环境下的保护层厚度则增幅较大。

4）根据混凝土碳化反应的差异和构件的重要性，按平面构件（板、墙、壳）及杆状构件（梁、柱、杆）分两类确定保护层厚度；表中不再列入强度等级的影响，C30及以上统一取值，C25及以下均增加5mm。

5）考虑碳化速度的影响，使用年限100年的结构，保护层厚度取1.4倍。

6）为保证基础钢筋的耐久性，根据工程经验基础底面要求做垫层，基底保护层厚度仍取40mm。

8.2.3 当梁、柱、墙中纵向受力钢筋的保护层厚度大于50mm时，宜对保护层采取有效的构造措施。当在保护层内配置防裂、防剥落的焊接钢筋网片，网片钢筋的保护层厚度不应小于25mm。

【条文解析】

当保护层很厚时（如配置粗钢筋；框架顶层端节点弯弧钢筋以外的区域等），宜采取有效的措施对厚保护层混凝土进行拉结，防止混凝土开裂剥落、下坠。通常为保护层采用纤维混凝土或加配钢筋网片。为保证防裂钢筋网片不致成为引导锈蚀的通道，应对其采取有效的绝缘和定位措施，此时网片钢筋的保护层厚度可适当减小，但不应小于25mm。

8.3.2 纵向受拉普通钢筋的锚固长度修正系数 ζ_a 应根据钢筋的锚固条件按下列规定取用：

1 当带肋钢筋的公称直径大于25mm时取1.10；

2 环氧树脂涂层带肋钢筋取1.25；

3 施工过程中易受扰动的钢筋取1.10；

4 当纵向受力钢筋的实际配筋面积大于其设计计算面积时，修正系数取设计计算面积与实际配筋面积的比值，但对有抗震设防要求及直接承受动力荷载的结构构件，不应考虑此项修正；

5 锚固区保护层厚度为3d时修正系数可取0.80，保护层厚度为5d时修正系数可取0.70，中间按内插法取值，此处d为纵向受力带肋钢筋的直径。

【条文解析】

本条介绍了不同锚固条件下的锚固长度的修正系数。

为反映粗直径带肋钢筋相对肋高减小对锚固作用降低的影响，直径大于25mm的粗直径带肋钢筋的锚固长度应适当加大，乘以修正系数1.10。

为反映环氧树脂涂层钢筋表面光滑状态对锚固的不利影响，其锚固长度应乘以修正系数1.25。

施工扰动（如滑模施工或其他施工期依托钢筋承载的情况）对钢筋锚固作用的不利影响，反映为施工扰动的影响。修正系数与原规范数值相当，取1.10。

配筋设计时实际配筋面积往往因构造原因大于计算值，故钢筋实际应力通常小于强度设计值。受力钢筋的锚固长度可以按比例缩短，修正系数取决于配筋裕量的数值。但其适用范围有一定限制；不适用于抗震设计及直接承受动力荷载结构中的受力钢筋锚固。

锚固钢筋常因外围混凝土的纵向劈裂而削弱锚固作用，当混凝土保护层厚度较大时，握裹作用加强，锚固长度可以减短。当保护层厚度大于锚固钢筋直径的3倍时，可乘修正系数0.80；保护层厚度大于锚固钢筋直径的5倍时，可乘修正系数0.70；中间情况按内插法取值。

8.3.5　承受动力荷载的预制构件，应将纵向受力普通钢筋末端焊接在钢板或角钢上，钢板或角钢应可靠地锚固在混凝土中。钢板或角钢的尺寸应按计算确定，其厚度不宜小于10mm。

其它构件中的受力普通钢筋的末端也可通过焊接钢板或型钢实现锚固。

【条文解析】

本条规定采用受力钢筋末端焊接在钢板或角钢（型钢）上的锚固方式。这种形式同样适用于其他构件的钢筋锚固。

8.4.1　钢筋连接可采用绑扎搭接、机械连接或焊接。机械连接接头及焊接接头的类型及质量应符合国家现行有关标准的规定。

混凝土结构中受力钢筋的连接接头宜设置在受力较小处。在同一根受力钢筋上宜少设接头。在结构的重要构件和关键传力部位，纵向受力钢筋不宜设置连接接头。

【条文解析】

钢筋连接的形式（搭接、机械连接、焊接）各自适用于一定的工程条件。各种类型钢筋接头的传力性能（强度、变形、恢复力、破坏状态等）均不如直接传力的整根钢筋，任何形式的钢筋连接均会削弱其传力性能。因此钢筋连接的基本原则为：连接接头设置在受力较小处；限制钢筋在构件同一跨度或同一层高内的接头数量；避开结构的关键受力部位，如柱端、梁端的箍筋加密区，并限制接头面积百分率等。

8.4.3　同一构件中相邻纵向受力钢筋的绑扎搭接接头宜互相错开。钢筋绑扎搭接接头连接区段的长度为1.3倍搭接长度，凡搭接接头中点位于该连接区段长度内的搭接接头均属于同一连接区段（图8.4.3）。同一连接区段内纵向受力钢筋搭接接头面积百分率为该区段内有搭接接头的纵向受力钢筋与全部纵向受力钢筋截面面积的比值。当直径不同的钢筋搭接时，接直径较小的钢筋计算。

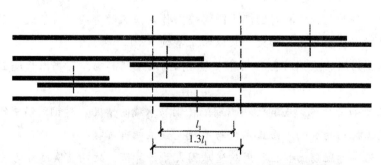

图8.4.3　同一连接区段内纵向受拉钢筋的绑扎搭接接头

注：图中所示同一连接区段内的搭接接头钢筋为两根，当钢筋直径相同时，钢筋搭接接头面积百分率为50%

位于同一连接区段内的受拉钢筋搭接接头面积百分率：对梁类、板类及墙类构件，不宜大于25%；对柱类构件，不宜大于50%。当工程中确有必要增大受拉钢筋搭接接头面积百分率时，对梁类构件，不宜大于50%；对板、墙、柱及预制构件的拼接处，可根据实际情况放宽。

并筋采用绑扎搭接连接时，应按每根单筋错开搭接的方式连接。接头面积百分率应按同一连接区段内所有的单根钢筋计算。并筋中钢筋的搭接长度应按单筋分别计算。

【条文解析】

本条用图及文字表达了钢筋绑扎搭接连接区段的定义，并提出了控制在同一连接区段内接头面积百分率的要求。搭接钢筋应错开布置，且钢筋端面位置应保持一定间距。首尾相接形式的布置会在搭接端面引起应力集中（图3-1）和局部裂缝，应予以避免。搭接钢筋接头中心的纵向间距应不大于1.3倍搭接长度。当搭接钢筋端部距离不大于搭接长度的30%时，均属位于同一连接区段的搭接接头。

粗、细钢筋在同一区段搭接时，按较细钢筋的截面积计算接头面积百分率及搭接长度。这是因为钢筋通过接头传力时，均按受力较小的细直径钢筋考虑承载受力，而粗直径钢筋往往有较大的余量。此原则对于其他连接方式同样适用。

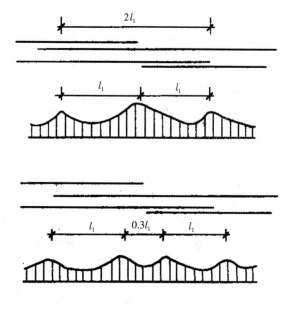

图3-1 顺次搭接和错开搭接接头的布置

对梁、板、墙、柱类构件的受拉钢筋搭接接头面积百分率分别提出了控制条件。其中，对板类、墙类及柱类构件，尤其是预制装配整体式构件，在实现传力性能的条件下，可根据实际情况适当放宽搭接接头面积百分率的限制。

并筋分散、错开的搭接方式有利于各根钢筋内力传递的均匀过渡，改善了搭接钢筋的传力性能及裂缝状态。因此并筋应采用分散、错开搭接的方式实现连接，并按截面内各根单筋计算搭接长度及接头面积百分率。

8.4.7 纵向受力钢筋的机械连接接头宜相互错开。钢筋机械连接区段的长度为$35d$，d为连接钢筋的较小直径。凡接头中点位于该连接区段长度内的机械连接接头均属于同一连接区段。

位于同一连接区段内的纵向受拉钢筋接头面积百分率不宜大于50%；但对板、墙、柱及预制构件的拼接处，可根据实际情况放宽。纵向受压钢筋的接头百分率可不受限制。

机械连接套筒的保护层厚度宜满足有关钢筋最小保护层厚度的规定。机械连接套筒的横向净间距不宜小于25mm;套筒处箍筋的间距仍应满足构造要求。

直接承受动力荷载结构构件中的机械连接接头,除应满足设计要求的抗疲劳性能外,位于同一连接区段内的纵向受力钢筋接头面积百分率不应大于50%。

【条文解析】

钢筋的机械连接是通过连贯于两根钢筋外的套筒来实现传力。套筒与钢筋之间力的过渡是通过机械咬合力。其形式包括:钢筋横肋与套筒的咬合;在钢筋表面加工出螺纹与套筒的螺纹之间的传力;在钢筋与套筒之间贯注高强的胶凝材料,通过中间介质来实现应力传递。机械连接的主要形式有:挤压套筒连接;锥螺纹套筒连接,镦粗直螺纹连接;滚轧直螺纹连接等。套筒内加楔劈连接或灌注环氧树脂或其他材料的各类新的连接形式也正在开发。

为避免机械连接接头处相对滑移变形的影响,定义机械连接区段的长度为以套筒为中心长度35d的范围,并由此控制接头面积百分率。

本条还规定了机械连接的应用原则:接头宜互相错开,并避开受力较大部位。由于在受力最大处受拉钢筋传力的重要性,机械连接接头在该处的接头面积百分率不宜大于5000。但对于板、墙等钢筋间距很大的构件,以及装配式构件的拼接处,可根据情况适当放宽。

8.5.1 钢筋混凝土结构构件中纵向受力钢筋的配筋百分率 ρ_{min} 不应小于表8.5.1规定的数值。

表8.5.1 纵向受力钢筋的最小配筋百分率 ρ_{min} (%)

受力类型			最小配筋百分率
受压构件	全部纵向钢筋	强度等级500MPa	0.50
		强度等级400MPa	0.55
		强度等级300MPa、335MPa	0.60
	一侧纵向钢筋		0.20
受弯构件、偏心受拉、轴心受拉构件一侧的受拉钢筋			0.20 和 $45f_t/f_y$ 中的较大值

注: 1 受压构件全部纵向钢筋最小配筋百分率,当采用C60以上强度等级的混凝土时,应按表中规定增加0.10;

2 板类受弯构件(不包括悬臂板)的受拉钢筋,当采用强度级别400MPa、500MPa的钢筋时,其最小配筋百分率应允许采用0.15和 $45f_t/f_y$ 中的较大值;

3 偏心受拉构件中的受压钢筋,应按受压构件一侧纵向钢筋考虑;

4 受压构件的全部纵向钢筋和一侧纵向钢筋的配筋率以及轴心受拉构件和小偏心受拉构件一侧受拉钢筋的配筋率均应按构件的全截面面积计算;

5 受弯构件、大偏心受拉构件一侧受拉钢筋的配筋率应按全截面面积扣除受压翼缘面积 $(b_f-b)h_f$ 后的截面面积计算;

6 当钢筋沿构件截面周边布置时,"一侧纵向钢筋"系指沿受力方向两个对边中一边布置的纵向钢筋。

【条文解析】

钢筋混凝土结构是一种复合材料结构。其中的混凝土是非延性材料，而钢筋则有很好的延性。在混凝土中配置钢筋以后，受力形态得到改善，结构性能也因此大大提高。但是，当配筋量少于一定限度以后，构件的性能会发生质的变化与无筋的素混凝土结构几乎没有差别。因此，混凝土结构设计时，对钢筋配置量有一个起码的要求，这就是受力钢筋的最小配筋率（ρ_{min}）。

受压构件是指柱、压杆等截面长宽比不大于4的构件。规定受压构件最小配筋率的目的是改善其性能，避免混凝土突然压溃，并使受压构件具有必要的刚度和抵抗偶然偏心作用的能力。

本条对受压构件纵向钢筋的最小配筋率基本不变，即受压构件一侧纵筋最小配筋率仍保持0.2%不变，而对不同强度的钢筋分别给出了受压构件全部钢筋的最小配筋率：0.50、0.55和0.60三挡。

3.1.4　结构构件的规定

《混凝土结构设计规范》GB 50010—2010

9.7.1　受力预埋件的锚板宜采用Q235、Q345级钢，锚板厚度应根据受力情况计算确定，且不宜小于锚筋直径的60%；受拉和受弯预埋件的锚板厚度尚宜大于$b/8$，b为锚筋的间距。

受力预埋件的锚筋应采用HRB400或HPB300钢筋，不应采用冷加工钢筋。

直锚筋与锚板应采用T形焊接。当锚筋直径不大于20mm时宜采用压力埋弧焊；当锚筋直径大于20mm时宜采用穿孔塞焊。当采用手工焊时，焊缝高度不宜小于6mm，且对300MPa级钢筋不宜小于$0.5d$，对其他钢筋不宜小于$0.6d$，d为锚筋的直径。

【条文解析】

本条再次强调了禁止采用延性较差的冷加工钢筋作锚筋，而用HPB300钢筋代换了已淘汰的HPB235钢筋。这是由于钢筋经冷加工以后延性大幅度损失，容易发生脆性断裂破坏而引发恶性事故。此外锚筋与锚板焊接也可能是经冷加工后提高的强度因焊接受热"回火"而丧失，作为受力承载的主要材料很不可靠，故严禁使用。锚板厚度与实际受力情况有关，宜通过计算确定。

9.7.6　吊环应采用HPB300级钢筋制作，锚入混凝土的深度不应小于$30d$并应焊接或绑扎在钢筋骨架上，d为吊环钢筋的直径。在构件的自重标准值作用下，每个吊环按2个截面计算的钢筋应力不应大于$65N/mm^2$；当在一个构件上设有4个吊环时，应按3个吊环进行计算。

【条文解析】

本条给出了吊环的设计要求。

吊环的作用类似于预埋件，是为了将其他构件或设备的荷载传给混凝土结构而设置的。吊环的另一个重要作用是经常布置在预制构件上，作为构件运输吊装时的着力点。

由于吊环对于钢筋延性的特殊高要求，吊环应采用 HPB235 级钢筋制作，严禁采用冷加工（冷拉、冷拔、冷轧、冷扭）钢筋。除了与预埋件锚筋同样的理由外，还因为吊环直接受到外加荷载的作用，而且荷载往往还具有反复作用或动力的特性，为防止坠落伤人等恶性的后果，才对吊环材料提出此特殊的要求。

预制构件的吊环应采用 HPB300 级钢筋制作，而严禁使用冷加工钢筋。

吊环的受力状态比较简单，荷载一般也不会太大。但一旦失效，会发生坠落等恶性事故，因而也十分重要。

吊环钢筋的锚固十分重要，因为这是吊环承载受力的基础。过小、过浅的锚固长度不仅可能发生锚固拔出的破坏，还可能发生连同锚固混凝土一起锥状拉脱破坏。

由于吊索难以均衡受力，所以当一个构件上设有 4 个吊环时，设计时只能偏于保守地考虑由 3 个吊环受力来承担荷载，以确保安全。

根据耐久性要求，恶劣环境下吊环钢筋绑扎接触配筋骨架时应隔垫绝缘材料或采取可靠的防锈措施。

《冷轧扭钢筋混凝土构件技术规程》JGJ 115—2006

7.3.1 纵向受力冷轧扭钢筋不得采用焊接接头。

【条文解析】

冷加工钢筋的高强度易在受热时，由于"回火"的作用而丧失。一般情况下，冷加工钢筋不考虑焊接。但对于点焊等浅度焊接，产生热量不太大的情况也不绝对禁止。

3.2 高层建筑混凝土结构

3.2.1 荷载与结构计算分析

《高层建筑混凝土结构技术规程》JGJ 3—2010

3.8.1 高层建筑结构构件的承载力应按下列公式验算：

持久设计状况、短暂设计状况

$$\gamma_0 S_d \leq R_d \qquad (3.8.1-1)$$

地震设计状况

$$S_d \leq \frac{R_d}{\gamma_{RE}} \qquad (3.8.1-2)$$

式中　γ_0 ——结构重要性系数，对安全等级为一级的结构构件不应小于1.1，对安全等级为二级的结构构件不应小于1.0；

　　　S_d ——作用组合的效应设计值，应符合本规程第5.6.1~5.6.4条的规定；

　　　R_d ——构件承载力设计值；

　　　γ_{RE} ——构件承载力抗震调整系数。

【条文解析】

本条是高层建筑混凝土结构构件承载力设计的原则规定，采用了以概率理论为基础、以可靠指标度量结构可靠度、以分项系数表达的设计方法。本条仅针对持久设计状况、短暂设计状况和地震设计状况下构件的承载力极限状态设计，与现行国家标准《工程结构可靠性设计统一标准》GB 50153—2008 和《建筑抗震设计规范》GB 50011—2010 保持一致。

4.1.5　直升机平台的活荷载应采用下列两款中能使平台产生最大内力的荷载：

1　直升机总重量引起的局部荷载，按由实际最大起飞重量决定的局部荷载标准值乘以动力系数确定。对具有液压轮胎起落架的直升机，动力系数可取1.4；当没有机型技术资料时，局部荷载标准值及其作用面积可根据直升机类型按表4.1.5取用。

表4.1.5　局部荷载标准值及其作用面积

直升机类型	局部荷载标准值/kN	作用面积/m²
轻型	20.0	0.20×0.20
中型	40.0	0.25×0.25
重型	60.0	0.30×0.30

2　等效均布活荷载5kN/m²。

【条文解析】

直升机平台的活荷载是根据现行国家标准《建筑结构荷载规范》GB 50009—2012 的有关规定确定。

4.2.2　基本风压应按照现行国家标准《建筑结构荷载规范》GB 50009—2012 的规定采用。对风荷载比较敏感的高层建筑，承载力设计时应按基本风压的1.1倍采用。

【条文解析】

对于高层建筑，风荷载是主要荷载之一，所以，一般高层建筑设计的基本风压应按50年一遇的风压取用。对于特别重要的高层建筑和对风荷载敏感的高层建筑，则应按100年一遇的基本风压值采用。是否对风荷载敏感，主要取决于高层建筑自身的动力反应特性，但目前尚无定量的划分标准。为保证风荷载计算不过小，房屋高度大于60m的高层建筑可按100年一遇的风压值采用；高度不大于60m的高层建筑，应根据实际情况确定其重现期是否提高。

4.2.4 当多栋或群集的高层建筑相互间距较近时，宜考虑风力相互干扰的群体效应。一般可将单栋建筑的体形系数 μ_s 乘以相互干扰增大系数，该系数可参考类似条件的试验资料确定；必要时宜通过风洞试验确定。

【条文解析】

对房屋相互间距较近的建筑群，由于旋涡的相互干扰，房屋某些部位的局部风压会显著增大，设计时宜考虑其不利影响。群体效应一般与建筑物的相对高度、距离、方位、体形等有关，情况比较复杂。风对群集建筑物的荷载增大效应往往是局部的，表现为局部风压的增大。对于有参考经验的情况，可采用已有的放大系数；对比较重要的或体形、环境非常复杂的高层建筑，建议通过边界层风洞试验考虑风荷载作用。

当与临近房屋的间距小于 3.5 倍的迎风面宽度且两栋房屋中心连线与风向成 45°时，可取大值；当房屋连线与风向一致时，可取小值；当与风向垂直时不考虑；当间距大于 7.5 倍的迎风面宽度时，也可不考虑。

4.2.5 横风向振动效应或扭转风振效应明显的高层建筑，应考虑横风向风振或扭转风振的影响。横风向风振或扭转风振的计算范围、方法以及顺风向与横风向效应的组合方法应符合现行国家标准《建筑结构荷载规范》GB 50009—2012 的有关规定。

【条文解析】

本条意在提醒设计人员注意考虑结构横风向风振或扭转风振对高层建筑尤其是超高层建筑的影响。当结构高宽比较大、结构顶点风速大于临界风速时，可能引起较明显的结构横风向振动，甚至出现横风向振动效应大于顺风向作用效应的情况。结构横风向振动问题比较复杂，与结构的平面形状、竖向体形、高宽比、刚度、自振周期和风速都有一定关系。当结构体形复杂时，宜通过空气弹性模型的风洞试验确定横风向振动的等效风荷载。

4.2.6 考虑横风向风振或扭转风振影响时，结构顺风向及横风向的侧向位移应分别符合本规程第3.7.3条的规定。

【条文解析】

横风向效应与顺风向效应是同时发生的，因此必须考虑两者的效应组合。对于结构侧向位移控制，仍可按同时考虑横风向与顺风向影响后的计算方向位移确定，不必按矢量和的方向控制结构的层间位移。

4.2.7 房屋高度大于 200m 或有下列情况之一时，宜进行风洞试验判断确定建筑物的风荷载：

1 平面形状或立面形状复杂；

2 立面开洞或连体建筑；

3 周围地形和环境较复杂。

【条文解析】

对结构平面及立面形状复杂、开洞或连体建筑及周围地形复杂的结构，建议进行风洞试验。对风洞试验的结果，当与按规范计算的风荷载存在较大差距时，设计人员应进行分析判断，合理确定建筑物的风荷载取值。因此本条规定"进行风洞试验判断确定建筑物的风荷载"。

4.2.8 檐口、雨篷、遮阳板、阳台等水平构件，计算局部上浮风荷载时，风荷载体形系数 μ_s 不宜小于2.0。

【条文解析】

高层建筑表面的风荷载压力分布很不均匀，在角隅、檐口、边棱处和在附属结构的部位（如阳台、雨篷等外挑构件），局部风压会超过按体形系数计算的平均风压。

5.1.3 高层建筑结构的变形和内力可按弹性方法计算。框架梁及连梁等构件可考虑塑性变形引起的内力重分布。

【条文解析】

目前国内规范体系是采用弹性方法计算内力，在截面设计时考虑材料的弹塑性性质。因此，高层建筑结构的内力与位移仍按弹性方法计算，框架梁及连梁等构件可考虑局部塑性变形引起的内力重分布。

5.1.4 高层建筑结构分析模型应根据结构实际情况确定。所选取的分析模型应能较准确地反映结构中各构件的实际受力状况。

高层建筑结构分析，可选择平面结构空间协同、空间杆系、空间杆–薄壁杆系、空间杆–墙板元及其他组合有限元等计算模型。

【条文解析】

高层建筑结构是复杂的三维空间受力体系，计算分析时应根据结构实际情况，选取能较准确地反映结构中各构件的实际受力状况的力学模型。对于平面和立面布置简单规则的框架结构、框架–剪力墙结构宜采用空间分析模型，可采用平面框架空间协同模型；对剪力墙结构–筒体结构和复杂布置的框架结构、框架–剪力墙结构应采用空间分析框。目前国内商品化的结构分析软件所采用的力学模型主要有空间杆系模型、空间杆–薄壁杆系模型、空间杆–墙板元模型及其他组合有限元模型。

5.1.6 高层建筑结构按空间整体工作计算分析时，应考虑下列变形：

1 梁的弯曲、剪切、扭转变形，必要时考虑轴向变形；

2 柱的弯曲、剪切、轴向、扭转变形；

3 墙的弯曲、剪切、轴向、扭转变形。

【条文解析】

高层建筑按空间整体工作计算时，不同计算模型的梁、柱自由度是相同的。梁的弯曲、剪切、扭转变形，当考虑楼板面内变形时还有轴向变形；柱的弯曲、剪切、轴向、扭转变形。当采用空间杆-薄壁杆系模型时，剪力墙自由度考虑弯曲、剪切、轴向、扭转变形和翘曲变形；当采用其他有限元模型分析剪力墙时，剪力墙自由度考虑弯曲、剪切、轴向、扭转变形。

高层建筑层数多、重量大，墙、柱的轴向变形影响显著，计算时应考虑。

构件内力是与位移矢量对应的，与截面设计对应的分别为弯矩、剪力、轴力、扭矩等。

5.1.10 高层建筑结构进行风作用效应计算时，正反两个方向的风作用效应宜按两个方向计算的较大值采用；体形复杂的高层建筑，应考虑风向角的不利影响。

【条文解析】

高层建筑结构进行水平风荷载作用效应分析时，除对称结构外，结构构件在正反两个方向的风荷载作用下效应一般是不相同的，按两个方向风效应的较大值采用，是为了保证安全的前提下简化计算；体形复杂的高层建筑，应考虑多方向风荷载作用，进行风效应对比分析，增加结构抗风安全性。

5.1.12 体形复杂、结构布置复杂以及 B 级高度高层建筑结构，应采用至少两个不同力学模型的结构分析软件进行整体计算。

【条文解析】

体形复杂、结构布置复杂的高层建筑结构的受力情况复杂，B 级高度高层建筑属于超限高层建筑，采用至少两个不同力学模型的结构分析软件进行整体计算分析，可以相互比较和分析，以保证力学分析结构的可靠性。

5.1.13 抗震设计时，B 级高度的高层建筑结构、混合结构和本规程第 10 章规定的复杂高层建筑结构，尚应符合下列规定：

1 宜考虑平扭耦联计算结构的扭转效应，振型数不应小于 15，对多塔楼结构的振型数不应小于塔楼数的 9 倍，且计算振型数应使各振型参与质量之和不小于总质量的 90%；

2 应采用弹性时程分析法进行补充计算；

3 宜采用弹塑性静力或弹塑性动力分析方法补充计算。

【条文解析】

带加强层的高层建筑结构、带转换层的高层建筑结构、错层结构、连体和立面开洞结构、多塔楼结构、立面较大收进结构等，属于体形复杂的高层建筑结构，其竖向刚度和承载力变化大、受力复杂，易形成薄弱部位；混合结构以及 B 级高度的高层建筑结构的房屋高度大、工程经验多，因此整体计算分析时应从严要求。

5.1.16 对结构分析软件的计算结果，应进行分析判断，确认其合理、有效后方可作为工程设计的依据。

【条文解析】

在计算机和计算机软件广泛应用的条件下，除了要选择使用可靠的计算软件外，还应对软件产生的计算结果从力学概念和工程经验等方面加以分析判断，确认其合理性和可靠性。

5.2.2　在结构内力与位移计算中，现浇楼盖和装配整体式楼盖中，梁的刚度可考虑翼缘的作用予以增大。近似考虑时，楼面梁刚度增大系数可根据翼缘情况取 1.3 ~ 2.0。

对于无现浇面层的装配式楼盖，不宜考虑楼面梁刚度的增大。

【条文解析】

现浇楼面和装配整体式楼面的楼板作为梁的有效翼缘形成 T 形截面，提高了楼面梁的刚度，结构计算时应予考虑。当近似其影响时，应根据梁翼缘尺寸与梁截面尺寸的比例关系确定增大系数的取值。通常现浇楼面的边框架梁可取 1.5，中框架梁可取 2.0；有现浇面层的装配式楼面梁的刚度增大系数可适当减小。当框架梁截面较小而楼板较厚或者梁截面较大而楼板较薄时，梁刚度增大系数可能会超出 1.5 ~ 2.0 的范围，因此规定增大系数可取 1.3 ~ 2.0。

5.2.3　在竖向荷载作用下，可考虑框架梁端塑性变形内力重分布对梁端负弯矩乘以调幅系数进行调幅，并应符合下列规定：

1　装配整体式框架梁端负弯矩调幅系数可取为 0.7 ~ 0.8，现浇框架梁端负弯矩调幅系数可取为 0.8 ~ 0.9；

2　框架梁端负弯矩调幅后，梁跨中弯矩应按平衡条件相应增大；

3　应先对竖向荷载作用下框架梁的弯矩进行调幅，再与水平作用产生的框架梁弯矩进行组合；

4　截面设计时，框架梁跨中截面正弯矩设计值不应小于竖向荷载作用下按简支梁计算的跨中弯矩设计值的 50%。

【条文解析】

在竖向荷载作用下，框架梁端负弯矩往往较大，配筋困难，不便于施工和保证施工质量。因此允许考虑塑性变形内力重分布对梁端负弯矩进行适当调幅。钢筋混凝土的塑性变形能力有限，调幅的幅度应该加以限制。框架梁端负弯矩减小后，梁跨中弯矩应按平衡条件相应增大。

截面设计时，为保证框架梁跨中截面底钢筋不至于过少，其正弯矩设计值不应小于竖向荷载作用下按简支梁计算的跨中弯矩之半。

5.3.1　高层建筑结构分析计算时宜对结构进行力学上的简化处理，使其既能反映结构的受力性能，又适应于所选用的计算分析软件的力学模型。

【条文解析】

高层建筑是三维空间结构，构件多，受力复杂；结构计算分析软件都有其适用条件，使用不当，可能导致结构设计的不合理甚至不安全。因此，结构计算分析时，应结合结构的实际情况和所采用的计算软件的力学模型要求，对结构进行力学上的适当简化处理，使其既能比较正确地反映结构的受力性能，又适应于所选用的计算分析软件的力学模型，从根本上保证结构分析结果的可靠性。

5.3.3 在结构整体计算中，密肋板楼盖宜按实际情况进行计算。当不能按实际情况计算时，可按等刚度原则对密肋梁进行适当简化后再行计算。

对平板无梁楼盖，在计算中应考虑板的面外刚度影响，其面外刚度可按有限元方法计算或近似将柱上板带等效为框架梁计算。

【条文解析】

密肋板楼盖简化计算时，可将密肋梁均匀等效为柱上框架梁，其截面宽度可取被等效的密肋梁截面宽度之和。

平板无梁楼盖的面外刚度由楼板提供，计算时必须考虑。当采用近似方法考虑时，其柱上板带可等效为框架梁计算，等效框架梁的截面宽度可取等代框架方向板跨的3/4及垂直于等代框架方向板跨的1/2两者的较小值。

5.3.7 高层建筑结构整体计算中，当地下室顶板作为上部结构嵌固部位时，地下一层与首层侧向刚度比不宜小于2。

【条文解析】

本条给出作为结构分析模型嵌固部位的刚度要求。计算地下室结构楼层侧向刚度时，可考虑地上结构以外的地下室相关部位的结构，"相关部位"一般指地上结构外扩不超过三跨的地下室范围。

5.4.4 高层建筑结构的整体稳定性应符合下列规定：

1 剪力墙结构、框架–剪力墙结构、筒体结构应符合下式要求：

$$EJ_d \geq 1.4H^2 \sum_{i=1}^{n} G_i \qquad (5.4.4-1)$$

2 框架结构应符合下式要求：

$$D_i \geq 10 \sum_{j=i}^{n} G_j / h_i \, (i=1, \ 2, \ \cdots, \ n) \qquad (5.4.4-2)$$

【条文解析】

结构整体稳定性是高层建筑结构设计的基本要求。研究表明，高层建筑混凝土结构仅在竖向重力荷载作用下产生整体失稳的可能性很小。高层建筑结构的稳定设计主要是控制在风荷载或水平地震作用下，重力荷载产生的二阶效应不致过大，以免引起结构的失稳、倒塌。结构的刚度和重力荷载之比（简称刚重比）是影响重力 $P-\Delta$ 效应的主要参数。如果结构的刚重比满足本条式（5.4.4-1）或式（5.4.4-2）的规定，则在考虑结构弹性刚度折减50%的情况下，重力 $P-\Delta$ 效应仍可控制在20%之内，结构的稳定具有适宜的安全储备。若结构的刚重比进一步减小，则重力 $P-\Delta$ 效应将会呈非线性关系急剧增长，直至引起结构的整体失稳。在水平力作用下，高层建筑结构的稳定应满足本条的规定，不应再放松要求。如不满足本条的规定，应调整并增大结构的侧向刚度。

当结构的设计水平力较小，如计算的楼层剪重比（楼层剪力与其上各层重力荷载代表值之和的比值）小于0.02时，结构刚度虽能满足水平位移限值要求，但有可能不满足本条规定的稳定要求。

5.6.1 持久设计状况和短暂设计状况下，当荷载与荷载效应按线性关系考虑时，荷载基本组合的效应设计值应按下式确定：

$$S_d = \gamma_G S_{Gk} + \gamma_L \psi_Q \gamma_Q S_{Qk} + \psi_w \gamma_w S_{wk} \tag{5.6.1}$$

式中 S_d ——荷载组合的效应设计值；

$\quad \gamma_G$ ——永久荷载分项系数；

$\quad \gamma_Q$ ——楼面活荷载分项系数；

$\quad \gamma_w$ ——风荷载的分项系数；

$\quad \gamma_L$ ——考虑结构设计使用年限的荷载调整系数，设计使用年限为 50 年时取 1.0，设计使用年限为 100 年时取 1.1；

$\quad S_{Gk}$ ——永久荷载效应标准值；

$\quad S_{Qk}$ ——楼面活荷载效应标准值；

$\quad S_{wk}$ ——风荷载效应标准值；

ψ_Q, ψ_w ——楼面活荷载组合值系数和风荷载组合值系数，当永久荷载效应起控制作用时应分别取 0.7 和 0.0，当可变荷载效应起控制作用时应分别取 1.0 和 0.6 或 0.7 和 1.0。

注：对书库、档案库、储藏室、通风机房和电梯机房，本条楼面活荷载组合值系数取 0.7 的场合应取为 0.9。

5.6.2 持久设计状况和短暂设计状况下，荷载基本组合的分项系数应按下列规定采用：

1 永久荷载的分项系数 γ_G：当其效应对结构承载力不利时，对由可变荷载效应控制的组合应取 1.2，对由永久荷载效应控制的组合应取 1.35；当其效应对结构承载力有利时，应取 1.0。

2 楼面活荷载的分项系数 γ_Q：一般情况下应取 1.4。

3 风荷载的分项系数 γ_w 应取 1.4。

5.6.3 地震设计状况下，当作用与作用效应按线性关系考虑时，荷载和地震作用基本组合的效应设计值应按下式确定：

$$S_d = \gamma_G S_{GE} + \gamma_{Eh} S_{Ehk} + \gamma_{Ev} S_{Evk} + \psi_w \gamma_w S_{wk} \tag{5.6.3}$$

式中 S_d ——荷载和地震作用组合的效应设计值；

$\quad S_{GE}$ ——重力荷载代表值的效应；

$\quad S_{Ehk}$ ——水平地震作用标准值的效应，尚应乘以相应的增大系数、调整系数；

$\quad S_{Evk}$ ——竖向地震作用标准值的效应，尚应乘以相应的增大系数、调整系数；

γ_G ——重力荷载分项系数；

γ_w ——风荷载分项系数；

γ_{Eh} ——水平地震作用分项系数；

γ_{Ev} ——竖向地震作用分项系数；

ψ_w ——风荷载的组合值系数，应取0.2。

5.6.4 地震设计状况下，荷载和地震作用基本组合的分项系数应按表5.6.4采用。当重力荷载效应对结构的承载力有利时，表5.6.4中 γ_G 不应大于1.0。

表5.6.4 地震设计状况时荷载和作用的分项系数

参与组合的荷载和作用	γ_G	γ_{Eh}	γ_{Ev}	γ_w	说 明
重力荷载及水平地震作用	1.2	1.3	—	—	抗震设计的高层建筑结构均应考虑
重力荷载及竖向地震作用	1.2	—	1.3	—	9度抗震设计的考虑；水平长悬臂和大跨度结构7度（0.15g）、8度、9度抗震设计时考虑
重力荷载、水平地震及竖向地震作用	1.2	1.3	0.5	—	9度抗震设计的考虑；水平长悬臂和大跨度结构7度（0.15g）、8度、9度抗震设计时考虑
重力荷载、水平地震作用及风荷载	1.2	1.3	—	1.4	60m以上的高层建筑考虑
重力荷载、水平地震作用、竖向地震作用及风荷载	1.2	1.3	0.5	1.4	60m以上的高层建筑；9度抗震设计时考虑；水平长悬臂和大跨度结构7度（0.15g）、8度、9度抗震设计时考虑
	1.2	0.5	1.3	1.4	水平长悬臂结构和大跨度结构、7度（0.15g）、8度、9度抗震设计时考虑

注：1 g 为重力加速度；

2 "—"表示组合中不考虑该项荷载或作用效应。

【条文解析】

上述四条是高层建筑承载能力极限状态设计时作用组合效应的基本要求，主要根据现行国家标准《工程结构可靠性设计统一标准》GB 50153—2008以及《建筑结构荷载规范》GB 50009—2012、《建筑抗震设计规范》GB 50011—2010的有关规定制定。

3.2.2　框架、剪力墙、框架－剪力墙与筒体结构

《高层建筑混凝土结构技术规程》JGJ 3—2010

6.3.2　框架梁设计应符合下列要求：

1　抗震设计时，计入受压钢筋作用的梁端截面混凝土受压区高度与有效高度之比值，一级不应大于0.25，二、三级不应大于0.35。

2　纵向受拉钢筋的最小配筋百分率 $\rho_{\min}$（%），非抗震设计时，不应小于0.2和 $45f_t/f_y$ 二者的较大值；抗震设计时，不应小于表6.3.2－1规定的数值。

表6.3.2－1　梁纵向受拉钢筋最小配筋百分率 $\rho_{\min}$（%）

抗震等级	位置	
	支座（取较大值）	跨中（取较大值）
一	0.40和 $80f_t/f_y$	0.30和 $65f_t/f_y$
二	0.30和 $65f_t/f_y$	0.25和 $55f_t/f_y$
三、四	0.25和 $55f_t/f_y$	0.20和 $45f_t/f_y$

3　抗震设计时，梁端截面的底面和顶面纵向钢筋截面面积的比值，除按计算确定外，一级不应小于0.5，二、三级不应小于0.3。

4　抗震设计时，梁端箍筋的加密区长度、箍筋最大间距和最小直径应符合表6.3.2－2的要求；当梁端纵向钢筋配筋率大于2%时，表中箍筋最小直径应增大2mm。

表6.3.2－2　梁端箍筋加密区的长度、箍筋最大间距和最小直径

抗震等级	加密区长度（取较大值）/mm	箍筋最大间距（取最小值）/mm	箍筋最小直径/mm
一	$2.0h_b$，500	$h_b/4$，$6d$，100	10
二	$1.5h_b$，500	$h_b/4$，$8d$，100	8
三	$1.5h_b$，500	$h_b/4$，$8d$，150	8
四	$1.5h_b$，500	$h_b/4$，$8d$，150	6

注：1　d 为纵向钢筋直径，h_b 为梁截面高度；

　　2　一、二级抗震等级框架梁，当箍筋直径大于12mm、肢数不少于4肢且肢距不大于150mm时，箍筋加密区最大间距应允许适当放松，但不应大于150mm。

【条文解析】

抗震设计中，要求框架梁端的纵向受压与受拉钢筋的比例 A_s'/A_s 不小于0.5（一级）或0.3（二、三级），因为梁端有箍筋加密区，箍筋间距较密，这对于发挥受压钢筋的作

用，起了很好的保证作用。所以在验算本条的规定时，可以将受压区的实际配筋计入，则受压区高度 x 不大于 $0.25h_0$（一级）或 $0.35h_0$（二、三级）的条件较易满足。

本条还给出了可适当放松梁端加密区箍筋间距的条件。主要考虑当箍筋直径较大且肢数较多时，适当放宽箍筋间距要求，仍然可以满足梁端的抗震性能，同时箍筋直径大、间距过密时不利于混凝土的浇筑，难以保证混凝土的质量。

6.3.7 框架梁上开洞时，洞口位置宜位于梁跨中 1/3 区段，洞口高度不应大于梁高的 40%；开洞较大时应进行承载力验算。梁上洞口周边应配置附加纵向钢筋和箍筋（图 6.3.7），并应符合计算及构造要求。

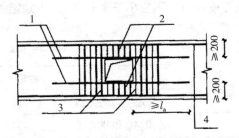

图 6.3.7 梁上洞口周边配筋构造示意

1—洞口上、下附加纵向钢筋；2—洞口上、下附加箍筋；
3—洞口两侧附加箍筋；4—梁纵向钢筋；l_a—受拉钢筋的锚固长度

【条文解析】

本条给出了梁上开洞的具体要求。当梁承受均布荷载时，在梁跨度的中部 1/3 区段内，剪力较小。洞口高度如大于梁高的 1/3，只要经过正确计算并合理配筋，应当允许。在梁两端接近支座处，如必须开洞，洞口不宜过大，且必须经过核算，加强配筋构造。

6.4.3 柱纵向钢筋和箍筋配置应符合下列要求：

1 柱全部纵向钢筋的配筋率，不应小于表 6.4.3-1 的规定值，且柱截面每一侧纵向钢筋配筋率不应小于 0.2%；抗震设计时，对Ⅳ类场地上较高的高层建筑，表中数值应增加 0.1。

表 6.4.3-1 柱纵向受力钢筋最小配筋百分率（%）

柱类型	抗震等级				非抗震
	一	二	三	四	
中柱、边柱	0.9（1.0）	0.7（0.8）	0.6（0.7）	0.5（0.6）	0.5
角柱	1.1	0.9	0.8	0.7	0.5
框支柱	1.1	0.9	—	—	0.7

注：1 表中括号内数值适用于框架结构；

2 采用 335MPa 级、400MPa 级纵向受力钢筋时，应分别按表中数值增加 0.1 和 0.05 采用；

3 当混凝土强度等级高于 C60 时，上述数值应增加 0.1 采用。

2 抗震设计时，柱箍筋在规定的范围内应加密，加密区的箍筋间距和直径，应符合下列要求：

1）箍筋的最大间距和最小直径，应按表6.4.3-2采用；

表6.4.3-2 柱端箍筋加密区的构造要求

抗震等级	箍筋最大间距/mm	箍筋最小直径/mm
一	6d 和 100 的较小值	10
二	8d 和 100 的较小值	8
三	8d 和 150（柱根 100）的较小值	8
四	8d 和 150（柱根 100）的较小值	6（柱根 8）

注：1 d 为柱纵向钢筋直径（mm）；

2 柱根指框架柱底部嵌固部位。

2）一级框架柱的箍筋直径大于12mm且箍筋肢距不大于150mm及二级框架柱箍筋直径不小于10mm且肢距不大于200mm时，除柱根外最大间距应允许采用150mm；三级框架柱的截面尺寸不大于400mm时，箍筋最小直径应允许采用6mm；四级框架柱的剪跨比不大于2或柱中全部纵向钢筋的配筋率大于3%时，箍筋直径不应小于8mm；

3）剪跨比不大于2的柱，箍筋间距不应大于100mm。

【条文解析】

本条是钢筋混凝土柱纵向钢筋和箍筋配置的最低构造要求。

6.4.4 柱的纵向钢筋配置，尚应满足下列规定：

1 抗震设计时，宜采用对称配筋。

2 截面尺寸大于400mm的柱，一、二、三级抗震设计时其纵向钢筋间距不宜大于200mm；抗震等级为四级和非抗震设计时，柱纵向钢筋间距不宜大于300mm；柱纵向钢筋净距均不应小于50mm。

3 全部纵向钢筋的配筋率，非抗震设计时不宜大于5%、不应大于6%，抗震设计时不应大于5%。

4 一级剪跨比不大于2的柱，其单侧纵向受拉钢筋的配筋率不宜大于1.2%。

5 边柱、角柱及剪力墙端柱考虑地震作用组合产生小偏心受拉时，柱内纵筋总截面面积应比计算值增加25%。

【条文解析】

本条规定了非抗震设计时柱纵向钢筋间距的要求，并明确了四级抗震设计时柱纵向钢筋间距的要求同非抗震设计。

6.4.10 框架节点核心区应设置水平箍筋，且应符合下列规定：

1 非抗震设计时，箍筋配置应符合本规程第6.4.9条的有关规定，但箍筋间距不宜大于 250mm；对四边有梁与之相连的节点，可仅沿节点周边设置矩形箍筋。

2 抗震设计时，箍筋的最大间距和最小直径宜符合本规程第 6.4.3 条有关柱箍筋的规定。一、二、三级框架节点核心区配箍特征值分别不宜小于 0.12、0.10 和 0.08。且箍筋体积配箍率分别不宜小于 0.6%、0.5% 和 0.4%。柱剪跨比不大于 2 的框架节点核心区的体积配箍率不宜小于核心区上、下柱端体积配箍率中的较大值。

【条文解析】

为使梁、柱纵向钢筋有可靠的锚固条件，框架梁柱节点核心区的混凝土应具有良好的约束。考虑到节点核心区内箍筋的作用与柱端有所不同，其构造要求与柱端有所区别。

6.4.11 柱箍筋的配筋形式，应考虑浇筑混凝土的工艺要求，在柱截面中心部位应留出浇筑混凝土所用导管的空间。

【条文解析】

现浇混凝土柱在施工时，一般情况下采用导管将混凝土直接引入柱底部，然后随着混凝土的浇筑将导管逐渐上提，直至浇筑完毕。因此，在布置柱箍筋时，需在柱中心位置留出不少于 300mm×300mm 的空间，以便于混凝土施工。对于截面很大或长矩形柱，尚需与施工单位协商留出不止插一个导管的位置。

7.1.1 剪力墙结构应具有适宜的侧向刚度，其布置应符合下列规定：

1 平面布置宜简单、规则，宜沿两个主轴方向或其他方向双向布置，两个方向的侧向刚度不宜相差过大。抗震设计时，不应采用仅单向有墙的结构布置。

2 宜自下到上连续布置，避免刚度突变。

3 门窗洞口宜上下对齐、成列布置，形成明确的墙肢和连梁；宜避免造成墙肢宽度相差悬殊的洞口设置；抗震设计时，一、二、三级剪力墙的底部加强部位不宜采用上下洞口不对齐的错洞墙，全高均不宜采用洞口局部重叠的叠合错洞墙。

【条文解析】

高层建筑结构应有较好的空间工作性能，剪力墙应双向布置，形成空间结构。特别强调在抗震结构中，应避免单向布置剪力墙，并宜使两个方向刚度接近。

剪力墙的抗侧刚度较大，如果在某一层或几层切断剪力墙，易造成结构刚度突变，因此，剪力墙从上到下宜连续设置。

剪力墙洞口的布置，会明显影响剪力墙的力学性能。规则开洞，洞口成列、成排布置，能形成明确的墙肢和连梁，应力分布比较规则，又与当前普遍应用程序的计算简图较为符合，设计计算结果安全可靠。错洞剪力墙和叠合错洞剪力墙的应力分布复杂，计算、构造都比较复杂和困难。剪力墙底部加强部位，是塑性铰出现及保证剪力墙安全的重要部位，一、二和三级剪力墙的底部加强部位不宜采用错洞布置，如无法避免错洞墙，应控制错洞墙洞口间的水平距离不小于 2m，并在设计时进行仔细计算分析，在洞口周边采取有效构造措施（图 3-2 (a)、(b)）。此外，一、二、三级抗震设计的剪力墙全高都不宜采用叠合错洞墙，当无法避免叠合错洞布置时，应按有限元方法仔细计算分析，并在洞口周边采取加强措施（图3-2（c）），或在洞口不规则部位采用其他轻质材料填充，将叠合洞口转化为规则洞口（图3-2（d），其中阴影部分表示轻质填充墙体）。

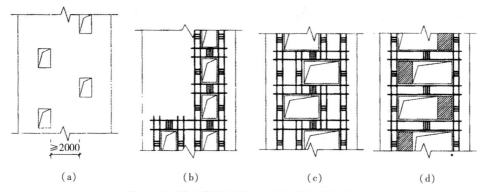

图3-2　剪力墙洞口不对齐时的构造措施示意

（a）一般错洞墙；（b）底部局部错洞墙；（c）叠合错洞墙构造之一；（d）叠合错洞墙构造之二

若在结构整体计算中采用杆系、薄壁杆系模型或对洞口作了简化处理的其他有限元模型时，应对不规则开洞墙的计算结果进行分析、判断，并进行补充计算和校核。目前除了平面有限元方法外，尚没有更好的简化方法计算错洞墙。采用平面有限元方法得到应力后，可不考虑混凝土的抗拉作用，按应力进行配筋，并加强构造措施。

本条所指的剪力墙结构是以剪力墙及因剪力墙开洞形成的连梁组成的结构，其变形特点为弯曲型变形，目前有些项目采用了大部分由跨高比较大的框架梁联系的剪力墙形成的结构体系，这样的结构虽然剪力墙较多，但受力和变形特性接近框架结构，当层数较多时对抗震是不利的，宜避免。

7.1.2　剪力墙不宜过长，较长剪力墙宜设置跨高比较大的连梁将其分成长度较均匀的若干墙段，各墙段的高度与墙段长度之比不宜小于3，墙段长度不宜大于8m。

【条文解析】

剪力墙结构应具有延性，细高的剪力墙（高宽比大于3）容易设计成具有延性的弯曲破坏剪力墙。当墙的长度很长时，可通过开设洞口将长墙分成长度较小的墙段，使每个墙段成为高宽比大于3的独立墙肢或联肢墙，分段宜较均匀。用以分割墙段的洞口上可设置约束弯矩较小的弱连梁（其跨高比一般宜大于6）。此外，当墙段长度（即墙段截面高度）很长时，受弯后产生的裂缝宽度会较大，墙体的配筋容易拉断，因此墙段的长度不宜过大。

7.1.5　楼面梁不宜支承在剪力墙或核心筒的连梁上。

【条文解析】

楼面梁支承在连梁上时，连梁产生扭转，一方面不能有效约束楼面梁，另一方面连梁受力十分不利，因此要尽量避免。楼板次梁等截面较小的梁支承在连梁上时，次梁端部可按铰接处理。

7.1.6　当剪力墙或核心筒墙肢与其平面外相交的楼面梁刚接时，可沿楼面梁轴线方向设置与梁相连的剪力墙、扶壁柱或在墙内设置暗柱，并应符合下列规定：

1 设置沿楼面梁轴线方向与梁相连的剪力墙时，墙的厚度不宜小于梁的截面宽度。

2 设置扶壁柱时，其截面宽度不应小于梁宽，其截面高度可计入墙厚。

3 墙内设置暗柱时，暗柱的截面高度可取墙的厚度，暗柱的截面宽度可取梁宽加2倍墙厚。

4 应通过计算确定暗柱或扶壁柱的纵向钢筋（或型钢），纵向钢筋的总配筋率不宜小于表7.1.6的规定。

表7.1.6 暗柱、扶壁柱纵向钢筋的构造配筋率

设计状况	抗震设计				非抗震设计
	一级	二级	三级	四级	
配筋率/%	0.9	0.7	0.6	0.5	0.5

注：采用400MPa、335MPa级钢筋时，表中数值宜分别增加0.05和0.10。

5 楼面梁的水平钢筋应伸入剪力墙或扶壁柱，伸入长度应符合钢筋锚固要求。钢筋锚固段的水平投影长度，非抗震设计时不宜小于 $0.4l_{ab}$，抗震设计时不宜小于 $0.4l_{abE}$；当锚固段的水平投影长度不满足要求时，可将楼面梁伸出墙面形成梁头，梁的纵筋伸入梁头后弯折锚固（图7.1.6），也可采取其他可靠的锚固措施。

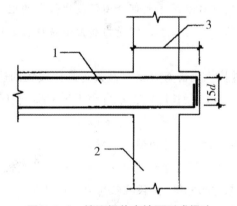

图7.1.6 楼面梁伸出墙面形成梁头

1—楼面梁；2—剪力墙；3—楼面梁钢筋锚固水平投影长度

6 暗柱或扶壁柱应设置箍筋，箍筋直径，一、二、三级时不应小于8mm，四级及非抗震时不应小于6mm，且均不应小于纵向钢筋直径的1/4；箍筋间距，一、二、三级时不应大于150mm，四级及非抗震时不应大于200mm。

【条文解析】

剪力墙的特点是平面内刚度及承载力大，而平面外刚度及承载力都很小，因此，应注意剪力墙平面外受弯时的安全问题。当剪力墙与平面外方向的大梁连接时，会使墙肢平面外承受弯矩，当梁高大于约2倍墙厚时，刚性连接梁的梁端弯矩将使剪力墙平面外产生较

大的弯矩，此时应当采取措施，以保证剪力墙平面外的安全。

7.2.1 剪力墙的截面厚度应符合下列规定：

1 应符合本规程附录 D 的墙体稳定验算要求。

2 一、二级剪力墙：底部加强部位不应小于 200mm，其他部位不应小于 160mm；一字形独立剪力墙底部加强部位不应小于 220mm，其他部位不应小于 180mm。

3 三、四级剪力墙：不应小于 160mm，一字形独立剪力墙的底部加强部位尚不应小于 180mm。

4 非抗震设计时不应小于 160mm。

5 剪力墙井筒中，分隔电梯井或管道井的墙肢截面厚度可适当减小，但不宜小于 160mm。

【条文解析】

本条强调了剪力墙的截面厚度应符合本规程附录 D 的墙体稳定验算要求，并应满足剪力墙截面最小厚度的规定，其目的是为了保证剪力墙平面外的刚度和稳定性能，也是高层建筑剪力墙截面厚度的最低要求。按本规程的规定，剪力墙截面厚度除应满足本条规定的稳定要求外，尚应满足剪力墙受剪截面限制条件、剪力墙正截面受压承载力要求以及剪力墙轴压比限值要求。

7.2.3 高层剪力墙结构的竖向和水平分布钢筋不应单排配置。剪力墙截面厚度不大于 400mm 时，可采用双排配筋；大于 400mm、但不大于 700mm 时，宜采用三排配筋；大于 700mm 时，宜采用四排配筋。各排分布钢筋之间拉筋的间距不应大于 600mm，直径不应小于 6mm。

【条文解析】

为防止混凝土表面出现收缩裂缝，同时使剪力墙具有一定的出平面抗弯能力，高层建筑的剪力墙不允许单排配筋。高层建筑的剪力墙厚度大，当剪力墙厚度超过 400mm 时，如果仅采用双排配筋，形成中部大面积的素混凝土，会使剪力墙截面应力分布不均匀，因此本条提出了可采用三排或四排配筋方案，截面设计所需要的配筋可分布在各排中，靠墙面的配筋可略大。在各排配筋之间需要用拉筋互相联系。

7.2.14 剪力墙两端和洞口两侧应设置边缘构件，并应符合下列规定：

1 一、二、三级剪力墙底层墙肢底截面轴压比大于表 7.2.14 的规定值时，以及部分框支剪力墙结构的剪力墙，应在底部加强部位及相邻的上一层设置约束边缘构件，约束边缘构件应符合本规程第 7.2.15 条的规定；

表 7.2.14 剪力墙可不设约束边缘构件的最大轴压比

等级或烈度	一级（9 度）	一级（6、7、8 度）	二、三级
轴压比	0.1	0.2	0.3

2 除本条第 1 款所列部位外，剪力墙应按本规程第 7.2.16 条设置构造边缘构件；

3 B 级高度高层建筑的剪力墙，宜在约束边缘构件层与构造边缘构件层之间设置 1 ~ 2 层过渡层，过渡层边缘构件的箍筋配置要求可低于约束边缘构件的要求，但应高于构造边缘构件的要求。

【条文解析】

轴压比低的剪力墙，即使不设约束边缘构件，在水平力作用下也能有比较大的塑性变形能力。本条规定了可以不设约束边缘构件的剪力墙的最大轴压比。B 级高度的高层建筑，考虑到其高度比较高，为避免边缘构件配筋急剧减少的不利情况，规定了约束边缘构件与构造边缘构件之间设置过渡层的要求。

7.2.16 剪力墙构造边缘构件的范围宜按图 7.2.16 中阴影部分采用，其最小配筋应满足表 7.2.16 的规定，并应符合下列规定：

1 竖向配筋应满足正截面受压（受拉）承载力的要求。

2 当端柱承受集中荷载时，其竖向钢筋、箍筋直径和间距应满足框架柱的相应要求。

3 箍筋、拉筋沿水平方向的肢距不宜大于 300mm，不应大于竖向钢筋间距的 2 倍。

4 抗震设计时，对于连体结构、错层结构以及 B 级高度高层建筑结构中的剪力墙（筒体），其构造边缘构件的最小配筋应符合下列要求：

1）竖向钢筋最小量应比表 7.2.16 中的数值提高 $0.001A_c$ 采用；

2）箍筋的配筋范围宜取图 7.2.16 中阴影部分，其配箍特征值 λ_v 不宜小于 0.1。

5 非抗震设计的剪力墙，墙肢端部应配置不少于 $4\phi12$ 的纵向钢筋，箍筋直径不应小于 6mm、间距不宜大于 250mm。

表 7.2.16 剪力墙构造边缘构件的最小配筋要求

抗震等级	底部加强部位		
	竖向钢筋最小量（取较大值）	箍筋	
		最小直径/mm	沿竖向最大间距/mm
一	$0.010A_c \cdot 6\phi16$	8	100
二	$0.008A_c \cdot 6\phi14$	8	150
三	$0.006A_c \cdot 6\phi12$	6	150
四	$0.005A_c \cdot 4\phi12$	6	200

抗震等级	其他部位		
	竖向钢筋最小量（取较大值）	拉筋	
		最小直径/mm	沿竖向最大间距/mm
一	$0.008A_c \cdot 6\phi14$	8	150
二	$0.006A_c \cdot 6\phi12$	8	200

续 表

抗震等级	其他部位		
	竖向钢筋最小量（取较大值）	拉 筋	
		最小直径/mm	沿竖向最大间距/mm
三	$0.005A_c \cdot 4\phi12$	6	200
四	$0.004A_c \cdot 4\phi12$	6	250

注：1 A_c 为构造边缘构件的截面面积，即图 7.2.16 剪力墙截面的阴影部分；

2 符号 ϕ 表示钢筋直径；

3 其他部位的转角处宜采用箍筋。

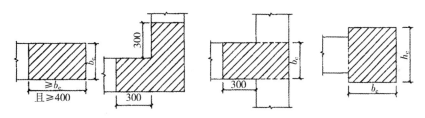

图 7.2.16 剪力墙的构造边缘构件范围

【条文解析】

剪力墙构造边缘构件中的纵向钢筋按承载力计算和构造要求二者中的较大值设置。设计时需注意计算边缘构件竖向最小配筋所用的面积 A_c 的取法和配筋范围。承受集中荷载的端柱还要符合框架柱的配筋要求。构造边缘构件中的纵向钢筋宜采用高强钢筋。构造边缘构件可配置箍筋与拉筋相结合的横向钢筋。

7.2.17 剪力墙竖向和水平分布钢筋的配筋率，一、二、三级时均不应小于 0.25%，四级和非抗震设计时均不应小于 0.20%。

【条文解析】

为了防止混凝土墙体在受弯裂缝出现后立即达到极限受弯承载力，配置的竖向分布钢筋必须满足最小配筋百分率要求。同时，为了防止斜裂缝出现后发生脆性的剪拉破坏，规定了水平分布钢筋的最小配筋百分率。本条所指剪力墙不包括部分框支剪力墙，后者比全部落地剪力墙更为重要，其分布钢筋最小配筋率应符合相关规定。

7.2.27 连梁的配筋构造（图 7.2.27）应符合下列规定：

1 连梁顶面、底面纵向水平钢筋伸入墙肢的长宽，抗震设计时不应小于 l_{aE}，非抗震设计时不应小于 l_a，且均不应小于 600mm。

2 抗震设计时，沿连梁全长箍筋的构造应符合本规程第 6.3.2 条框架梁梁端箍筋加密区的箍筋构造要求；非抗震设计时，沿连梁全长的箍筋直径不应小于 6mm，间距不应大于 150mm。

3 顶层连梁纵向水平钢筋伸入墙肢的长度范围内应配置箍筋，箍筋间距不宜大于150mm，直径应与该连梁的箍筋直径相同。

4 连梁高度范围内的墙肢水平分布钢筋应在连梁内拉通作为连梁的腰筋。连梁截面高度大于700mm时，其两侧面腰筋的直径不应小于8mm，间距不应大于200mm；跨高比不大于2.5的连梁，其两侧腰筋的总面积配筋率不应小于0.3%。

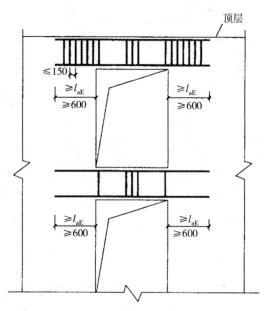

图7.2.27 连梁配筋构造示意

注：非抗震设计时图中 l_{aE} 取 l_a

【条文解析】

一般连梁的跨高比都较小，容易出现剪切斜裂缝，为防止斜裂缝出现后的脆性破坏，除了减小其名义剪应力，并加大其箍筋配置外，本条规定了在构造上的一些要求，如钢筋锚固、箍筋配置、腰筋配置等。

7.2.28 剪力墙开小洞口和连梁开洞应符合下列规定：

1 剪力墙开有边长小于800mm的小洞口、且在结构整体计算中不考虑其影响时，应在洞口上、下和左、右配置补强钢筋，补强钢筋的直径不应小于12mm，截面面积应分别不小于被敲断的水平分布钢筋和竖向分布钢筋的面积（图7.2.28（a））。

2 穿过连梁的管道宜预埋套管，洞口上、下的截面有效高度不宜小于梁高的1/3，且不宜小于200mm；被洞口削弱的截面应进行承载力验算，洞口处应配置补强纵向钢筋和箍筋（图7.2.28（b）），补强纵向钢筋的直径不应小于12mm。

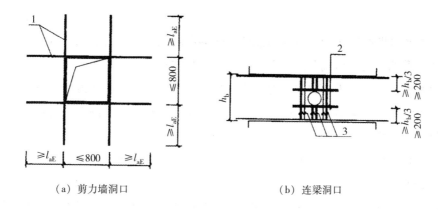

（a）剪力墙洞口　　　　　　　　　　　　（b）连梁洞口

图 7.2.28　洞口补强配筋示意

1—墙洞口周边补强钢筋；2—连梁洞口上、下补强纵向箍筋；

3—连梁洞口补强箍筋；非抗震设计时图中 l_{aE} 取 l_a

【条文解析】

当开洞较小，在整体计算中不考虑其影响时，应将切断的分布钢筋集中在洞口边缘补足，以保证剪力墙截面的承载力。连梁是剪力墙中的薄弱部位，应重视连梁中开洞后的截面抗剪验算和加强措施。

8.1.2　框架－剪力墙结构可采用下列形式：

1　框架与剪力墙（单片墙、联肢墙或较小井筒）分开布置；

2　在框架结构的若干跨内嵌入剪力墙（带边框剪力墙）；

3　在单片抗侧力结构内连续分别布置框架和剪力墙；

4　上述两种或三种形式的混合。

【条文解析】

框架－剪力墙结构由框架和剪力墙组成，以其整体承担荷载和作用；其组成形式较灵活，本条仅列举了一些常用的组成形式，设计时可根据工程具体情况选择适当的组成形式和适量的框架和剪力墙。

8.1.5　框架－剪力墙结构应设计成双向抗侧力体系；抗震设计时，结构两主轴方向均应布置剪力墙。

【条文解析】

框架－剪力墙结构是框架和剪力墙共同承担竖向和水平作用的结构体系，布置适量的剪力墙是其基本特点。为了发挥框架－剪力墙结构的优势，无论是否抗震设计，均应设计成双向抗侧力体系，且结构在两个主轴方向的刚度和承载力不宜相差过大；抗震设计时，框架－剪力墙结构在结构两个主轴方向均应布置剪力墙，以体现多道防线的要求。

8.1.7　框架－剪力墙结构中剪力墙的布置宜符合下列规定：

1　剪力墙宜均匀布置在建筑物周边附近、楼梯间、电梯间、平面形状变化及恒载较大的部位；

    2 平面形状凹凸较大时，宜在凸出部分的端部附近布置剪力墙；

    3 纵、横剪力墙宜组成 L 形、T 形和 [形等形式；

    4 单片剪力墙底部承担的水平剪力不应超过结构底部总水平剪力的 30%；

    5 剪力墙宜贯通建筑物的全高，宜避免刚度突变，剪力墙开洞时，洞口宜上下对齐；

    6 楼、电梯间等竖井宜尽量与靠近的抗侧力结构结合布置；

    7 抗震设计时，剪力墙的布置宜使结构各主轴方向的侧向刚度接近。

【条文解析】

本条主要指出框架 – 剪力墙结构中在结构布置时要处理好框架和剪力墙之间的关系，遵循这些要求，可使框架 – 剪力墙结构更好地发挥两种结构各自的作用并且使整体合理地工作。

8.1.8 长矩形平面或平面有一部分较长的建筑中，其剪力墙的布置尚宜符合下列规定：

    1 横向剪力墙沿长方向的间距宜满足表 8.1.8 的要求，当这些剪力墙之间的楼盖有较大开洞时，剪力墙的间距应适当减小；

    2 纵向剪力墙不宜集中布置在房屋的两尽端。

表 8.1.8 剪力墙间距（m）

楼盖形式	非抗震设计（取较小值）	抗震设防烈度		
		6、7（取较小值）	8（取较小值）	9（取较小值）
现浇	5.0B，60	4.0B，50	3.0B，40	2.0B，30
装配整体	3.5B，50	3.0B，40	2.5B，30	—

注：1 表中 B 为剪力墙之间的楼盖宽度（m）。

    2 装配整体式楼盖的现浇层应符合本规程第 3.6.2 条的有关规定。

    3 现浇层厚度大于 60mm 的叠合楼板可作为现浇板考虑。

    4 当房屋端部未布置剪力墙时，第一片剪力墙与房屋端部的距离，不宜大于表中剪力墙间距的 1/2。

【条文解析】

长矩形平面或平面有一方向较长（如 L 形平面中有一肢较长）时，如横向剪力墙间距过大，在侧向力作用下，因不能保证楼盖平面的刚性而会增加框架的负担，故对剪力墙的最大间距作出规定。当剪力墙之间的楼板有较大开洞时，对楼盖平面刚度有所削弱，此时剪力墙的间距宜再减小。纵向剪力墙布置在平面的尽端时，会造成对楼盖两端的约束作用，楼盖中部的梁板容易因混凝土收缩和温度变化而出现裂缝，故宜避免。同时也考虑到在设计中有剪力墙布置在建筑中部，而端部无剪力墙的情况，用表注 4 的相应规定，可防止布置框架的楼面伸出太长，不利于地震力传递。

8.2.1 框架－剪力墙结构、板柱－剪力墙结构中，剪力墙的竖向、水平分布钢筋的配筋率，抗震设计时均不应小于0.25%，非抗震设计时均不应小于0.20%，并应至少双排布置。各排分布筋之间应设置拉筋，拉筋的直径不应小于6mm、间距不应大于600mm。

【条文解析】

框架－剪力墙结构、板柱－剪力墙结构中的剪力墙是承担水平风荷载或水平地震作用的主要受力构件，必须要保证其安全可靠。因此，四级抗震等级时剪力墙的竖向、水平分布钢筋的配筋率要适当提高；为了提高混凝土开裂后的性能和保证施工质量，各排分布钢筋之间应设置拉筋，其直径不应小于6mm、间距不应大于600mm。

8.2.2 带边框剪力墙的构造应符合下列规定：

1 带边框剪力墙的截面厚度应符合本规程附录D的墙体稳定计算要求，且应符合下列规定：

1）抗震设计时，一、二级剪力墙的底部加强部位不应小于200mm；

2）除本款1）项以外的其他情况下不应小于160mm。

2 剪力墙的水平钢筋应全部锚入边框柱内，锚固长度不应小于 l_a（非抗震设计）或 l_{aE}（抗震设计）。

3 与剪力墙重合的框架梁可保留，亦可做成宽度与墙厚相同的暗梁，暗梁截面高度可取墙厚的2倍或与该榀框架梁截面等高，暗梁的配筋可按构造配置且应符合一般框架梁相应抗震等级的最小配筋要求。

4 剪力墙截面宜按工字形设计，其端部的纵向受力钢筋应配置在边框柱截面内。

5 边框柱截面宜与该榀框架其他柱的截面相同，边框柱应符合本规程第6章有关框架柱构造配筋规定；剪力墙底部加强部位边框柱的箍筋宜沿全高加密；当带边框剪力墙上的洞口紧邻边框柱时，边框柱的箍筋宜沿全高加密。

【条文解析】

带边框的剪力墙，边框与嵌入的剪力墙应共同承担对其的作用力，本条列出为满足此要求的有关规定。

9.2.3 框架－核心筒结构的周边柱间必须设置框架梁。

【条文解析】

纯无梁楼盖会影响框架－核心筒结构的整体刚度和抗震性能，因此，在无梁楼盖中，必须在各层楼盖周边设置框架梁，增加结构的整体刚度尤其是抗扭刚度，尽量避免纯板柱节点，提高节点的抗剪、抗冲切性能。

对核心筒外围有两圈框架柱的框架－核心筒，如果内圈框架柱设计上以承受楼面竖向荷载为主，则允许不设置框架梁；否则也应符合本条的要求。

9.3.7 外框筒梁和内筒连梁的构造配筋应符合下列要求：

1 非抗震设计时，箍筋直径不应小于 8mm；抗震设计时，箍筋直径不应小于 10mm。

2 非抗震设计时，箍筋间距不应大于 150mm；抗震设计时，箍筋间距沿梁长不变，且不应大于 100mm，当梁内设置交叉暗撑时，箍筋间距不应大于 200mm。

3 框筒梁上、下纵向钢筋的直径均不应小于 16mm，腰筋的直径不应小于 10mm，腰筋间距不应大于 200mm。

【条文解析】

在水平地震作用下，框筒梁和内筒连梁的端部反复承受正、负弯矩和剪力，而一般的弯起钢筋无法承担正、负剪力，必须要加强箍筋配筋构造要求；对框筒梁，由于梁高较大、跨度较小，对其纵向钢筋、腰筋的配置也提出了最低要求。跨高比较小的框筒梁和内筒连梁宜增配对角斜向钢筋或设置交叉暗撑；当梁内设置交叉暗撑时，全部剪力可由暗撑承担，抗震设计时箍筋的间距可由 100mm 放宽至 200mm。

3.2.3 复杂高层建筑结构

《高层建筑混凝土结构技术规程》 JGJ 3—2010

10.2.2 带转换层的高层建筑结构，其剪力墙底部加强部位的高度应从地下室顶板算起，宜取至转换层以上两层且不宜小于房屋高度的 1/10。

【条文解析】

由于转换层位置的增高，结构传力路径复杂、内力变化较大，规定剪力墙底部加强范围亦增大，可取转换层加上转换层以上两层的高度或房屋总高度的 1/10 二者的较大值。这里剪力墙包括落地剪力墙和转换构件上的剪力墙。

10.2.7 转换梁设计应符合下列要求：

1 转换梁上、下部纵向钢筋的最小配筋率，非抗震设计时均不应小于 0.30%；抗震设计时，特一、一和二级分别不应小于 0.60%、0.50% 和 0.40%。

2 离柱边 1.5 倍梁截面高度范围内的梁箍筋应加密，加密区箍筋直径不应小于 10mm、间距不应大于 100mm。加密区箍筋的最小面积配筋率，非抗震设计时不应小于 $0.9f_t/f_{yv}$；抗震设计时，特一、一和二级分别不应小于 $1.3f_t/f_{yv}$、$1.2f_t/f_{yv}$ 和 $1.1f_t/f_{yv}$。

3 偏心受拉的转换梁的支座上部纵向钢筋至少应有 50% 沿梁全长贯通，下部纵向钢筋应全部直通到柱内；沿梁腹板高度应配置间距不大于 200mm、直径不小于 16mm 的腰筋。

【条文解析】

转换梁包括部分框支剪力墙结构中的框支梁以及上面托柱的框架梁，是带转换层结构中应用最为广泛的转换结构构件。结构分析和试验研究表明，转换梁受力复杂，而且十分重要，因此本条第 1、2 款分别对其纵向钢筋、梁端加密区箍筋的最小构造配筋提出了比一般框架梁更高的要求。

本条第 3 款针对偏心受拉的转换梁（一般为框支梁）顶面纵向钢筋及腰筋的配置提出了更高要求。研究表明，偏心受拉的转换梁（如框支梁），截面受拉区域较大，甚至全截面受拉，因此除了按结构分析配置钢筋外，加强梁跨中区段顶面纵向钢筋以及两侧面腰筋的最低构造配筋要求是非常必要的。

10.2.10 转换柱设计应符合下列要求：

1 柱内全部纵向钢筋配筋率应符合本规程第 6.4.3 条中框支柱的规定；

2 抗震设计时，转换柱箍筋应采用复合螺旋箍或井字复合箍，并应沿柱全高加密，箍筋直径不应小于 10mm，箍筋间距不应大于 100mm 和 6 倍纵向钢筋直径的较小值；

3 抗震设计时，转换柱的箍筋配箍特征值应比普通框架柱要求的数值增加 0.02 采用，且箍筋体积配箍率不应小于 1.5%。

【条文解析】

转换柱包括部分框支剪力墙结构中的框支柱和框架－核心筒、框架－剪力墙结构中支承托柱转换梁的柱，是带转换层结构重要构件，受力性能与普通框架大致相同，但受力大、破坏后果严重。计算分析和试验研究表明，随着地震作用的增大，落地剪力墙逐渐开裂、刚度降低，转换柱承受的地震作用逐渐增大。因此，除了在内力调整方面对转换柱作了规定外，本条对转换柱的构造配筋提出了比普通框架柱更高的要求。

10.2.16 部分框支剪力墙结构的布置应符合下列规定：

1 落地剪力墙和筒体底部墙体应加厚。

2 框支柱周围楼板不应错层布置。

3 落地剪力墙和筒体的洞口宜布置在墙体的中部。

4 框支梁上一层墙体内不宜设置边门洞，也不宜在框支中柱上方设置门洞。

5 落地剪力墙的间距 l 应符合下列规定：

1）非抗震设计时，l 不宜大于 $3B$ 和 36m。

2）抗震设计时，当底部框支层为 1～2 层时，l 不宜大于 $2B$ 和 24m；当底部框支层为 3 层及 3 层以上时，l 不宜大于 $1.5B$ 和 20m；此处，B 为落地墙之间楼盖的平均宽度。

6 框支柱与相邻落地剪力墙的距离，1～2 层框支层时不宜大于 12m，3 层及 3 层以上框支层时不宜大于 10m。

7 框支框架承担的地震倾覆力矩应小于结构总地震倾覆力矩的 50%。

8 当框支梁承托剪力墙并承托转换次梁及其上剪力墙时，应进行应力分析，按应力校核配筋，并加强构造措施。B 级高度部分框支剪力墙高层建筑的结构转换层，不宜采用框支主、次梁方案。

【条文解析】

由于转换层位置不同，对建筑中落地剪力墙间距作了不同的规定；并规定了框支柱与相邻的落地剪力墙距离，以满足底部大空间层楼板的刚度要求，使转换层上部的剪力能有效地传递给落地剪力墙，框支柱只承受较小的剪力。

10.2.17 部分框支剪力墙结构框支柱承受的水平地震剪力标准值应按下列规定采用：

1 每层框支柱的数目不多于 10 根时，当底部框支层为 1～2 层时，每根柱所受的剪力应至少取结构基底剪力的 2%；当底部框支层为 3 层及 3 层以上时，每根柱所受的剪力应至少取结构基底剪力的 3%。

2 每层框支柱的数目多于 10 根时，当底部框支层为 1～2 层时，每层框支柱承受剪力之和应至少取结构基底剪力的 20%；当框支层为 3 层及 3 层以上时，每层框支柱承受剪力之和应至少取结构基底剪力的 30%。

框支柱剪力调整后，应相应调整框支柱的弯矩及柱端框架梁的剪力和弯矩，但框支梁的剪力、弯矩、框支柱的轴力可不调整。

【条文解析】

对于部分框支剪力墙结构，在转换层以下，一般落地剪力墙的刚度远远大于框支柱的刚度，落地剪力墙几乎承受全部地震剪力，框支柱的剪力非常小。考虑到在实际工程中转换层楼面会有显著的面内变形，从而使框支柱的剪力显著增加。12 层底层大空间剪力墙住宅模型试验表明：实测框支柱的剪力为按楼板刚度无限大假定计算值的 6～8 倍；且落地剪力墙出现裂缝后刚度下降，也导致框支柱剪力增加。所以按转换层位置的不同以及框支柱数目的多少，对框支柱剪力墙的调整增大作了不同的规定。

10.2.19 部分框支剪力墙结构中，剪力墙底部加强部位墙体的水平和竖向分布钢筋的最小配筋率，抗震设计时不应小于 0.3%，非抗震设计时不应小于 0.25%；抗震设计时钢筋间距不应大于 200mm，钢筋直径不应小于 8mm。

【条文解析】

部分框支剪力墙结构中，剪力墙底部加强部位是指房屋高度的 1/10 以及地下室顶板至转换层以上两层高度二者的较大值。落地剪力墙是框支层以下最主要的抗侧力构件，受力很大，破坏后果严重，十分重要；框支层上部两层剪力墙直接与转换构件相连，相当于一般剪力墙的底部加强部位，且其承受的竖向力和水平力要通过转换构件传递至框支层竖向构件。因此，本条对部分框支剪力墙底部加强部位剪力墙的分布钢筋最低构造，提出了比普通剪力墙底部加强部位更高的要求。

10.3.3 抗震设计时，带加强层高层建筑结构应符合下列要求：

1 加强层及其相邻层的框架柱、核心筒剪力墙的抗震等级应提高一级采用，一级应提高至特一级，但抗震等级已经为特一级时应允许不再提高；

2 加强层及其相邻层的框架柱，箍筋应全柱段加密配置，轴压比限值应按其他楼层框架柱的数值减小 0.05 采用；

3 加强层及其相邻层核心筒剪力墙应设置约束边缘构件。

【条文解析】

带加强层的高层建筑结构，加强层刚度和承载力较大，与其上、下相邻楼层相比有突变，加强层相邻楼层往往成为抗震薄弱层；与加强层水平伸臂结构相连接部位的核心筒剪力墙以及外围框架柱受力大且集中。因此，为了提高加强层及其相邻楼层与加强层水平伸臂结构相连接的核心筒及外围框架柱的抗震承载力和延性，本条规定应对此部位结构构件的抗震等级提高一级采用（已经为特一级者可不提高）；框架柱箍筋应全柱段加密，轴压比从严（减小 0.05）控制；剪力墙应设置约束边缘构件。

10.4.4 抗震设计时，错层处框架柱应符合下列要求：

1 截面高度不应小于 600mm，混凝土强度等级不应低于 C30，箍筋应全柱段加密配置；

2 抗震等级应提高一级采用，一级应提高至特一级，但抗震等级已经为特一级时应允许不再提高。

【条文解析】

错层结构属于竖向布置不规则结构，错层部位的竖向抗侧力构件受力复杂，容易形成多处应力集中部位。框架错层更为不利，容易形成长、短柱沿竖向交替出现的不规则体系。因此，规定抗震设计时错层处柱的抗震等级应提高一级采用（特一级时允许不再提高），截面高度不应过小，箍筋应全柱段加密配置，以提高其抗震承载力和延性。

10.5.2 7 度（0.15g）和 8 度抗震设计时，连体结构的连接体应考虑竖向地震的影响。

【条文解析】

连体结构的连接体一般跨度较大、位置较高，对竖向地震的反应比较敏感，放大效应明显，因此抗震设计时高烈度区应考虑竖向地震的不利影响。

10.5.6 抗震设计时，连接体及与连接体相连的结构构件应符合下列要求：

1 连接体及与连接体相连的结构构件在连接体高度范围及其上、下层，抗震等级应提高一级采用，一级提高至特一级，但抗震等级已经为特一级时应允许不再提高；

2 与连接体相连的框架柱在连接本高度范围及其上、下层，箍筋应全柱段加密配置，轴压比限值应按其他楼层框架柱的数值减小 0.05 采用；

3 与连接体相连的剪力墙在连接体高度范围及其上、下层应设置约束边缘构件。

【条文解析】

连体结构自振振型较为复杂，前几个振型与单体建筑有明显不同，除顺向振型外，还出现反向振型；连体结构抗扭转性能较差，扭转振型丰富，当第一扭转频率与场地卓越频率接近时，容易引起较大的扭转反应，易造成结构破坏。因此，连体结构的连接体及与连接体相连的结构构件受力复杂，易形成薄弱部位，抗震设计时必须予以加强，以提高其抗震承载力和延性。

3.3 混凝土结构抗震设计

3.3.1 基本规定

《混凝土结构设计规范》GB 50010—2010

11.1.3 房屋建筑混凝土结构构件的抗震设计，应根据设防类别、烈度、结构类型和房屋高度采用不同的抗震等级，并应符合相应的计算和构造措施要求。丙类建筑的抗震等级应按表11.1.3确定。

表11.1.3 混凝土结构的抗震等级

结构类型		抗震设防烈度									
		6		7			8			9	
框架结构	高度/m	≤24	>24	≤24	>24		≤24	>24		≤24	
	普通框架	四	三	三	二		二	一		一	
	大跨度框架	三	三	二	二	二	一	一	一	一	一
框架-剪力墙结构	高度/m	≤60	>60	<24	>24且≤60	>60	<24	>24且≤60	>60	≤24	>24且≤60
	框架	四	三	四	三	二	三	二	一	二	一
	剪力墙	三	三	三	二	二	二	一	一	一	一
剪力墙结构	高度/m	≤80	>80	≤24	>24且≤80	>80	≤24	>24且≤80	>80	≤24	24~60
	剪力墙	四	三	四	三	二	三	二	一	二	一
部分框支剪力墙结构	高度/m	≤80	>80	≤24	>24且≤80	>80	≤24	>24且≤80	—	—	—
	剪力墙 一般部位	四	三	四	三	二	三	二	—	—	—
	剪力墙 加强部位	三	二	三	二	一	二	一	—	—	—
	框支层框架	二	二	二	二	二	一	一	—	—	—
筒体结构	框架-核心筒 框架	三	三	二	二	二	一	一	一	—	—
	框架-核心筒 核心筒	二	二	二	二	二	一	一	一	—	—
	筒中筒 内筒	三	三	二	二	二	一	一	一	—	—
	筒中筒 外筒	三	三	二	二	二	一	一	一	—	—

结构类型		抗震设防烈度						
		6		7		8		9
板柱－剪力墙结构	高度/m	≤35	>35	≤35	>35	≤35	>35	
	板柱及周边框架	三	二	二	二	一	一	一
	剪力墙	二	二	二	一	二	一	一
单层厂房结构	铰接排架	四		三		二		一

注：1　建筑场地为Ⅰ类时，除6度设防烈度外应允许按表内降低一度所对应的抗震等级采取抗震构造措施，但相应的计算要求不应降低；

2　接近或等于高度分界时，应允许结合房屋不规则程度及场地、地基条件确定抗震等级；

3　大跨度框架指跨度不小于18m的框架；

4　表中框架结构不包括异形柱框架；

5　房屋高度不大于60m的框架－核心筒结构按框架－剪力墙结构的要求设计时，应按表中框架－剪力墙结构选用抗震等级。

【条文解析】

抗震措施是在按多遇地震作用进行构件截面承载力设计的基础上保证抗震结构在所在地可能出现的最强地震地面运动下具有足够的整体延性和塑性耗能能力，保持对重力荷载的承载能力，维持结构不发生严重损毁或倒塌的基本措施。其中主要包括两类措施：一类是宏观限制或控制条件和对重要构件在考虑多遇地震作用的组合内力设计值时进行调整增大；另一类则是保证各类构件基本延性和塑性耗能能力的各类抗震构造措施（其中也包括对柱和墙肢的轴压比上限控制条件）。由于对不同抗震条件下各类结构构件的抗震措施要求不同，故用"抗震等级"对其进行分级。抗震等级按抗震措施从强到弱分为一、二、三、四级。根据抗震等级不同，对不同类型结构中的各类构件提出了相应的抗震性能要求，其中主要是延性要求，同时也考虑了耗能能力的要求。一级抗震等级的要求最严、四级抗震等级的要求最轻。各抗震等级所提要求的差异主要体现在"强柱弱梁"措施中柱和剪力墙弯矩增大系数的取值和确定方法的不同、"强剪弱弯"措施中梁、柱、墙及节点中剪力增大措施的不同以及保证各类结构构件延性和塑性耗能能力构造措施的不同。本章有关条文中的抗震措施规定将全部按抗震等级给出。根据我国抗震设计经验，应按设防类别、建筑物所在地的设防烈度、结构类型、房屋高度以及场地类别的不同分别选取不同的抗震等级。在表11.1.3中给出了丙类建筑按设防烈度、结构类型和房屋高度制定的结构中不同部分应取用的抗震等级。

《建筑抗震设计规范》GB 50011—2010

6.1.2　钢筋混凝土房屋应根据设防类别、烈度、结构类型和房屋高度采用不同的抗震等级，并应符合相应的计算和构造措施要求。现浇钢筋混凝土房屋的抗震等级应按表6.1.2确定。

表6.1.2　现浇钢筋混凝土房屋的抗震等级

结构类型		6		7			8			9	
框架结构	高度/m	≤24	>24	≤24	>24		≤24	>24		≤24	
	框架	四	三	三	二		二	一		一	
	大跨度框架	三		二			一			一	
框架-抗震墙结构	高度/m	≤60	>60	≤24	25~60	>60	≤24	25~60	>60	≤24	25~60
	框架	四	三	四	三	二	三	二	一	二	一
	抗震墙	三	三	三	二	二	二	一	一	一	一
抗震墙结构	高度/m	≤80	>80	≤24	25~80	>80	≤24	25~80	>80	≤24	25~60
	抗震墙	四	三	四	三	二	三	二	一	二	一
部分框支抗震墙结构	高度/m	≤80	>80	≤24	25~80	>80	≤24	25~80			
	抗震墙 一般部位	四	三	四	三	二	三	二			
	抗震墙 加强部位	三	二	三	二	一	二	一			
	框支层框架	二		二	二		一				
框架-核心筒结构	框架	三		二			二			一	
	核心筒	二		二			一			一	
筒中筒结构	外筒	三		二			二			一	
	内筒	二		二			一			一	
板柱-抗震墙结构	高度/m	≤35	>35	≤35	>35		≤35	>35			
	框架、板柱的柱	三	二	二	二		一	一			
	抗震墙	二	二	二	二		二	一			

注：1　建筑场地为Ⅰ类时，除6度外应允许按表内降低一度所对应的抗震等级采取抗震构造措施，但相应的计算要求不应降低；

2　接近或等于高度分界时，应允许结合房屋不规则程度及场地、地基条件确定抗震等级；

3　大跨度框架指跨度不小于18m的框架；

4　高度不超过60m的框架-核心筒结构按框架-抗震墙的要求设计时，应按表中框架-抗震墙结构的规定确定其抗震等级。

【条文解析】

抗震等级是多、高层钢筋混凝土结构、构件确定抗震措施的标准；抗震措施包括内力调整和抗震构造措施。不同的地震烈度，房屋重要性不同，抗震要求不同；同样烈度下，不同结构体系，不同高度，抗震潜力不同，抗震要求也不同；同一结构体系中，主、次抗侧力构件以及同一结构形式在不同结构体系中所起作用不同，其抗震要求也有所不同。

我国《建筑抗震设计规范》GB 50011—2010和高层规程综合考虑建筑重要性类别、设防烈度、结构类型及房屋高度等因素，对钢筋混凝土结构划分了不同的抗震等级。

应当指出，抗震等级的划分，体现了对不同抗震设防类别、不同结构类型、不同烈度、同一烈度但不同高度的钢筋混凝土房屋结构延性要求的不同，以及同一种构件在不同结构类型中的延性要求的不同。划分房屋抗震等级的目的在于，对不同抗震等级的房屋采取不同的抗震措施，它包括除地震作用计算和抗力计算以外的抗震设计内容，如内力调整、轴压比确定及抗震构造措施等。因此，表6.1.2中的设防烈度应按《建筑工程抗震设防分类标准》GB 50223—2008中各抗震设防类别建筑的抗震设防标准中抗震措施所要求的设防烈度确定：

甲类建筑，应按高于本地区抗震设防烈度1度的要求加强其抗震措施，但抗震设防烈度为9度时，应按比9度更高的要求采取抗震措施。

乙类建筑，应按高于本地区抗震设防烈度1度的要求采取加强抗震措施，但抗震设防烈度为9度时，应按比9度更高的要求采取抗震措施。当乙类建筑为规模很小的工业建筑，当改用抗震性能较好的材料且符合抗震设计规范对结构体系的要求时，允许按丙类建筑采取抗震措施。

丙类建筑，应按本地区抗震设防烈度确定其抗震措施。

丁类建筑，允许比本地区抗震设防烈度的要求适当降低其抗震措施，但抗震设防烈度为6度时不应降低。

《高层建筑混凝土结构技术规程》JGJ 3—2010

3.9.1　各抗震设防类别的高层建筑结构，其抗震措施应符合下列要求：

1　甲类、乙类建筑：应按本地区抗震设防烈度提高一度的要求加强其抗震措施，但抗震设防烈度为9度时应按比9度更高的要求采取抗震措施；当建筑场地为Ⅰ类时，应允许仍按本地区抗震设防烈度的要求采取抗震构造措施。

2　丙类建筑：应按本地区抗震设防烈度确定其抗震措施；当建筑场地为Ⅰ类时，除6度外，应允许按本地区抗震设防烈度降低一度的要求采取抗震构造措施。

【条文解析】

本条规定了各设防类别高层建筑结构采取抗震措施（包括抗震构造措施）时的设防标准，与现行国家标准《建筑工程抗震设防分类标准》GB 50223—2008的规定一致；Ⅰ类建筑场地上高层建筑抗震构造措施的放松要求与现行国家标准《建筑抗震设计规范》GB 50011—2010的规定一致。

3.9.3　抗震设计时，高层建筑钢筋混凝土结构构件应根据抗震设防分类、烈度、结构类型和房屋高度采用不同的抗震等级，并应符合相应的计算和构造措施要求。A级高度丙类建筑钢筋混凝土结构的抗震等级应按表3.9.3确定。当本地区的设防烈度为9度时，

A 级高度乙类建筑的抗震等级应按特一级采用，甲类建筑应采取更有效的抗震措施。

注：本规程"特一级和一、二、三、四级"即"抗震等级为特一级和一、二、三、四级"的简称。

表 3.9.3　A 级高度的高层建筑结构抗震等级

结构类型			抗震设防烈度						
			6		7		8		9
框架结构			三		二		一		一
框架－剪力墙结构	高度/m		≤60	>60	≤60	>60	≤60	>60	≤50
	框架		四	三	三	二	二	一	一
	剪力墙		三		二		一		一
剪力墙结构	高度/m		≤80	>80	≤80	>80	≤80	>80	≤60
	剪力墙		四	三	三	二	二	一	一
部分框支剪力墙结构	非底部加强部位的剪力墙		四	三	三	二	二	一	
	底部加强部位的剪力墙		三	二	二	一	一		
	框支框架		二	二	一	一	一		
筒体结构	框架－核心筒	框架	三		二		一		
		核心筒	二		二		一		
	筒中筒	内筒	三		二		一		
		外筒							
板柱－剪力墙结构	高度/m		≤35	>35	≤35	>35	≤35	>35	
	框架、板柱及柱上板带		三	二	二	二	一	一	
	剪力墙		二	二	二	一	一	一	

注：1　接近或等于高度分界时，应结合房屋不规则程度及场地、地基条件适当确定抗震等级；
　　2　底部带转换层的筒体结构，其转换框架的抗震等级应按表中部分框支剪力墙结构的规定采用；
　　3　当框架－核心筒结构的高度不超过 60m 时，其抗震等级应允许按框架－剪力墙结构采用。

【条文解析】

抗震设计的钢筋混凝土高层建筑结构，根据抗震设防烈度、结构类型、房屋高度区分为不同的抗震等级，采用相应的计算和构造措施。抗震等级的高低，体现了对结构抗震性能要求的严格程度。比一级有更高要求时则提升至特一级，其计算和构造措施比一级更严格。本条中 A 级高度的高层建筑结构，应按表 3.9.3 确定其抗震等级；甲类建筑 9 度设防时，应采取比 9 度设防更有效的措施；乙类建筑 9 度设防时，抗震等级提升至特一级。

3.9.4　抗震设计时，B 级高度的高层建筑结构的抗震等级应按表 3.9.4 确定。

表3.9.4 B级高度的高层建筑结构抗震等级

结构类型		抗震设防烈度		
		6	7	8
框架－剪力墙	框架	二	一	一
	剪力墙	二	一	特一
剪力墙	剪力墙	二	一	一
部分框支剪力墙	非底部加强部位的剪力墙	二	一	一
	底部加强部位的剪力墙	二	一	一
	框支框架	一	一	特一
框架－核心筒	框架	二	一	一
	筒体	二	一	特一
筒中筒	外筒	二	一	特一
	内筒	二	一	特一

注：底部带转换层的筒体结构，其转换框架和底部加强部位筒体的抗震等级应按表中部分框支剪力墙结构的规定采用。

【条文解析】

本条B级高度的高层建筑，其抗震等级有更严格的要求，应按表3.9.4采用。

3.3.2　框架结构

《混凝土结构设计规范》GB 50010—2010

11.2.3　按一、二、三级抗震等级设计的框架和斜撑构件，其纵向受力普通钢筋应符合下列要求：

1　钢筋的抗拉强度实测值与屈服强度实测值的比值不应小于1.25；

2　钢筋的屈服强度实测值与屈服强度标准值的比值不应大于1.30；

3　钢筋最大拉力下的总伸长率实测值不应小于9%。

【条文解析】

对按一、二、三级抗震等级设计的各类框架构件（包括斜撑构件），要求纵向受力钢筋检验所得的抗拉强度实测值（即实测最大强度值）与受拉屈服强度的比值（强屈比）不小于1.25，目的是使结构某部位出现较大塑性变形或塑性铰后，钢筋在大变形条件下具有必要的强度潜力，保证构件的基本抗震承载力；要求钢筋受拉屈服强度实测值与钢筋的受拉强度标准值的比值（屈强比）不应大于1.3，主要是为了保证"强柱弱梁""强剪弱弯"设计要求的效果不致因钢筋屈服强度离散性过大而受到干扰；钢筋最大力下的总伸长率不应小于9%，主要为了保证在抗震大变形条件下，钢筋具有足够的塑性变形能力。

11.3.1 承载力计算中，计入纵向受压钢筋的梁端混凝土受压区高度应符合下列要求：

一级抗震等级

$$x \leqslant 0.25h_0 \tag{11.3.1-1}$$

二、三级抗震等级

$$x \leqslant 0.35h_0 \tag{11.3.1-2}$$

式中 x ——混凝土受压区高度；

h_0 ——截面有效高度。

【条文解析】

试验资料表明低周反复荷载作用不致降低框架梁的受弯承载力，其正截面受弯承载力可按静力公式计算，但在其受弯计算公式右边应除以相应的承载力抗震调整系数。

由于梁端区域能通过采取相对简单的抗震构造措施而具有相对较高的延性，故常通过"强柱弱梁"措施引导框架中的塑性铰首先在梁端形成。

设计框架梁时，控制梁端截面混凝土受压区高度（主要是控制负弯矩下截面下部的混凝土受压区高度）的目的是控制梁端塑性铰区具有较大的塑性转动能力，以保证框架梁端截面具有足够的曲率延性。根据国内的试验结果和参考国外经验，当相对受压区高度控制在0.25~0.35时，梁的位移延性可达到3.0~4.0。

在确定混凝土受压区高度时，可把截面内的受压钢筋计算在内。

11.3.6 框架梁的钢筋配置应符合下列规定：

1 纵向受拉钢筋的配筋率不应小于表11.3.6-1规定的数值；

表11.3.6-1 框架梁纵向受拉钢筋的最小配筋百分率（%）

抗震等级	梁中位置	
	支座	跨中
一	0.40和$80f_t/f_y$中的较大值	0.30和$65f_t/f_y$中的较大值
二	0.30和$65f_t/f_y$中的较大值	0.25和$55f_t/f_y$中的较大值
三、四	0.25和$55f_t/f_y$中的较大值	0.20和$45f_t/f_y$中的较大值

2 框架梁梁端截面的底部和顶部纵向受力钢筋截面面积的比值，除按计算确定外，一级抗震等级不应小于0.5；二、三级抗震等级不应小于0.3。

3 梁端箍筋的加密区长度、箍筋最大间距和箍筋最小直径，应按表11.3.6-2采用；当梁端纵向受拉钢筋配筋率大于2%时，表中箍筋最小直径应增大2mm。

表 11.3.6-2 框架梁梁端箍筋加密区的构造要求

抗震等级	加密区长度/mm	箍筋最大间距/mm	最小直径/mm
一	2 倍梁高和 500 中的较大值	纵向钢筋直径的 6 倍，梁高的 1/4 和 100 中的最小值	10
二	1.5 倍梁高和 500 中的较大值	纵向钢筋直径的 8 倍，梁高的 1/4 和 100 中的最小值	8
三		纵向钢筋直径的 8 倍，梁高的 1/4 和 150 中的最小值	8
四		纵向钢筋直径的 8 倍，梁高的 1/4 和 150 中的最小值	6

注：箍筋直径大于 12m、数量不少于 4 肢且肢距小于 150mm 时，一、二级的最大间距应允许适当放宽，但不得大于 150mm。

【条文解析】

《混凝土结构设计规范》GB 50010—2010 在非抗震和抗震框架梁纵向受拉钢筋最小配筋率的取值上统一取用双控方案，即一方面规定具体数值，另一方面使用与混凝土抗拉强度设计值和钢筋抗拉强度设计值相关的特征值参数进行控制。本条规定的数值是在非抗震受弯构件规定数值的基础上，并按纵向受拉钢筋在梁中的不同位置和不同抗震等级分别给出了最小配筋率的相应控制值。这些取值高于非抗震受弯构件的取值。

本条还给出了梁端箍筋加密区内底部纵向钢筋和顶部纵向钢筋面积比的最小取值。通过这一规定对底部纵向钢筋的最低用量进行控制，一方面是考虑到地震作用的随机性，在按计算梁端不出现正弯矩或出现较小正弯矩的情况下，有可能在较强地震下出现偏大的正弯矩。该正弯矩有可能明显大于考虑常遇地震作用的梁端组合正弯矩。若梁端下部纵向钢筋配置过少，将可能发生下部钢筋的过早屈服甚至拉断。另一方面，提高梁端底部纵向钢筋的数量，也有助于改善梁端塑性铰区在负弯矩作用下的延性性能。

框架梁的抗震设计除应满足计算要求外，梁端塑性铰区箍筋的构造要求极其重要，它是保证该塑性铰区延性能力的基本构造措施。本条对梁端箍筋加密区长度、箍筋最大间距和箍筋最小直径的要求作了规定，其目的是从构造上对框架梁塑性铰区的受压混凝土提供约束，并约束纵向受压钢筋，防止它在保护层混凝土剥落后过早压屈，及其后受压区混凝土的随即压溃，以保证梁端具有足够的塑性铰转动能力。

11.4.12 框架柱和框支柱的钢筋配置，应符合下列要求：

1 框架柱和框支柱中全部纵向受力钢筋的配筋百分率不应小于表 11.4.12-1 规定的数值，同时，每一侧的配筋百分率不应小于 0.2；对Ⅳ类场地上较高的高层建筑，最小配筋百分率应增加 0.1。

表11.4.12-1 柱全部纵向受力钢筋最小配筋百分率（%）

柱类型	抗震等级			
	一	二	三	四
中柱、边柱	0.9 (1.0)	0.7 (0.8)	0.6 (0.7)	0.5 (0.6)
角柱、框支柱	1.1	0.9	0.8	0.7

注：1 表中括号内数值用于框架结构的柱；

2 采用335MPa级、400MPa级纵向受力钢筋时，应分别按表中数值增加0.1和0.05采用；

3 当混凝土强度等级为C60及以上时，应按表中数值加0.1采用。

2 框架柱和框支柱上、下两端箍筋应加密，加密区的箍筋最大间距和箍筋最小直径应符合表11.4.12-2的规定。

表11.4.12-2 柱端箍筋加密区的构造要求

抗震等级	箍筋最大间距/mm	箍筋最小直径/mm
一	纵向钢筋直径的6倍和100中的较小值	10
二	纵向钢筋直径的8倍和100中的较小值	8
三	纵向钢筋直径的8倍和150（柱根100）中的较小值	8
四	纵向钢筋直径的8倍和150（柱根100）中的较小值	6（柱根8）

注：柱根系指底层柱下端的箍筋加密区范围。

3 框支柱和剪跨比不大于2的框架柱应在柱全高范围内加密箍筋，且箍筋间距应符合本条第2款一级抗震等级的要求。

4 一级抗震等级框架柱的箍筋直径大于12mm且箍筋肢距小于150mm及二级抗震等级框架柱的直径不小于10mm且箍筋肢距不大于200mm时，除底层柱下端外，箍筋间距应允许采用150mm；四级抗震等级框架柱剪跨比不大于2时，箍筋直径不应小于8mm。

【条文解析】

框架柱纵向钢筋最小配筋率是抗震设计中的一项较重要的构造措施。其主要作用是：考虑到实际地震作用在大小及作用方式上的随机性，经计算确定的配筋数量仍可能在结构中造成某些估计不到的薄弱构件或薄弱截面；通过纵向钢筋最小配筋率规定可以对这些薄弱部位进行补救，以提高结构整体地震反应能力的可靠性；此外，与非抗震情况相同，纵向钢筋最小配筋率同样可以保证柱截面开裂后抗弯刚度不致削弱过多；另外，最小配筋率还可以使设防烈度不高地区一部分框架柱的抗弯能力在"强柱弱梁"措施基础上有进一步提高，这也相当于对"强柱弱梁"措施的某种补充。

　　为了提高柱端塑性铰区的延性、对混凝土提供约束，防止纵向钢筋压屈和保证受剪承载力，本条根据工程经验对柱上、下端箍筋加密区的箍筋最大间距、箍筋最小直径做出了局部调整，以利于保证混凝土的施工质量。

《建筑抗震设计规范》GB 50011—2010

　　6.3.3　梁的钢筋配置，应符合下列各项要求：

　　1　梁端计入受压钢筋的混凝土受压区高度和有效高度之比，一级不应大于 0.25，二、三级不应大于 0.35。

　　2　梁端截面的底面和顶面纵向钢筋配筋量的比值，除按计算确定外，一级不应小于 0.5，二、三级不应小于 0.3。

　　3　梁端箍筋加密区的长度、箍筋最大间距和最小直径应按表 6.3.3 采用，当梁端纵向受拉钢筋配筋率大于 2% 时，表中箍筋最小直径数值应增大 2mm。

表 6.3.3　梁端箍筋加密区的长度、箍筋的最大间距和最小直径

抗震等级	加密区长度（采用较大值）/mm	箍筋最大间距（采用最小值）/mm	箍筋最小直径/mm
一	$2h_b$，500	$h_b/4$，$6d$，100	10
二	$1.5h_b$，500	$h_b/4$，$8d$，100	8
三	$1.5h_b$，500	$h_b/4$，$8d$，150	8
四	$1.5h_b$，500	$h_b/4$，$8d$，150	6

注：1　d 为纵向钢筋直径，h_b 为梁截面高度；

　　2　箍筋直径大于 12mm、数量不少于 4 肢且肢距不大于 150mm 时，一、二级的最大间距允许适当放宽，但不得大于 150mm。

　　6.3.7　柱的钢筋配置，应符合下列各项要求：

　　1　柱纵向受力钢筋的最小总配筋率应按表 6.3.7-1 采用，同时每侧配筋率不应小于 0.2%；对建造于Ⅳ类场地且较高的高层建筑，最小总配筋率应增加 0.1%。

表 6.3.7-1　柱截面纵向钢筋的最小总配筋率（%）

类别	抗震等级			
	一	二	三	四
中柱和边柱	0.9 (1.0)	0.7 (0.8)	0.6 (0.7)	0.5 (0.6)
角柱、框支柱	1.1	0.9	0.8	0.7

注：1　表中括号内数值用于框架结构的柱；

　　2　钢筋强度标准值小于 400MPa 时，表中数值应增加 0.1，钢筋强度标准值为 400MPa 时，表中数值应增加 0.05；

　　3　混凝土强度等级高于 C60 时，上述数值应相应增加 0.1。

2 柱箍筋在规定的范围内应加密，加密区的箍筋间距和直径，应符合下列要求：

1）一般情况下，箍筋的最大间距和最小直径，应按表6.3.7-2采用。

表6.3.7-2　柱箍筋加密区的箍筋最大间距和最小直径

抗震等级	箍筋最大间距（采用较小值）/mm	箍筋最小直径/mm
一	6d，100	10
二	8d，100	8
三	8d，150（柱根100）	8
四	8d，150（柱根100）	6（柱根8）

注：1　d 为柱纵筋最小直径；

　　2　柱根指底层柱下端箍筋加密区。

2）一级框架柱的箍筋直径大于12mm且箍筋肢距不大于150mm及二级框架柱的箍筋直径不小于10mm且箍筋肢距不大于200mm时，除底层柱下端外，最大间距应允许采用150mm；三级框架柱的截面尺寸不大于400mm时，箍筋最小直径应允许采用6mm；四级框架柱剪跨比不大于2时，箍筋直径不应小于8mm。

3）框支柱和剪跨比不大于2的框架柱，箍筋间距不应大于100mm。

6.3.8　柱的纵向钢筋配置，尚应符合下列规定：

1　柱的纵向钢筋宜对称配置。

2　截面边长大于400mm的柱，纵向钢筋间距不宜大于200mm。

3　柱总配筋率不应大于5%；剪跨比不大于2的一级框架的柱，每侧纵向钢筋配筋率不宜大于1.2%。

4　边柱、角柱及抗震墙端柱在小偏心受拉时，柱内纵筋总截面面积应比计算值增加25%。

5　柱纵向钢筋的绑扎接头应避开柱端的箍筋加密区。

【条文解析】

随着高强钢筋和高强混凝土的使用，最小纵向钢筋的配筋率要求，将随混凝土强度和钢筋的强度而有所变化，但表中的数据是最低的要求，必须满足。

当框架柱在地震作用组合下处于小偏心受拉状态时，柱的纵筋总截面面积应比计算值增加25%，是为了避免柱的受拉纵筋屈服后再受压时，由于包兴格效应导致纵筋压屈。

《高层建筑混凝土结构技术规程》JGJ 3—2010

6.1.6　框架结构按抗震设计时，不应采用部分由砌体墙承重之混合形式。框架结构中的楼、电梯间及局部出屋顶的电梯机房、楼梯间、水箱间等，应采用框架承重，不应采用砌体墙承重。

【条文解析】

框架结构与砌体结构体系所用的承重材料完全不同，是两种截然不同的结构体系，其抗侧刚度、变形能力、结构延性、抗震性能等相差很大，将这两种结构在同一建筑物中混合使用，而不以防震缝将其分开，必然会导致受力不合理、变形不协调，对建筑物的抗震性能产生非常不利的影响。

《型钢混凝土组合结构技术规程》JGJ 138—2001

5.4.5 考虑地震作用组合的型钢混凝土框架梁，梁端应设置箍筋加密区，其加密区长度、箍筋最大间距和箍筋最小直径应满足表5.4.5要求。

表5.4.5 梁端箍筋加密区的构造要求

抗震等级	箍筋加密区长度	箍筋最大间距/mm	箍筋最小直径/mm
一	2h	100	12
二	11.5h	100	10
三	1.5h	150	10
四	1.5h	150	8

注：表中 h 为型钢混凝土梁的梁高。

6.2.1 考虑地震作用组合的型钢混凝土框架柱，柱端箍筋加密区长度、箍筋最大间距和最小直径应按表6.2.1的规定采用。

表6.2.1 框架柱端箍筋加密区的构造要求

抗震等级	箍筋加密区长度	箍筋最大间距	箍筋最小直径
一		取纵向钢筋直径的6倍、100mm 二者中的较小值	ϕ10
二	取矩形截面长边尺寸（或圆形截面直径）、层间柱净高的1/6和500mm 三者中的最大值	取纵向钢筋直径的8倍、100mm 二者中的较小值	ϕ8
三		取纵向钢筋直径的8倍、150mm 二者中的较小值	ϕ8
四			ϕ6

注：1 对二级抗震等级的框架柱，当箍筋最小直径不小于 ϕ10 时，其箍筋最大间距可取150mm；
　　2 剪跨比不大于2的框架柱、框支柱和一级抗震等级角柱应沿全长加密箍筋，箍筋间距均不应大于100mm。

【条文解析】

以上两条突出组合框架梁和柱的箍筋加密范围、直径和间距要满足的最低要求。

型钢混凝土构件中，配置有结构钢材和箍筋，对组合梁箍筋的要求，在满足配箍率的情况下，箍筋肢距略比钢筋混凝土梁放松，但强制性要求的内容除箍筋间距外与普通钢筋混凝土梁相同。对组合柱的箍筋要求同于普通钢筋混凝土柱。

《预应力混凝土结构抗震设计规程》JGJ 140—2004

4.2.1 预应力混凝土框架梁的截面尺寸，宜符合下列各项要求：

1 截面的宽度不宜小于250mm；

2 截面高度与宽度的比值不宜大于4；

3 梁高宜在计算跨度的（1/12～1/22）范围内选取，净跨与截面高度之比不宜小于4。

【条文解析】

预应力混凝土结构的跨度一般较大，若截面高宽比过大容易引起梁侧向失稳，故有必要对梁截面高宽比提出要求。关于梁高跨比的限制，采用梁高在（1/12～1/22）l_0 之间比较经济。

4.2.4 预应力混凝土框架梁端截面的底面和顶面纵向非预应力钢筋截面面积 A'_s 和 A_s 的比值，除按计算确定外，尚应满足下列要求：

$$一级抗震等级 \qquad \frac{A'_s}{A_s} \geq \frac{0.5}{1-\lambda} \tag{4.2.4-1}$$

$$二、三级抗震等级 \qquad \frac{A'_s}{A_s} \geq \frac{0.3}{1-\lambda} \tag{4.2.4-2}$$

且梁底面纵向非预应力钢筋配筋率不应小于0.2%。

【条文解析】

控制梁端截面的底面配筋面积 A'_s 和顶面配筋面积 A_s 的比值 A'_s/A_s，有利于满足梁端塑性铰区的延性要求，同时也考虑到在地震反复荷载作用下，底部钢筋可能承受较大的拉力。

4.2.5 在与板整体浇筑的T形和L形预应力混凝土框架梁中，当考虑板中的部分钢筋对抵抗弯矩的有利作用时，宜符合下列规定：

1 在内柱处，当横向有宽度与柱宽相近的框架梁时，宜取从柱两侧各4倍板厚范围内板内钢筋。

2 在内柱处，当没有横向框架梁时，宜取从柱两侧各延伸2.5倍板厚范围内板内钢筋。

3 在外柱处，当横向有宽度与柱相近的框架梁，而所考虑的梁中钢筋锚固在柱内时，宜取从柱两侧各延伸2倍板厚范围内板内钢筋。

4 在外柱处，当没有横梁时，宜取柱宽范围内的板内钢筋。

5 在所有情况下，在考虑板中部分钢筋参加工作的梁中，受弯承载力所需的纵向钢筋至少应有75%穿过柱子或锚固于柱内；当纵向钢筋由重力荷载效应组合控制时，则仅应考虑地震作用组合的纵向钢筋的75%穿过柱子或锚固于柱内。

【条文解析】

T 形截面受弯构件当翼缘位于受拉区时，参加工作的翼缘宽度较受压翼缘宽度小些，为了确保翼缘内纵向钢筋对框架梁端受弯承载力做出贡献，故做出了不少于翼缘内部纵筋的 75% 应通过柱或锚固于柱内的规定。

4.2.6 对预应力混凝土框架梁的梁端加腋处，其箍筋配置应符合下列规定：

1 当加腋长度 $L_h \leq 0.8h$ 时，箍筋加密区长度应取加腋区及距加腋区端部 1.5 倍梁高；

2 当加腋长度 $L_h > 0.8h$ 时，箍筋加密区长度应取 1.5 倍梁端部高度，且不小于加腋长度 L_h；

3 箍筋加密区的箍筋间距不应大于 100mm，箍筋直径不应小于 10mm，箍筋肢距不宜大于 200mm 和 20 倍箍筋直径的较大值。

【条文解析】

预应力混凝土框架梁端箍筋的加密区长度、箍筋最大间距和箍筋的最小直径等构造要求应符合现行国家标准《建筑抗震设计规范》GB 50011—2010 有关条款的要求。本条对预应力混凝土大梁加腋区端部可能出现塑性铰的区域，规定采用较密的箍筋，以改善受弯延性。

4.2.7 对现浇混凝土框架，当采用预应力混凝土扁梁时，扁梁的跨高比 l_0/h_b 不宜大于 25，梁截面高度宜大于板厚度的 2 倍，其截面尺寸应符合下列要求，并应满足现行有关规范对挠度和裂缝宽度的规定：

$$b_b \leq 2b_c \tag{4.2.7-1}$$
$$b_b \leq b_c + h_b \tag{4.2.7-2}$$
$$h_b \geq 16d \tag{4.2.7-3}$$

式中 b_c——柱截面宽度；

b_b，h_b——梁截面宽度和高度；

d——柱纵筋直径。

【条文解析】

跨高比过大，则扁梁体系太柔对抗震不利，研究表明该限值取 25 比较合适。

4.2.9 扁梁框架的边梁不宜采用宽度 b_s 大于柱截面高度 h_c 的预应力混凝土扁梁。当与框架边梁相交的内部框架扁梁大于柱宽时，边梁应采取配筋构造措施考虑其受扭的不利影响。

【条文解析】

对于预应力混凝土框架的边梁，要求其宽度不大于柱高，可避免其对垂直于该边梁方向的框架扁梁产生扭矩；当与此边梁相交的内部框架扁梁大于柱宽时，也将对该边梁产生扭矩，为消除此扭矩，对于框架边梁应采取有效的配筋构造要求，考虑其受扭的不利作用。

4.3.4　在地震作用组合下，当采用对称配筋的框架柱中全部纵向受力普通钢筋配筋率大于5%时，可采用预应力混凝土柱，其纵向受力钢筋的配置，可采用非对称配置预应力筋的配筋方式，即在截面受拉较大的一侧采用预应力筋和非预应力钢筋的混合配筋，另一侧仅配置非预应力钢筋。

【条文解析】

对于承受较大弯矩而轴向压力小的框架顶层边柱，可以按预应力混凝土梁设计，采用非对称配筋的预应力混凝土柱，弯矩较大截面的受拉一侧采用预应力筋和非预应力普通钢筋混合配筋，另一侧仅配普通钢筋，并应符合一定的配筋构造要求。

4.3.5　预应力混凝土框架柱的截面配筋应符合下列规定：

1　预应力混凝土框架柱纵向非预应力钢筋的最小配筋率应符合现行国家标准《混凝土结构设计规范》GB 50010—2010有关钢筋混凝土受压构件纵向受力钢筋最小配筋百分率的规定；

2　预应力混凝土框架柱中全部纵向受力钢筋按非预应力钢筋抗拉强度设计值换算的配筋率不应大于5%；

3　纵向预应力筋不宜少于两束，其孔道之间的净间距不宜小于100mm。

4.3.6　预应力混凝土框架柱柱端加密区配箍要求不低于普通钢筋混凝土框架柱的要求；对预应力混凝土框架结构，其柱的箍筋应沿柱全高加密。

【条文解析】

试验研究表明，预应力混凝土柱在高配筋率下，容易发生黏结型剪切破坏，此时，增加箍筋的效果已不显著，故对预应力混凝土框架柱的最大配筋率限值做出了规定。预应力混凝土柱尚应符合现行国家标准《混凝土结构设计规范》GB 50010—2010关于框架柱纵向非预应力钢筋最小配筋百分率的规定及柱端加密区配箍要求。此外，对预应力混凝土纯框架结构要求柱的箍筋应沿柱全高加密。

4.3.7　对双向预应力混凝土框架的边柱和角柱，在进行局部受压承载力计算时，可将框架柱中的纵向受力主筋和横向箍筋兼作间接钢筋网片。

【条文解析】

试验结果表明，当混凝土处于双向局部受压时，其局压承载力高于单向局压承载力。在局部承压设计中，将框架柱中纵向受力主筋和横向箍筋兼作间接钢筋网片用是根据试验研究和工程设计经验提出的。

3.3.3　剪力墙结构

《混凝土结构设计规范》GB 50010—2010

11.7.14　剪力墙的水平和竖向分布钢筋的配筋应符合下列规定：

1　一、二、三级抗震等级的剪力墙的水平和竖向分布钢筋配筋率均不应小于0.25%，四级抗震等级剪力墙不应小于0.2%；

2　部分框支剪力墙结构的剪力墙底部加强部位，水平和竖向分布钢筋配筋率不应小于0.3%。

注：对高度不超过24m且剪压比很小的四级抗震等级剪力墙，其竖向分布筋最小配筋率应允许按0.15%采用。

【条文解析】

本条按不同的结构体系和不同的抗震等级规定了水平和竖向分布钢筋的最小配筋率的限值。

《建筑抗震设计规范》GB 50011—2010

6.4.3　抗震墙竖向、横向分布钢筋的配筋，应符合下列要求：

1　一、二、三级抗震墙的竖向和横向分布钢筋最小配筋率均不应小于0.25%，四级抗震墙分布钢筋最小配筋率不应小于0.20%。

注：高度小于24m且剪压比很小的四级抗震墙，其竖向分布筋的最小配筋率应允许按0.15%采用。

2　部分框支抗震墙结构的落地抗震墙底部加强部位，竖向和横向分布钢筋配筋率均不应小于0.3%。

【条文解析】

抗震墙，包括抗震墙结构、框架－抗震墙结构、板柱－抗震墙结构及筒体结构中的抗震墙，是这些结构体系的主要抗侧力构件。对框支结构，抗震墙的底部加强部位受力很大，其分布钢筋应高于一般抗震墙的要求。通过在这些部位增加竖向钢筋和横向的分布钢筋，提高墙体开裂后的变形能力，以避免脆性剪切破坏，改善整个结构的抗震性能。

《高层建筑混凝土结构技术规程》JGJ 3—2010

7.1.4　抗震设计时，剪力墙底部加强部位的范围，应符合下列规定：

1　底部加强部位的高度，应从地下室顶板算起；

2　底部加强部位的高度可取底部两层和墙体总高度的1/10二者的较大值，部分框支剪力墙结构底部加强部位的高度应符合本规程第10.2.2条的规定；

3　当结构计算嵌固端位于地下一层底板或以下时，底部加强部位宜延伸到计算嵌固端。

【条文解析】

抗震设计时，为保证剪力墙底部出现塑性铰后具有足够大的延性，应对可能出现塑性铰的部位加强抗震措施，包括提高其抗剪切破坏的能力，设置约束边缘构件等，该加强部位称为"底部加强部位"。剪力墙底部塑性铰出现都有一定范围，一般情况下单个塑性铰发展高度约为墙肢截面高度 h_w，但是为安全起见，设计时加强部位范围应适当扩大。第 3 款明确了当地下室整体刚度不足以作为结构嵌固端，而计算嵌固部位不能设在地下室顶板时，剪力墙底部加强部位的设计要求宜延伸至计算嵌固部位。

7.1.8 抗震设计时，高层建筑结构不应全部采用短肢剪力墙；B 级高度高层建筑以及抗震设防烈度为 9 度的 A 级高度高层建筑，不宜布置短肢剪力墙，不应采用具有较多短肢剪力墙的剪力墙结构。当采用具有较多短肢剪力墙的剪力墙结构时，应符合下列规定：

1 在规定的水平地震作用下，短肢剪力墙承担的底部倾覆力矩不宜大于结构底部总地震倾覆力矩的 50%；

2 房屋适用高度应比本规程表 3.3.1–1 规定的剪力墙结构的最大适用高度适当降低，7 度、8 度（0.2g）和 8 度（0.3g）时分别不应大于 100m、80m 和 60m。

注：1 短肢剪力墙是指截面厚度不大于 300mm、各肢截面高度与厚度之比的最大值大于 4 但不大于 8 的剪力墙；

2 具有较多短肢剪力墙的剪力墙结构是指，在规定的水平地震作用下，短肢剪力墙承担的底部倾覆力矩不小于结构底部总地震倾覆力矩的 30% 的剪力墙结构。

【条文解析】

厚度不大的剪力墙开大洞口时，会形成短肢剪力墙，短肢剪力墙一般出现在多层和高层住宅建筑中。短肢剪力墙沿建筑高度可能有较多楼层的墙肢会出现反弯点，受力特点接近异形柱，又承担较大轴力与剪力，因此，本条规定短肢剪力墙应加强，在某些情况下还要限制建筑高度。对于 L 形、T 形、十字形剪力墙，其各肢的肢长与截面厚度之比的最大值大于 4 且不大于 8 时，才划分为短肢剪力墙。对于采用刚度较大的连梁与墙肢形成的开洞剪力墙，不宜按单独墙肢判断其是否属于短肢剪力墙。

由于短肢剪力墙抗震性能较差，地震区应用经验不多，为安全起见，在高层住宅结构中短肢剪力墙布置不宜过多，不应采用全部为短肢剪力墙的结构。短肢剪力墙承担的倾覆力矩不小于结构底部总倾覆力矩的 30% 时，称为具有较多短肢剪力墙的剪力墙结构，此时房屋的最大适用高度应适当降低。B 级高度高层建筑及 9 度抗震设防的 A 级高度高层建筑，不宜布置短肢剪力墙，不应采用具有较多短肢剪力墙的剪力墙结构。

本条还规定短肢剪力墙承担的倾覆力矩不宜大于结构底部总倾覆力矩的 50%，是在短肢剪力墙较多的剪力墙结构中，对短肢剪力墙数量的间接限制。

7.2.2 抗震设计时，短肢剪力墙的设计应符合下列规定：

1 短肢剪力墙截面厚度除应符合本规程第 7.2.1 条的要求外，底部加强部位尚不应小于200mm，其他部位尚不应小于180mm。

2 一、二、三级短肢剪力墙的轴压比，分别不宜大于0.45、0.50、0.55，一字形截面短肢剪力墙的轴压比限值应相应减少0.1。

3 短肢剪力墙的底部加强部位应按本节第7.2.6条调整剪力墙设计值，其他各层一、二、三级时剪力设计值应分别乘以增大系数1.4、1.2和1.1。

4 短肢剪力墙边缘构件的设置应符合本规程第7.2.14条的规定。

5 短肢剪力墙的全部竖向钢筋的配筋率，底部加强部位一、二级不宜小于1.2%，三、四级不宜小于1.0%；其他部位一、二级不宜小于1.0%，三、四级不宜小于0.8%。

6 不宜采用一字形短肢剪力墙，不宜在一字形短肢剪力墙上布置平面外与之相交的单侧楼面梁。

【条文解析】

本条对短肢剪力墙的墙肢形状、厚度、轴压比、纵向钢筋配筋率、边缘构件等作了相应规定。不论是否短肢剪力墙较多，所有短肢剪力墙都要求满足本条规定。短肢剪力墙的抗震等级不再提高，但在第2款中降低了轴压比限值。对短肢剪力墙的轴压比限制很严，是防止短肢剪力墙承受的楼面面积范围过大或房屋高度太大，过早压坏引起楼板坍塌的危险。

一字形短肢剪力墙延性及平面外稳定均十分不利，因此规定不宜采用一字形短肢剪力墙，不宜布置单侧楼面梁与之平面外垂直连接或斜交，同时要求短肢剪力墙尽可能设置翼缘。

7.2.4 抗震设计的双肢剪力墙，其墙肢不宜出现小偏心受拉；当任一墙肢为偏心受拉时，另一墙肢的弯矩设计值及剪力设计值应乘以增大系数1.25。

【条文解析】

如果双肢剪力墙中一个墙肢出现小偏心受拉，该墙肢可能会出现水平通缝而严重削弱其抗剪能力，抗侧刚度也严重退化，由荷载产生的剪力将全部转移到另一个墙肢而导致另一墙肢抗剪承载力不足。因此，应尽可能避免出现墙肢小偏心受拉情况。当墙肢出现大偏心受拉时，墙肢极易出现裂缝，使其刚度退化，剪力将在墙肢中重分配，此时，可将另一受压墙肢按弹性计算的剪力设计值乘以1.25增大系数后计算水平钢筋，以提高其受剪承载力。注意，在地震作用的反复荷载下，两个墙肢都要增大设计剪力。

3.3.4 板柱节点

《混凝土结构设计规范》GB 50010—2010

11.9.2 8度设防烈度时宜采用有托板或柱帽的板柱节点，柱帽及托板的外形尺寸应符合本规范第9.1.10条的规定。同时，托板或柱帽根部的厚度（包括板厚）不应小于柱纵向钢筋直径的 16 倍，且托板或柱帽的边长不应小于 4 倍板厚与柱截面相应边长之和。

【条文解析】

关于柱帽可否在地震区应用，国外有试验及分析研究认为，若抵抗竖向冲切荷载设计的柱帽较小，在地震荷载作用下，较大的不平衡弯矩将在柱帽附近产生反向的冲切裂缝。因此，按竖向冲切荷载设计的小柱帽或平托板不宜在地震区采用。按柱纵向钢筋直径 16 倍控制板厚是为了保证板柱节点的抗弯刚度。本条给出了平托板或柱帽按抗震设计的边长及板厚要求。

11.9.3　在地震组合下，当考虑板柱节点临界截面上的剪应力传递不平衡弯矩时，其考虑抗震等级的等效集中反力设计值 $F_{l,eq}$ 可按本规范附录 F 的规定计算，此时，F_l 为板柱节点临界截面所承受的竖向力设计值。由地震组合的不平衡弯矩在板柱节点处引起的等效集中反力设计值应乘以增大系数，对一、二、三级抗震等级板柱结构的节点，该增大系数可分别取 1.7、1.5、1.3。

11.9.4　在地震组合下，配置箍筋或栓钉的板柱节点，受冲切截面及受冲切承载力应符合下列要求：

1　受冲切截面

$$F_{l,eq} \leqslant \frac{1}{\gamma_{RE}}(1.2f_t \eta u_m h_0) \qquad (11.9.4-1)$$

2　受冲切承载力

$$F_{l,eq} \leqslant \frac{1}{\gamma_{RE}}\left[0.3f_t + 0.15\sigma_{pc,m})\eta u_m h_0 + 0.8f_{yv}A_{svu}\right] \qquad (11.9.4-2)$$

3　对配置抗冲切钢筋的冲切破坏锥体以外的截面，尚应按下式进行受冲切承载力验算：

$$F_{l,eq} \leqslant \frac{1}{\gamma_{RE}}(0.42f_t + 0.15\sigma_{pc,m})\eta u_m h_0 \qquad (11.9.4-3)$$

式中　u_m——临界截面的周长，式（11.9.4-1）、式（11.9.4-2）中的 u_m，按本规范第 6.5.1 条的规定采用；式（11.9.4-3）中的 u_m，应取最外排抗冲切钢筋周边以外 $0.5h_0$ 处的最不利周长。

【条文解析】

根据分析研究及工程实践经验，对一级、二级和三级抗震等级板柱节点，分别给出由地震作用组合所产生不平衡弯矩的增大系数，以及板柱节点配置抗冲切钢筋，如箍筋、抗剪栓钉等受冲切承载力计算方法。对板柱－剪力墙结构，除在板柱节点处的板中配置抗冲切钢筋外，也可采用增加板厚、增加结构侧向刚度来减小层间位移角等措施，以避免板柱节点发生冲切破坏。

11.9.5　无柱帽平板宜在柱上板带中设构造暗梁，暗梁宽度可取柱宽加柱两侧各不大于 1.5 倍板厚。暗梁支座上部纵向钢筋应不小于柱上板带纵向钢筋截面面积的 1/2，暗梁下部纵向钢筋不宜少于上部纵向钢筋截面面积的1/2。

暗梁箍筋直径不应小于8mm，间距不宜大于3/4倍板厚，肢距不宜大于2倍板厚；支座处暗梁箍筋加密区长度不应小于3倍板厚，其箍筋间距不宜大于100mm，肢距不宜大于250mm。

11.9.6 沿两个主轴方向贯通节点柱截面的连续预应力筋及板底纵向普通钢筋，应符合下列要求：

1 沿两个主轴方向贯通节点柱截面的连续钢筋的总截面面积，应符合下式要求：

$$f_{py}A_p + f_yA_s \geq N_G \qquad (11.9.6)$$

式中 A_s——贯通柱截面的板底纵向普通钢筋截面面积（对一端在柱截面对边按受拉弯折锚固的普通钢筋，截面面积按一半计算）；

A_p——贯通柱截面连续预应力筋截面面积（对一端在柱截面对边锚固的预应力筋，截面面积按一半计算）；

f_{py}——预应力筋抗拉强度设计值（对无黏结预应力筋，应按本规范第10.1.16条取用无黏结预应力筋的抗拉强度设计值 σ_{pu}）；

N_G——在本层楼板重力荷载代表值作用下的柱轴向压力设计值。

2 连续预应力筋应布置在板柱节点上部，呈下凹进入板跨中。

3 板底纵向普通钢筋的连接位置，宜在距柱面 l_{aE} 及2倍板厚以外，且应避开板底受拉区范围，采用搭接时钢筋端部宜有垂直于板面的弯钩。

【条文解析】

强调在板柱的柱上板带中宜设置暗梁，并给出暗梁的配筋构造要求。为了有效地传递不平衡弯矩，板柱节点除满足受冲切承载力要求外，其连接构造亦十分重要，设计中应给予充分重视。

式（11.9.6）是为了防止在极限状态下楼板从柱上脱落，要求两个方向贯通截面的后张预应力筋及板底钢筋受拉承载力之和不小于该层柱承担的楼板重力荷载代表值作用下的柱轴压力设计值。对于边柱及角柱，贯通钢筋在柱截面对边弯折锚固时，在计算中应只取其截面面积的一半。

《建筑抗震设计规范》GB 50011—2010

6.6.2 板柱－抗震墙的结构布置，尚应符合下列要求：

1 抗震墙厚度不应小于180mm，且不宜小于层高或无支长度的1/20；房屋高度大于12m时，墙厚不应小于200mm。

2 房屋的周边应采用有梁框架，楼、电梯洞口周边宜设置边框梁。

3 8度时宜采用有托板或柱帽的板柱节点，托板或柱帽根部的厚度（包括板厚）不宜小于柱纵筋直径的16倍，托板或柱帽的边长不宜小于4倍板厚和柱截面对应边长之和。

4 房屋的地下一层顶板，宜采用梁板结构。

【条文解析】

本条规定了板柱–抗震墙结构中抗震墙的最小厚度；放松了楼、电梯洞口周边设置边框梁的要求。按柱纵筋直径 16 倍控制托板或柱帽根部的厚度是为了保证板柱节点的抗弯刚度。

6.6.3 板柱–抗震墙结构的抗震计算，应符合下列要求：

1 房屋高度大于 12m 时，抗震墙应承担结构的全部地震作用；房屋高度不大于 12m 时，抗震墙宜承担结构的全部地震作用。各层板柱和框架部分应能承担不少于本层地震剪力的 20%。

2 板柱结构在地震作用下按等代平面框架分析时，其等代梁的宽度宜采用垂直于等代平面框架方向两侧柱距各 1/4。

3 板柱节点应进行冲切承载力的抗震验算，应计入不平衡弯矩引起的冲切，节点处地震作用组合的不平衡弯矩引起的冲切反力设计值应乘以增大系数，一、二、三级板柱的增大系数可分别取 1.7、1.5、1.3。

【条文解析】

对高度不超过 12m 的板柱–抗震墙结构，本条放松了抗震墙所承担的地震剪力的要求；本条还规定了板柱节点冲切承载力的抗震验算要求。

无柱帽平板在柱上板带中设置构造暗梁时，不可把平板作为有边梁的双向板进行设计。

6.6.4 板柱–抗震墙结构的板柱节点构造应符合下列要求：

1 无柱帽平板应在柱上板带中设构造暗梁，暗梁宽度可取柱宽及柱两侧各不大于 1.5 倍板厚。暗梁支座上部钢筋面积应不小于柱上板带钢筋面积的 50%，暗梁下部钢筋不宜少于上部钢筋的 1/2；箍筋直径不应小于 8mm，间距不宜大于 3/4 倍板厚，肢距不宜大于 2 倍板厚，在暗梁两端应加密。

2 无柱帽柱上板带的板底钢筋，宜在距柱面为 2 倍板厚以外连接，采用搭接时钢筋端部宜有垂直于板面的弯钩。

3 沿两个主轴方向通过柱截面的板底连续钢筋的总截面面积，应符合下式要求：

$$A_s \geq N_G / f_y \tag{6.6.4}$$

式中 A_s——板底连续钢筋总截面面积；

N_G——在本层楼板重力荷载代表值（8 度时尚宜计入竖向地震）作用下的柱轴压力设计值；

f_y——楼板钢筋的抗拉强度设计值。

4 板柱节点应根据抗冲切承载力要求，配置抗剪栓钉或抗冲切钢筋。

【条文解析】

为了防止强震作用下楼板脱落，穿过柱截面的板底两个方向钢筋的受拉承载力应满足该层楼板重力荷载代表值作用下的柱轴压力设计值。试验研究表明，抗剪栓钉的抗冲切效果优于抗冲切钢筋。

《高层建筑混凝土结构技术规程》JGJ 3—2010

8.1.9 板柱-剪力墙结构的布置应符合下列规定：

1 应同时布置筒体或两主轴方向的剪力墙以形成双向抗侧力体系，并应避免结构刚度偏心，其中剪力墙或筒体应分别符合本规程第7章和第9章的有关规定，且宜在对应剪力墙或筒体的各楼层处设置暗梁。

2 抗震设计时，房屋的周边应设置边梁形成周边框架，房屋的顶层及地下室顶板宜采用梁板结构。

3 有楼、电梯间等较大开洞时，洞口周围宜设置框架梁或边梁。

4 无梁板可根据承载力和变形要求采用无柱帽（柱托）板或有柱帽（柱托）板形式。柱托板的长度和厚度应按计算确定，且每方向长度不宜小于板跨度的1/6，其厚度不宜小于板厚度的1/4。7度时宜采用有柱托板，8度时应采用有柱托板，此时托板每方向长度尚不宜小于同方向柱截面宽度和4倍板厚之和，托板总厚度尚不应小于柱纵向钢筋直径的16倍。当无柱托板且无梁板受冲切承载力不足时，可采用型钢剪力架（键），此时板的厚度并不应小于200mm。

5 双向无梁板厚度与长跨之比，不宜小于表8.1.9的规定。

表8.1.9 双向无梁板厚度与长跨的最小比值

非预应力楼板		预应力楼板	
无柱托板	有柱托板	无柱托板	有柱托板
1/30	1/35	1/40	1/45

【条文解析】

板柱结构由于楼盖基本没有梁，可以减小楼层高度，对使用和管道安装都较方便，因而板柱结构在工程中时有采用。但板柱结构抵抗水平力的能力差，特别是板与柱的连接点是非常薄弱的部位，对抗震尤为不利。为此，本条规定抗震设计时，高层建筑不能单独使用板柱结构，而必须设置剪力墙（或剪力墙组成的筒体）来承担水平力。8度设防时应采用柱托板，托板处总厚度不小于16倍柱纵筋直径是为了保证板柱节点的抗弯刚度。当板厚不满足受冲切承载力要求而又不能设置柱托板时，建议采用型钢剪力架（键）抵抗冲切，剪力架（键）型钢应根据计算确定。型钢剪力架（键）的高度不应大于板面筋的下排钢筋和板底筋的上排钢筋之间的净距，并确保型钢具有足够的保护层厚度，据此确定板的厚度并不应小于200mm。

8.2.4 板柱－剪力墙结构中，板的构造设计应符合下列规定：

1 抗震设计时，应在柱上板带中设置构造暗梁，暗梁宽度取柱宽及两侧各 1.5 倍板厚之和，暗梁支座上部钢筋截面积不宜小于柱上板带钢筋截面积的 50%，并应全跨拉通，暗梁下部钢筋应不小于上部钢筋的 1/2。暗梁箍筋的布置，当计算不需要时，直径不应小于 8mm，间距不宜大于 $3h_0/4$，肢距不宜大于 $2h_0$；当计算需要时应按计算确定，且直径不应小于 10mm，间距不宜大于 $h_0/2$，肢距不宜大于 $1.5h_0$。

2 设置柱托板时，非抗震设计时托板底部宜布置构造钢筋；抗震设计时托板底部钢筋应按计算确定，并应满足抗震锚固要求。计算柱上板带的支座钢筋时，可考虑托板厚度的有利影响。

3 无梁楼板开局部洞口时，应验算承载力及刚度要求。当未作专门分析时，在板的不同部位开单个洞的大小应符合图 8.2.4 的要求。若在同一部位开多个洞时，则在同一截面上各个洞宽之和不应大于该部位单个洞的允许宽度。所有洞边均应设置补强钢筋。

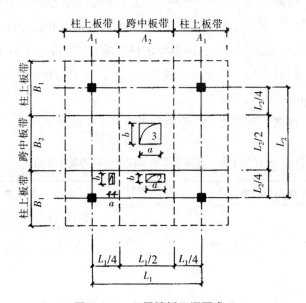

图 8.2.4 无梁楼板开洞要求

注：洞 1：$A \leqslant A_c/4$ 且 $A \leqslant T/2$，$B \leqslant B_c/4$ 且 $B \leqslant T/2$，其中，A 为洞口短边尺寸，B 为洞口长边尺寸，A_c 为相应于洞口短边方向的柱宽，B_c 为相应于洞口长边方向的柱宽，T 为板厚；洞 2：$A \leqslant A_2/4$ 且 $B \leqslant B_1/4$；洞 3：$A \leqslant A_2/4$ 且 $B \leqslant B_2/4$

【条文解析】

板柱－剪力墙结构中，地震作用虽由剪力墙全部承担，但结构在整体工作时，板柱部分仍会承担一定的水平力。由柱上板带和柱组成的板柱框架的板，受力主要集中在柱的连线附近，故抗震设计应沿柱轴线设置暗梁，目的在于加强板与柱的连接，较好地起到板柱框架的作用，此时柱上板带的钢筋应比较集中在暗梁部位。

当无梁板有局部开洞时，除满足图8.2.4的要求外，冲切计算中应考虑洞口对冲切能力的削弱。

《预应力混凝土结构抗震设计规程》 JGJ 140—2004

5.1.2 当设防烈度为8度时应采用板柱－剪力墙结构；6度、7度时宜采用板柱－剪力墙结构、板柱－框架结构，其剪力墙、柱的抗震构造应符合现行国家标准《建筑抗震设计规范》GB 50011—2010的有关规定。当采用板柱－框架结构时，其单列柱数不得少于3根，房屋高度应按表3.2.1取用，且应符合下列规定：

1　结构周边和楼、电梯洞口周边应采用有梁框架，沿楼板洞口宜设置边梁；

2　当楼板长宽比大于2时，或长度大于32m时，应设置框架结构；

3　在基本振型地震作用下，板柱结构承受的地震剪力应小于结构总地震剪力的50%；

4　板柱的柱及框架的抗震等级，对6度、7度应分别采用三级、二级，并应符合相应的计算和构造措施要求。

【条文解析】

根据我国地震区板柱结构设计、施工经验及震害调查结果，在8度设防地区采用无黏结预应力多层板柱结构，当增设剪力墙后，其吸收地震剪力效果显著。因此，规定板柱结构用于多层及高层建筑时，原则上应采用抗侧力刚度较大的板柱－剪力墙结构。

考虑到在6度、7度抗震设防烈度区建造多层板柱结构的需要，为了加强其抗震能力，本条还对板柱－框架结构做出了抗震应符合的规定。

5.1.3　8度时宜采用有托板或柱帽的板柱节点，托板或柱帽根部的厚度（包括板厚）不宜小于柱纵筋直径的16倍。托板或柱帽的边长不宜小于4倍板厚及柱截面相应边长之和。

【条文解析】

考虑到板柱节点是地震作用下的薄弱环节，当8度设防时，板柱节点宜采用托板或柱帽，托板或柱帽根部的厚度（包括板厚）不小于16倍柱纵筋直径是为了保证板柱节点的抗弯刚度。

5.1.8　后张预应力混凝土板柱－剪力墙结构的周边应设置框架梁，其配筋应满足重力荷载作用下抗扭计算的要求。箍筋间距不应大于150mm，且在离柱边2倍梁高范围内，间距不应大于100mm。平板楼盖的楼、电梯洞口周边应设置与主体结构相连的梁。

【条文解析】

设置边梁的目的是加强板柱结构边柱的受冲切承载力及增加整个楼板的抗扭能力。边梁可以做成暗梁形式，但其构造仍应满足抗扭要求。

5.2.6　由地震作用在板支座处产生的弯矩应与按第5.2.4条所规定的等代框架梁宽度上的竖向荷载弯相组合，承受该弯矩所需全部钢筋亦应设置在该柱上板带中，且其中不少于50%应配置在有效宽度为在柱或柱帽两侧各1.5h（h为板厚或平托板的厚度）范围内形成暗梁，暗梁下部钢筋不宜少于上部钢筋的1/2（图5.2.6）。支座处暗梁箍筋加密区长度不应小于3h，其箍筋肢距不应大于250mm，箍筋间距不应大于100mm，箍筋直径按计算确定，但不应小于8mm。此外，支座处暗梁的1/2上部纵向钢筋，应连续通长布置。

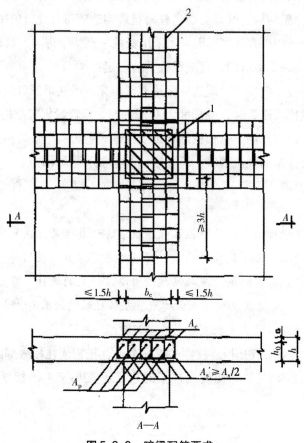

图5.2.6 暗梁配筋要求

1—柱；2—1/2的上部钢筋应连续

由弯矩传递的部分不平衡弯矩，应由有效宽度为在柱或柱帽两侧各1.5h（h为板厚或平托板的厚度）范围内的板截面受弯传递。配置在此有效范围内的无黏结预应力筋和非预应力钢筋可用以承受这部分弯矩。

5.2.7 板柱节点在竖向荷载和地震作用下的冲切计算，应考虑由板柱节点冲切破坏面上的剪应力传递一部分不平衡弯矩。其受冲切承载力计算中所用的等效集中反力设计值$F_{l,eq}$，应按现行国家标准《混凝土结构设计规范》GB 50010—2010的规定执行。

5.2.8 未经加强的板柱节点、配置箍筋的节点，其冲切承载力的计算应符合现行国家标准《混凝土结构设计规范》GB 50010—2010有关规定；采用型钢剪力架加强的板柱节点的冲切承载力的计算，应按国家现行标准《无黏结预应力混凝土结构技术规程》JGJ

92—2004 的有关规定执行。

【条文解析】

目的是强调在柱上板带上设置暗梁，以及为了有效地传递不平衡弯矩，除满足受冲切承载力计算要求，板柱结构的节点连接构造亦十分重要，设计中应给予充分重视。

5.2.10 考虑地震作用组合的板柱-框架结构底层柱下端截面的弯矩设计值，对二、三级抗震等级应按考虑地震作用组合的弯矩设计值分别乘以增大系数 1.25、1.15。

【条文解析】

为了推迟板柱结构底层柱下端截面出现塑性铰，故本条规定对该部位柱的弯矩设计值乘以增大系数，以提高其正截面受弯承载力。

5.2.11 在地震作用下，板柱-框架结构考虑水平地震作用扭转影响时，其地震作用和作用效应计算，以及对角柱调整后组合弯矩设计值、剪力设计值乘以增大系数的要求等均应按现行国家标准《建筑抗震设计规范》GB 50011—2010 有关规定执行。

【条文解析】

本条指的是未设置或未有效设置剪力墙或垂直支撑的板柱结构。这类结构的柱子既是横向抗侧力构件，又是纵向抗侧力构件，在实际地震作用下，大部分属于双向偏心受压构件，容易发生对角破坏。因此本条规定这类结构柱子的截面设计应该考虑地震作用的正效应。

4 钢结构设计

4.1 普通钢结构

《钢结构设计规范》GB 50017—2003

1.0.5 在钢结构设计文件中，应注明建筑结构的设计使用年限、钢材牌号、连接材料的型号（或钢号）和对钢材所要求的力学性能、化学成分及其他的附加保证项目。此外，还应注明所要求的焊缝形式、焊缝质量等级、端面刨平顶紧部位及对施工的要求。

【条文解析】

在设计文件（如图纸和材料订货单等）中应注明的一些事项，这些事项都是与保证工程质量密切相关的。其中钢材的牌号应与有关钢材的现行国家标准或其他技术标准相符；对钢材性能的要求，凡我国钢材标准中各牌号能基本保证的项目可不再列出，只提附加保证和协议要求的项目，而当采用其他尚未形成技术标准的钢材或国外钢材时，必须详细列出有关钢材性能的各项要求，以便按此进行检验。而检验这些钢材时，试件的数量不应小于 30 个。试验结果中屈服点的平均值 μ_{fy} 乘以试验影响系数 μ_{k0}（对 Q235 类钢可取 0.9，对 Q345 类钢可取 0.93）与钢材标准中屈服点 f_y 规定值的比值 $\mu_{fy}\mu_{k0}/f_y$ 不宜小于 1.09（对 Q235 类钢）和 1.11（Q345 类钢），变异系数 $\delta_{KM} = \sqrt{(\delta_{k0})^2 + (\sigma_{fy}/\mu_{fy})^2}$ 不宜大于 0.066，式中 δ_{k0} 可取 0.011，σ_{fy} 为屈服点试验值的标准差。对符合上述统计参数的钢材，且其尺寸的误差标准不低于我国相应钢材的标准时，即可采用《钢结构设计规范》GB 50017—2003 规定的钢材抗力分项系数 γ_R。焊缝的质量等级应根据构件的重要性和受力情况按《钢结构设计规范》GB 50017—2003 有关规定选用。对结构的防护和隔热措施等其他要求亦应在设计文件中加以说明。

3.1.2 承重结构应按下列承载能力极限状态和正常使用极限状态进行设计：

1 承载能力极限状态包括：构件和连接的强度破坏、疲劳破坏和因过度变形而不适于继续承载，结构和构件丧失稳定，结构转变为机动体系和结构倾覆。

2 正常使用极限状态包括：影响结构、构件和非结构构件正常使用或外观的变形，影响正常使用的振动，影响正常使用或耐久性的局部损坏（包括混凝土裂缝）。

【条文解析】

承载能力极限状态可理解为结构或构件发挥的最大承载功能的状态。结构或构件由于塑性变形而使其几何形状发生显著改变,虽未到达最大承载力,但已彻底不能使用,也属于达到这种极限状态。

正常使用极限状态可理解为结构或构件达到使用功能上允许的某个限值的状态。

3.1.3 设计钢结构时,应根据结构破坏可能产生的后果,采用不同的安全等级。

一般工业与民用建筑钢结构的安全等级应取为二级,其他特殊建筑钢结构的安全等级应根据情况另行确定。

【条文解析】

建筑结构安全等级的划分,按《建筑结构可靠度设计统一标准》GB 50068—2001 的规定应符合表 4-1 的要求。

表 4-1　建筑结构的安全等级

安全等级	破坏后果	建筑物类型
一	很严重	重要的房屋
二	严重	一般的房屋
三	不严重	次要的房屋

注:1　对特殊的建筑物,其安全等级应根据具体情况另行确定。
　　2　对抗震建筑结构,其安全等级应符合国家现行有关规范的规定。

对一般工业与民用建筑钢结构,按我国已建成的房屋,用概率设计方法分析的结果,安全等级多为二级,但对跨度等于或大于 60m 的大跨度结构(如大会堂、体育馆和飞机库等屋盖主要承重结构)的安全等级宜取为一级。

3.1.4 按承载能力极限状态设计钢结构时,应考虑荷载效应的基本组合,必要时尚应考虑荷载效应的偶然组合。

按正常使用极限状态设计钢结构时,应考虑荷载效应的标准组合,对钢与混凝土组合梁,尚应考虑准永久组合。

【条文解析】

荷载效应的组合原则是根据《建筑结构可靠度设计统一标准》GB 50068—2001 的规定,结合钢结构的特点提出来的。对荷载效应的偶然组合,《建筑结构可靠度设计统一标准》GB 50068—2001 只作出原则性的规定,具体的设计表达式及各种系数符合专门规范的有关规定。对于正常使用极限状态,钢结构一般只考虑荷载效应的标准组合,当有可靠依据和实践经验时,亦可考虑荷载效应的频遇组合。对钢与混凝土组合梁,因需考虑混凝土在长期荷载作用下的蠕变影响,故除应考虑荷载效应的标准组合外,尚应考虑准永久组合（相当于原标准 GBJ 68—1984 的长期效应组合）。对于承载能力极限状态，结构构件应按荷载效应的基本组合和偶然组合进行设计。

3.1.5 计算结构或构件的强度、稳定性以及连接的强度时，应采用荷载设计值（荷载标准值乘以荷载分项系数）；计算疲劳时，应采用荷载标准值。

【条文解析】

根据《建筑结构可靠度设计统一标准》GB 50068—2001，结构或构件的变形属于正常使用极限状态，应采用荷载标准值进行计算；而强度、疲劳和稳定属于承载能力极限状态，在设计表达式中均考虑了荷载分项系数，采用荷载设计值（荷载标准值乘以荷载分项系数）进行计算，但其中疲劳的极限状态设计目前还处在研究阶段，所以仍沿用原有的按弹性状态计算的容许应力幅的设计方法，采用荷载标准值进行计算。钢结构的连接强度虽然统计数据有限，尚无法按可靠度进行分析，但已将其容许应力用校准的方法转化为以概率理论为基础的极限状态设计表达式（包括各种抗力分项系数），故采用荷载设计值进行计算。

3.2.1 设计钢结构时，荷载的标准值、荷载分项系数、荷载组合值系数、动力荷载的动力系数等，应按现行国家标准《建筑结构荷载规范》GB 50009 的规定采用。

结构的重要性系数 γ_0 应按现行国家标准《建筑结构可靠度设计统一标准》GB 50068 的规定采用，其中对设计使用年限为 25 年的结构构件，γ_0 不应小于 0.95。

注：对支承轻屋面的构件或结构（檩条、屋架、框架等），当仅有一个可变荷载且受荷水平投影面积超过 60m² 时，屋面均布活荷载标准值应取为 0.3kN/m²。

【条文解析】

结构重要性系数 γ_0 应按结构构件的安全等级、设计工作寿命并考虑工程经验确定。对设计工作寿命为 25 年的结构构件，大体上属于替换性构件，其可靠度可适当降低，重要性系数可按经验取为 0.95。

在现行国家规范《建筑结构荷载规范》GB 50009 中，将屋面均布活荷载标准值规定为 0.5kN/m²，并注明"对不同结构可按有关设计规范将标准值作 0.2kN/m² 的增减"。《钢结构设计规范》GB 50017—2003 参考美国荷载规范 7-95 的规定，对支承轻屋面的构件或结构，当受荷的水平投影面积超过 60m² 时，屋面均布活荷载标准值取为 0.3kN/m²。这个取值仅适用于只有一个可变荷载的情况，当有两个及以上可变荷载考虑荷载组合值系数参与组合时（如尚有灰荷载），屋面活荷载仍应取 0.5kN/m²。

3.2.7 框架结构中，梁与柱的刚性连接应符合受力过程中梁柱间交角不变的假定，同时连接应具有充分的强度承受交汇构件端部传递的所有最不利内力。梁与柱铰接时，应使连接具有充分的转动能力，且能有效地传递横向剪力与轴心力。梁与柱的半刚性连接只具有有限的转动刚度，在承受弯矩的同时会产生相应的交角变化，在内力分析时，必须预先确定连接的弯矩-转角特性曲线，以便考虑连接变形的影响。

【条文解析】

梁柱连接一般采用刚性连接和铰接连接。半刚性连接是弯矩-转角关系较为复杂，它随连接形式、构造细节的不同而异。进行结构设计时，这种连接形式的实验数据或设计资料必须足以提供较为准确的弯矩-转角关系。

3.3.2 下列情况的承重结构和构件不应采用 Q235 沸腾钢：

1 焊接结构。

　　1）直接承受动力荷载或振动荷载且需要验算疲劳的结构。

　　2）工作温度低于 -20℃ 时的直接承受动力荷载或振动荷载但可不验算疲劳的结构以及承受静力荷载的受弯及受拉的重要承重结构。

　　3）工作温度等于或低于 -30℃ 的所有承重结构。

2 非焊接结构。工作温度等于或低于 -20℃ 的直接承受动力荷载且需要验算疲劳的结构。

【条文解析】

因沸腾钢脱氧不充分，含氧量较高，内部组织不够致密，硫、磷的偏析大，氮是以固溶氮的形式存在，故冲击韧性较低，冷脆性和时效倾向亦大。因此，需对其使用范围加以限制。由于沸腾钢在低温时和动力荷载作用下容易发生脆断，故根据我国多年的实践经验，规定了不能采用沸腾钢的具体界限。

3.3.3 **承重结构采用的钢材应具有抗拉强度、伸长率、屈服强度和硫、磷含量的合格保证，对焊接结构尚应具有碳含量的合格保证。**

焊接承重结构以及重要的非焊接承重结构采用的钢材还应具有冷弯试验的合格保证。

【条文解析】

承重结构的钢材应具有力学性能和化学成分等合格保证的项目，分述如下。

1. 抗拉强度

钢材的抗拉强度是衡量钢材抵抗拉断的性能指标，它不仅是一般强度的指标，而且直接反映钢材内部组织的优劣，并与疲劳强度有着比较密切的关系。

2. 伸长率

钢材的伸长率是衡量钢材塑性性能的指标。钢材的塑性是在外力作用下产生永久变形时抵抗断裂的能力。因此，承重结构用的钢材，不论在静力荷载或动力荷载作用下，以及在加工制作过程中，除了应具有较高的强度外，尚应要求具有足够的伸长率。

3. 屈服强度（或屈服点）

钢材的屈服强度（或屈服点）是衡量结构的承载能力和确定强度设计值的重要指标。碳素结构钢和低合金结构钢在受力到达屈服强度（或屈服点）以后，应变急剧增长，从而使结构的变形迅速增加以致不能继续使用。所以钢结构的强度设计值一般都是以钢材屈服强度（或屈服点）为依据而确定的。对于一般非承重或由构造决定的构件，只要保证钢材的抗拉强度和伸长率即能满足要求；对于承重的结构则必须具有钢材的抗拉强度、伸长率、屈服强度（或屈服点）三项合格的保证。

4. 冷弯试验

钢材的冷弯试验是塑性指标之一，同时也是衡量钢材质量的一个综合性指标。通过冷弯试验，可以检验钢材颗粒组织、结晶情况和非金属夹杂物分布等缺陷，在一定程度上也是鉴定焊接性能的一个指标。结构在制作、安装过程中要进行冷加工，尤其是焊接结构焊后变形的调直等工序，都需要钢材有较好的冷弯性能。而非焊接的重要结构（如吊车梁、吊车桁架、有振动设备或有大吨位吊车厂房的屋架、托架，大跨度重型桁架等）以及需要弯曲成型的构件等，亦都要求具有冷弯试验合格的保证。

5. 硫、磷含量

硫、磷都是建筑钢材中的主要杂质，对钢材的力学性能和焊接接头的裂纹敏感性都有较大影响。硫能生成易于熔化的硫化铁，当热加工或焊接的温度达到 $800 \sim 1200 \degree C$ 时，可能出现裂纹，称为热脆；硫化铁又能形成夹杂物，不仅促使钢材起层，还会引起应力集中，降低钢材的塑性和冲击韧性。硫又是钢中偏析最严重的杂质之一，偏析程度越大越不利。磷是以固溶体的形式溶解于铁素体中，这种固溶体很脆，加以磷的偏析比硫更严重，形成的富磷区促使钢变脆（冷脆），降低钢的塑性、韧性及可焊性。因此，所有承重结构对硫、磷的含量均应有合格保证。

6. 碳含量

在焊接结构中，建筑钢的焊接性能主要取决于碳含量，碳的合适含量宜控制在 $0.12\% \sim 0.2\%$，超出该范围的幅度愈多，焊接性能变差的程度愈大。因此，对焊接承重结构尚应具有碳含量的合格保证。

3.4.1 **钢材的强度设计值，应根据钢材厚度或直径按表3.4.1-1采用。钢铸件的强度设计值应按表3.4.1-2采用。连接的强度设计值应按表3.4.1-3至表3.4.1-5采用。**

表3.4.1-1 钢材的强度设计值（N/mm^2）

钢材		抗拉、抗压或抗弯 f	抗剪 f_v	端面承压（刨平顶紧）f_{ce}
牌号	厚度或直径/mm			
Q235钢	≤16	215	125	325
	>16~40	205	120	
	>40~60	200	115	
	>60~100	190	110	

钢材		抗拉、抗压或抗弯 f	抗剪 f_v	端面承压（刨平顶紧）f_{ce}
牌号	厚度或直径/mm			
Q345 钢	≤16	310	180	400
	>16 ~35	295	170	
	>35 ~50	265	155	
	>50 ~100	250	145	
Q390 钢	≤16	350	205	415
	>16 ~35	335	190	
	>35 ~50	315	180	
	>50 ~100	295	170	
Q420 钢	≤16	380	220	440
	>16 ~35	360	210	
	>35 ~50	340	195	
	>50 ~100	325	185	

注：表中厚度系指计算点的钢材厚度，对轴心受拉和轴心受压构件系指截面较厚板件的厚度。

表 3.4.1 – 2　钢铸件的强度设计值（N/mm²）

钢号	抗拉、抗压和抗弯 f	抗剪 f_v	端面承压（刨平顶紧）f_{ce}
ZG200 ~400	155	90	260
ZG230 ~450	180	105	290
ZG270 ~500	210	120	325
ZG310 ~570	240	140	370

表 3.4.1 – 3　焊缝的强度设计值（N/mm²）

焊接方法和焊条型号	构件钢材		对接焊缝			角焊缝
	牌号	厚度或直径/mm	抗压 f_c^w	焊缝质量为下列等级时，抗拉 f_t^w		抗拉、抗压和抗剪 f_f^w
				一、二级	三级	抗剪 f_v^w
自动焊、半自动焊和 E43 型焊条的手工焊	Q235 钢	≤16	215	215	185	125
		>16 ~40	205	205	175	120
		>40 ~60	200	200	170	115
		>60 ~100	190	190	160	110

焊接方法和焊条型号	构件钢材		对接焊缝				角焊缝
	牌号	厚度或直径/mm	抗压 f_c^w	焊缝质量为下列等级时，抗拉 f_t^w		抗剪 f_v^w	抗拉、抗压和抗剪 f_f^w
				一、二级	三级		
自动焊、半自动焊和E50型焊条的手工焊	Q345钢	≤16	310	310	265	180	200
		>16~35	295	295	250	170	
		>35~50	265	265	225	155	
		>50~100	250	250	210	145	
自动焊、半自动焊和E55型焊条的手工焊	Q390钢	≤16	350	350	300	205	220
		>16~35	335	335	285	190	
		>35~50	315	315	270	180	
		>50~100	295	295	250	170	
	Q420钢	≤16	380	380	320	220	220
		>16~35	360	360	305	210	
		>35~50	340	340	290	195	
		>50~100	325	325	275	185	

注：1　自动焊和半自动焊所采用的焊丝和焊剂，应保证其熔敷金属的力学性能不低于现行国家标准《埋弧焊用碳钢焊丝和焊剂》GB/T 5293—1999 和《埋弧焊用低合金钢焊丝和焊剂》GB/T 12470—2003 中相关的规定。

2　焊缝质量等级应符合现行国家标准《钢结构工程施工质量验收规范》GB 50205—2001 的规定。其中厚度小于8mm钢材的对接焊缝，不应采用超声波探伤确定焊缝质量等级。

3　对接焊缝在受压区的抗弯强度设计值 f_c^w，在受拉区的抗弯强度设计值 f_t^w。

4　表中厚度系指计算点的钢材厚度，对轴心受拉和轴心受压构件系指截面中较厚板件的厚度。

表3.4.1-4　螺栓连接的强度设计值（N/mm²）

螺栓的性能等级、锚栓和构件钢材的牌号		普通螺栓						锚栓	承压型连接高强度螺栓		
		C级螺栓			A级、B级螺栓						
		抗拉 f_t^b	抗剪 f_v^b	承压 f_c^b	抗拉 f_t^b	抗剪 f_v^b	承压 f_c^b	抗拉 f_t^b	抗拉 f_t^b	抗剪 f_v^b	承压 f_c^b
普通螺栓	4.6级、4.8级	170	140	—	—	—	—	—	—	—	—
	5.6级	—	—	—	210	190	—	—	—	—	—
	8.8级	—	—	—	400	320	—	—	—	—	—
锚栓	Q235钢	—	—	—	—	—	—	140	—	—	—
	Q345钢	—	—	—	—	—	—	180	—	—	—
承压型连接高强度螺栓	8.8级	—	—	—	—	—	—	—	400	250	—
	10.9级	—	—	—	—	—	—	—	500	310	—

| 螺栓的性能等级、锚栓和构件钢材的牌号 | 普通螺栓 | | | | | | 锚栓 | 承压型连接高强度螺栓 | | |
| | C 级螺栓 | | | A 级、B 级螺栓 | | | | | | |
	抗拉 f_t^b	抗剪 f_v^b	承压 f_c^b	抗拉 f_t^b	抗剪 f_v^b	承压 f_c^b	抗拉 f_t^b	抗拉 f_t^b	抗剪 f_v^b	承压 f_c^b
构件 Q235 钢	—	—	305	—	—	405	—	—	—	470
构件 Q345 钢	—	—	385	—	—	510	—	—	—	590
构件 Q390 钢	—	—	400	—	—	530	—	—	—	615
构件 Q420 钢	—	—	425	—	—	560	—	—	—	655

注：1 A 级螺栓用于 $d \leqslant 24mm$ 和 $l \leqslant 10d$ 或 $l \leqslant 150mm$（按较小值）的螺栓；B 级螺栓用于 $d > 24mm$ 或 $l > 10d$ 或 $l > 150mm$（按较小值）的螺栓。d 为公称直径，l 为螺杆公称长度。

2 A、B 级螺栓孔的精度和孔壁表面粗糙度，C 级螺栓孔的允许偏差和孔壁表面粗糙度，均应符合现行国家标准《钢结构工程施工质量验收规范》GB 50205—2001 的要求。

表 3.4.1－5 铆钉连接的强度设计值（N/mm²）

| 铆钉钢号和构件钢材牌号 | | 抗拉（钉头拉脱）f_t^r | 抗剪 f_v^r | | 承压 f_c^r | |
			Ⅰ类孔	Ⅱ类孔	Ⅰ类孔	Ⅱ类孔
铆钉	BL2 或 BL3	120	185	155	—	—
构件	Q235 钢	—	—	—	450	365
构件	Q345 钢	—	—	—	565	460
构件	Q390 钢	—	—	—	590	480

注：1 属于下列情况者为Ⅰ类孔：

1）在装配好的构件上按设计孔径钻成的孔；

2）在单个零件和构件上按设计孔径分别用钻模钻成的孔；

3）在单个零件上先钻成或冲成较小的孔径，然后在装配好的构件上再扩钻至设计孔径的孔。

2 在单个零件上一次冲成或不用钻模成设计孔径的孔属于Ⅱ类孔。

【条文解析】

钢材和各种连接的强度设计值是根据表 4－2 的换算关系并取 5 的整倍数而得。

表 4－2　强度设计值的换算关系

材料的连接种类			应力种类		换算关系
钢材			抗拉、抗压和抗弯	Q235 钢	$f = f_y / \gamma_R = \dfrac{f_y}{1.087}$
				Q345 钢、Q390 钢、Q420 钢	$f = f_y / \gamma_R = \dfrac{f_y}{1.111}$
			抗剪		$f_v = f/\sqrt{3}$
			端面承压（刨平顶紧）	Q235 钢	$f_{ce} = f_u/1.15$
				Q345 钢、Q390 钢、Q420 钢	$f_{ce} = f_u/1.175$
钢铸件			抗拉、抗压和抗弯		$f = 0.78 f_y$
			抗剪		$f_v = f/\sqrt{3}$
			端面承压（刨平顶紧）		$f_{ce} = 0.65 f_u$
焊缝	对接焊缝		抗拉	焊缝质量为一级、二级	$f_t^w = f$
				焊缝质量为三级	$f_z^w = 0.85 f$
			抗压		$f_c^w = f$
			抗剪		$f_v^w = f_v$
	角焊缝		抗拉、抗压和抗弯	Q235 钢	$f_f^w = 0.38 f_u^w$
				Q345 钢、Q390 钢、Q420 钢	$f_f^w = 0.41 f_u^w$
铆钉连接			抗剪	Ⅰ类孔	$f_v = 0.55 f_u$
				Ⅱ类孔	$f_v = 0.46 f_u$
			承压	Ⅰ类孔	$f_c = 1.20 f_u$
				Ⅱ类孔	$f_c = 0.98 f_u$
			拉脱		$f_t = 0.36 f_u$
螺栓连接	普通螺栓	A 级、B 级螺栓	抗拉		$f_t^b = 0.42 f_u^b$ (5.6 级) $f_t^b = 0.50 f_u^b$ (8.8 级)
			抗剪		$f_v^b = 0.38 f_u^b$ (5.6 级) $f_v^b = 0.40 f_u^b$ (8.8 级)
			承压		$f_c^b = 1.08 f_u$

材料的连接种类		应力种类	换算关系
螺栓连接	普通螺栓 C级螺栓	抗拉	$f_t^r = 0.42f_u^r$
		抗剪	$f_v^r = 0.35f_u^b$
		承压	$f_c^b = 0.82f_u$
	高强度螺栓承压型连接	抗拉	$f_t^b = 0.48f_u^b$
		抗剪	$f_v^b = 0.30f_u^b$
		承压	$f_c^b = 1.26f_u$
	锚栓	抗拉	$f_t^a = 0.38f_u^b$

注：f_y 为钢材或钢铸件的屈服点；f_u 为钢材或钢铸件的最小抗拉强度；f_u^r 为铆钉钢的抗拉强度（对普通螺栓指公称抗拉强度，对高强度螺栓为最小抗拉强度）；f_u^w 为熔敷金属的抗拉强度。

3.4.2 计算下列情况的结构构件或连接时，第3.4.1条规定的强度设计值应乘以相应的折减系数。

1 单面连接的单角钢：

1）按轴心受力计算强度和连接乘以系数0.85。

2）按轴心受压计算稳定性：

等边角钢乘以系数 $0.6 + 0.0015\lambda$，但不大于1.0；

短边相连的不等边角钢乘以系数 $0.5 + 0.0025\lambda$，但不大于1.0；

长边相连的不等边角钢乘以系数0.70。

λ 为长细比，对中间无联系的单角钢压杆，应按最小回转半径计算，当 $\lambda < 20$ 时，取 $\lambda = 20$。

2 无垫板的单面施焊对接焊缝乘以系数0.85。

3 施工条件较差的高空安装焊缝和铆钉连接乘以系数0.90。

4 沉头和半沉头铆钉连接乘以系数0.80。

注：当几种情况同时存在时，其折减系数应连乘。

【条文解析】

前述所规定的强度设计值是结构处于正常工作情况下求得的，对一些工作情况处于不利的结构构件或连接，其强度设计值应乘以相应的折减系数，兹说明如下：

1）单面连接的受压单角钢稳定性。实际上，单面连接的受压单角钢是双向压弯的构件。为计算简便起见，习惯上将其作为轴心受压来计算，并用折减系数以考虑双向压弯的影响。

2）无垫板的单面施焊对接焊缝。一般对接焊缝都要求两面施焊或单面施焊后再补焊根。若受条件限制只能单面施焊，则应将坡口处留足间隙并加垫板（对钢管的环形对接焊缝则加垫环）才容易保证焊缝焊件的全厚度。当单面施焊不加垫板时，焊缝将不能保证焊满，其强度设计值应乘以折减系数 0.85。

3）施工条件较差的高空安装焊缝和铆钉连接。当安装的连接部位离开地面或楼面较高，而施工时又没有临时的平台或吊框设施等，施工条件较差，焊缝和铆钉连接的质量难以保证，故其强度设计值需乘以折减系数 0.90。

4）沉头和半沉头铆钉连接。沉头和半沉头铆钉与半圆头铆钉相比，其承载力较低，特别是其抵抗拉脱时的承载力较低，因而其强度设计值要乘以折减系数 0.80。

8.1.3　焊接结构是否需要采用焊前预热或焊后热处理等特殊措施，应根据材质、焊件厚度、焊接工艺、施焊时气温以及结构的性能要求等综合因素来确定，并在设计文件中加以说明。

【条文解析】

预热的目的是避免构件在焊接时产生裂纹；而形成冷裂纹的因素是多方面的（如构件的约束程度，钢材的淬硬组织和氢积聚程度等），故设计时可按具体情况综合考虑采取措施，以避免冷裂纹的出现，预热只是其中的一种手段。

焊后热处理的目的是为了改善热影响区的金属晶体组织、消除焊接残余应力，这往往是出于"结构性能要求"，如热风炉壳顶是为了避免晶间应力腐蚀而要求整体退火，以消除焊接残余应力。

8.1.4　结构应根据其形式、组成和荷载的不同情况，设置可靠的支撑系统。在建筑物每一个温度区段或分期建设的区段中，应分别设置独立的空间稳定的支撑系统。

【条文解析】

支撑系统能保证结构的空间工作，提高结构的整体刚度，承担和传递水平力，防止杆件产生过大的振动，避免压杆的侧向失稳以及保证结构安装时的稳定。

8.2.7　角焊缝的尺寸应符合下列要求：

1　角焊缝的焊脚尺寸 h_f（mm）不得小于 $1.5\sqrt{t}$，t（mm）为较厚焊件厚度（当采用低氢型碱性焊条施焊时，t 可采用较薄焊件的厚度）。但对埋弧自动焊，最小焊脚尺寸可减小 1mm；对 T 形连接的单面角焊缝，应增加 1mm。当焊件厚度等于或小于 4mm 的，则最小焊脚尺寸应与焊件厚度相同。

2　角焊缝的焊脚尺寸不宜大于较薄焊件厚度的 1.2 倍（钢管结构除外），但板件（厚度为 t）边缘的角焊缝最大焊脚尺寸，尚应符合下列要求：

1）当 $t \leqslant 6mm$ 时，$h_f \leqslant t$；

2）当 $t > 6mm$ 时，$h_f \leqslant t - (1 \sim 2)$ mm。

圆孔或槽孔内的角焊缝焊脚尺寸尚不宜大于圆孔直径或槽孔短径的 1/3。

3 角焊缝的两焊脚尺寸一般为相等。当焊件的厚度相差较大且等焊脚尺寸不能符合本条第 1、2 款要求时，可采用不等焊脚尺寸，与较薄焊件接触的焊脚边应符合本条第 2 款的要求，与较大焊件接触的焊脚边应符合本条第 1 款的要求。

4 侧面角焊缝或正面角焊缝的计算长度不得小于 $8h_f$ 和 40mm。

5 侧面角焊缝的计算长度不宜大于 $60h_f$，当大于上述数值时，其超过部分在计算中不予考虑。若内力沿侧面角焊缝全长分布时，其计算长度不受此限。

【条文解析】

1）如果板件厚度较大而焊缝过小，则施焊时因焊缝冷却速度过快而产生淬硬组织，易使焊缝附近主体金属产生裂纹。这种现象在低合金高强度结构钢中尤为严重。

2）角焊缝的焊脚尺寸过大，易使母材形成"过烧"现象，使构件产生翘曲、变形和较大的焊接应力。

圆孔或槽孔内的角焊缝焊脚尺寸过大，焊接时产生的焊渣就能把孔槽堵塞，影响焊接质量。

3）侧面角焊缝的焊脚尺寸大而长度过小时，焊件局部加热严重，焊缝起落弧缺陷相距太近，加上可能有的其他缺陷（气孔、夹渣等），对焊缝强度的影响必然较为敏感，使焊缝可靠性降低。

此外，焊缝集中在一很短距离，焊件的应力集中也较大。

8.2.13 在搭接连接中，搭接长度不得小于焊件较小厚度的 5 倍，并不得小于 25mm。

【条文解析】

在搭接连接中，搭接长度不合理会影响收缩应力以及因偏心在钢板与连接件中产生的次应力。

8.3.4 螺栓或铆钉的距离应符合表 8.3.4 的要求。

表 8.3.4 螺栓或铆钉的最大、最小容许距离

名称	位置和方向			最大容许距离（取两者的较小值）	最小容许距离
中心间距	外排（垂直内力方向或顺内力方向）			$8d_0$ 或 $12t$	$3d_0$
	中间排	垂直内力方向		$16d_0$ 或 $24t$	
		顺内力方向	构件受压力	$12d_0$ 或 $18t$	
			构件受拉力	$16d_0$ 或 $24t$	
	沿对角线方向			—	

名称	位置和方向			最大容许距离（取两者的较小值）	最小容许距离
中心至构件边缘距离	顺内力方向			4d_0 或 8t	2d_0
	垂直内力方向	剪切边或手工气割边			1.5d_0
		轧制边、自动气割或锯割边	高强度螺栓		
			其他螺栓或铆钉		1.2d_0

注：1　d_0 为螺栓或铆钉的孔径，t 为外层较薄板件的厚度。

　　2　钢板边缘与刚性构件（如角钢、槽钢等）相连的螺栓或铆钉的最大间距，可按中间排的数值采用。

【条文解析】

1. 紧固件的最小中心距和边距

1）在垂直于作用力方向：

① 应使钢材净截面的抗拉强度大于或等于钢材的承压强度。

② 尽量使毛截面屈服先于净截面破坏。

③ 受力时避免在孔壁周围产生过度的应力集中。

④ 施工时的影响，如打铆时不振松邻近的铆钉和便于拧紧螺帽等。过去为了便于拧紧螺帽，螺栓的最小间距习用为 3.5d，在实践过程中，认为用 3d 亦可以，高强度螺栓用套筒扳手，间距 3d 亦无问题，因此将螺栓的最小间距改为 3d，与铆钉相同。

2）顺内力方向，按母材抗挤压和抗剪切等强度的原则而定：

① 端距 2d 是考虑钢板在端部不致被紧固件撕裂。

② 紧固件的中心距，其理论值约为 2.5d，考虑上述其他因素取为 3d。

2. 紧固件最大中心距和边距

1）顺内力方向：取决于钢板的紧密贴合以及紧固件间钢板的稳定。

2）垂直内力方向：取决于钢板间的紧密贴合条件。

8.3.6　对直接承受动力荷载的普通螺栓受拉连接应采用双螺帽或其他能防止螺帽松动的有效措施，如弹簧垫圈或将螺帽焊死等办法。

【条文解析】

对直接承受动力荷载的普通螺栓受拉连接没有采用防止螺帽松动的措施，可导致螺帽容易松动。

8.5.3　焊接吊车桁架应符合下列要求：

1　在桁架节点处，腹杆与弦杆之间的间隙 a 不宜小于 50mm，节点板的两侧边宜做成半径 r 不小于 60mm 的圆弧；节点板边缘与腹杆轴线的夹角 θ 不应小于 30°（图 8.5.3 - 1）；

节点板与角钢弦杆的连接焊缝，起落弧点应至少缩进5mm（图8.5.3-1a）；节点板与H形截面弦杆的T形对接与角接组合焊缝应予焊透，圆弧处不得有起落弧缺陷，其中重级工作制吊车桁架的圆弧处应予打磨，使之与弦杆平缓过渡（图8.5.3-1b）。

2　杆件的填板当用焊缝连接时，焊缝起落弧点应缩进至少5mm（图8.5.3-1c），重级工作制吊车桁架杆件的填板应采用高强度螺栓连接。

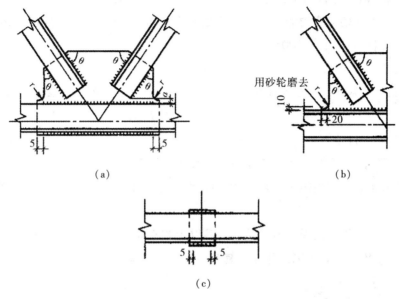

（a）　　　　　　　　　（b）

（c）

图8.5.3-1　吊车桁架节点（一）

3　当桁架杆件为H形截面时，节点构造可采用图8.5.3-2的形式。

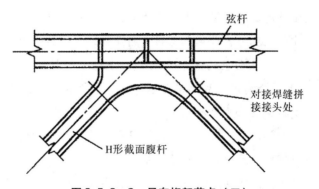

图8.5.3-2　吊车桁架节点（二）

【条文解析】

吊车桁架（原称"桁架式吊车梁"）是建筑结构中最为典型的直接承受动态荷载的桁架。全焊的吊车桁架在我国应用还很少，从国内的资料来看，这种结构的损坏比较严重。近年来根据国内试验研究成果，已具备采用全焊吊车桁架的初步条件，因而《钢结构设计规范》GB 50017—2003 提出了相应的构造要求。但由于吊车桁架使荷载的动力作用集聚于各节点，且全焊桁架节点的焊接应力、次应力等形成复杂的应力场和应力集中，容易导致节点的疲劳破坏。所以，重级工作制（A6～A8）吊车桁架和制动桁架的节点连接（包括双角钢、双槽钢杆件的填板连接）宜用高强度螺栓或铆钉，而其中支承夹钳或刚性料耙等硬钩吊车的吊车梁和制动结构则宜采用实腹式。

8.9.3 柱脚在地面以下的部分应采用强度等级较低的混凝土包裹（保护层厚度不应小于50mm），并应使包裹的混凝土高出地面不小于150mm。当柱脚底面在地面以上时，柱脚底面应高出地面不小于100mm。

【条文解析】

凡埋入土中的钢柱，其埋入部分的混凝土保护层未伸出地面者或柱脚底面与地面的标高相同时，皆因柱身（或柱脚）与地面（或土壤）接触部位的四周易积聚水分和尘土等杂物，致使该部位锈蚀严重。

8.9.5 受高温作用的结构，应根据不同情况采取下列防护措施：

1 当结构可能受到炽热熔化金属的侵害时，应采用砖或耐热材料做成的隔热层加以保护；

2 当结构的表面长期受辐射热达150℃以上或在短时间内可能受到火焰作用时，应采取有效的防护措施（如加隔热层或水套等）。

【条文解析】

对一般钢材来说，温度在200℃以内强度基本不变，温度在250℃左右产生蓝脆现象，超过300℃以后屈服点及抗拉强度开始显著下降，达到600℃时强度基本消失。另外，钢材长期处于150～200℃时将出现低温回火现象，加剧其时效硬化，若和塑性变形同时作用，将更加快时效硬化速度。所以规定为：结构表面长期受辐射热达150℃以上时应采取防护措施。从国内有些研究院对各种热车间的实测资料来看，高炉出铁场和转炉车间的屋架下弦、吊车梁底部和柱子表面及均热炉车间钢锭车道旁的柱子等，温度都有可能达到150℃以上，有必要用悬吊金属板或隔热层加以保护，甚至在个别温度很高的情况时，需要采用更为有效的防护措施（如用水冷板）。

熔化金属的喷溅在结构表面的聚结和烧灼，将影响结构的正常使用寿命，所以应予保护。另外在出铁口、出钢口或注锭口等附近的结构，当生产发生事故时，很可能受到熔化金属的烧灼，如不加保护就很容易被烧断而造成重大事故，所以要用隔热层加以保护。一般的隔热层使用红砖砌体，四角镶以角钢，以保护其不受机械损伤，使用效果良好。

9.1.3 按塑性设计时，钢材的力学性能应满足强屈比 $f_u/f_y \geqslant 1.2$，伸长率 $\delta_5 \geqslant 15\%$，相应于抗拉强度 f_u 的应变 ε_u 不小于20倍屈服点应变 ε_y。

【条文解析】

由于塑性设计充分利用了结构及构件的塑性性能，必须要求钢材有足够的延性。具体说来，适用于塑性设计的钢材应具备下列三个条件：

1）延伸率 δ_5（即试件标定长度为直径的 5 倍）至少为 15%，这是保证塑性的最主要标志。由于塑性设计的基础是以构件截面形成塑性铰并能实现所需要的转动，以使弯矩进行重分配，所以要求钢材有足够的塑性。

2）抗拉强度 f_u 与屈服点 f_y 之比不得小于 1.2，即要求材料具有明显的硬化阶段。这一方面使结构有相当的安全储备；另一方面在研究剪力影响问题、处于塑性阶段的板件局部稳定问题，以及构件的侧扭屈曲问题等时，都不能离开硬化阶段的性能。

3）GBJ 17—1988 规范要求钢材有较长的屈服台阶，因此规定钢材屈服台阶末端的应变 $\varepsilon_{st} \geqslant 6\varepsilon_p$（$\varepsilon_p$ 指弹性应变）。但有些低合金高强度钢，如 Q390 钢（15MnV），就达不到此项要求，而根据国外规范的有关规定，Q390 钢可用于塑性设计。另一方面，结构超静定次数越多，要求先期出现的塑性铰转动刚度越大，因此现行《钢结构设计规范》GB 50017—2003 将此项改为，相应于抗拉强度 f_u 的应变 ε_u 不小于 20 倍屈服点应变 ε_y，规定 ε_u 比原规定的 ε_y 更合理。

4.2　薄壁型钢结构

《冷弯薄壁型钢结构技术规范》GB 50018—2002

3.0.6　在冷弯薄壁型钢结构设计图纸和材料订货文件中，应注明所采用的钢材的牌号和质量等级、供货条件等以及连接材料的型号（或钢材的牌号）。必要时尚应注明对钢材所要求的机械性能和化学成分的附加保证项目。

【条文解析】

本条提出在设计和材料订货中应具体考虑的一些注意事项。

4.1.3　设计冷弯薄壁型钢结构时的重要性系数 γ_0 应根据结构的安全等级、设计使用年限确定。

一般工业与民用建筑冷弯薄壁型钢结构的安全等级取为二级，设计使用年限为 50 年时，其重要性系数不应小于 1.0；设计使用年限为 25 年时，其重要性系数不应小于 0.95。特殊建筑冷弯薄壁型钢结构安全等级、设计使用年限另行确定。

【条文解析】

结构重要性系数是根据现行国家标准《建筑结构可靠度设计统一标准》GB 50068—2001 的规定，分别按结构的安全等级或设计使用年限并考虑工程经验确定的。对于一般工业与民用建筑冷弯薄壁型钢结构，经统计分析其安全等级多为二级，其设计使用年限为 50 年，故其重要性系数不应小于 1；对于设计使用年限为 25 年的易于替换的构件（如作为围护结构的压型钢板等），其重要性系数适当降低，取为不小于 0.95；对于特殊建筑物，其安全等级及设计使用年限应根据具体情况另行确定。

4.1.7 设计刚架、屋架、檩条和墙梁时，应考虑由于风吸力作用引起构件内力变化的不利影响，此时永久荷载的荷载分项系数应取1.0。

【条文解析】

在设计刚架、屋架、檩条及墙梁时，在风荷载较大的地区（风荷载大于恒载），应考虑由于风吸力的作用引起结构构件的内力出现反号的情况（即受拉杆变成受压杆）。如不加以考虑，势必造成重大的工程事故。此时，永久荷载（围护结构与结构自重等）产生的内力将与风荷载产生的内力符号相反，永久荷载起减载作用，对结构的承载能力是有利的。

4.2.1 钢材的强度设计值应按表4.2.1采用。

表4.2.1 钢材的强度设计值（N/mm²）

钢材牌号	抗拉、抗压和抗弯 f	抗剪 f_v	端面承压（磨平顶紧）f_{ce}
Q235 钢	205	120	310
Q345 钢	300	175	400

【条文解析】

钢材的抗拉、抗压和抗弯强度设计值 f 是以最低的屈服强度作为材料强度的标准值 f_y（对 Q235 钢 $f_y = 235 \text{N/mm}^2$，对 Q345 钢 $f_y = 345 \text{N/mm}^2$）除以抗力分项系数得来的。抗剪强度设计值 f_v 取为 $f/\sqrt{3}$，这是均质材料按能量强度理论得到的。

由于钢材的端面承压强度是验算构件极短部分的压应力，其强度设计值允许超过材料的屈服强度。故对 Q235 钢、Q345 钢分别取其最低极限强度除以 1.22、1.175（或乘以 0.82、0.85）。

4.2.3 经退火、焊接和热镀锌等热处理的冷弯薄壁型钢构件不得采用考虑冷弯效应的强度设计值。

【条文解析】

经退火、焊接和热镀锌等热处理的冷弯薄壁型钢构件其冷弯硬化的影响已不复存在，如果仍采用考虑冷弯效应的强度设计值，势必带来严重的后果。

设计冷弯薄壁型钢时若采用考虑冷弯效应强度设计值，应在设计、计算书等文件中明确交代，并对施工提出相应的要求，以便施工单位遵照执行，工程监理单位进行全面检查及监督。

4.2.4 焊缝的强度设计值应按表4.2.4采用。

表 4.2.4　焊缝的强度设计值（N/mm^2）

构件钢材牌号	对接焊缝			角焊缝
	抗压 f_c^w	抗拉 f_t^w	抗剪 f_v^w	抗压、抗拉和抗剪 f_f^w
Q235 钢	205	175	120	140
Q345 钢	300	255	175	195

注：1　当 Q235 钢与 Q345 钢对接焊接时，焊缝的强度设计值应按表中 Q235 钢栏的数值采用；

　　2　经 X 射线检查符合一、二级焊缝质量标准的对接焊缝的抗拉强度设计值采用抗压强度设计值。

【条文解析】

对接焊缝抗压、抗拉和抗剪的强度设计值分别为

$$f_c^w = f$$

$$f_t^w = 0.85f$$

$$f_v^w = 0.58f$$

角焊缝的抗压、抗拉和抗剪强度设计值均取相同的值，即

Q235 钢：

$$f_f^w = 0.373 f_u^f = f_u^f / 2.679$$

Q345 钢：

$$f_f^w = 0.415 f_u^f = f_u^f / 2.41$$

此外，当 Q235 钢和 Q345 钢相对接焊接时，其强度设计值应按表中"Q235 钢"一栏的数值采用；经 X 射线检查符合一、二级焊缝质量标准的对接焊缝的抗拉强度设计值与母材相等，故可采用抗压强度设计值。

4.2.5　C 级普通螺栓连接的强度设计值应按表 4.2.5 采用。

表 4.2.5　C 级普通螺栓连接的强度设计值（N/mm^2）

类别	性能等级	构件钢材的牌号	
	4.6 级、4.8 级	Q235	Q345
抗拉 f_t^b	165	—	—
抗剪 f_v^b	125	—	—
承压 f_c^b	—	290	370

【条文解析】

C 级普通螺栓分 4.6 级和 4.8 级，抗拉强度设计值 $f_t^b = 0.44 f_u^b = f_u^b / 2.273$，抗剪强度设计值 $f_v^b = 0.33 f_u^b = f_u^b / 3.03$，而 C 级普通螺栓承压的强度设计值为 f_c^b，对 Q235 钢 $f_c^b = 0.76 f_u^b = f_u^b / 1.316$，对 Q345 钢 $f_c^b = 0.79 f_u^b = f_u^b / 1.27$。

4.2.7 计算下列情况的结构构件和连接时，本规范4.2.1至4.2.6条规定的强度设计值，应乘以下列相应的折减系数：

1 平面格构式檩条的端部主要受压腹杆：0.85；

2 单面连接的单角钢杆件：

1）按轴心受力计算强度和连接：0.85；

2）按轴心受压计算稳定性：$0.6 + 0.0014\lambda$。

注：对中间无联系的单角钢压杆，λ为按最小回转半径计算的杆件长细比。

3 无垫板的单面对接焊缝：0.85；

4 施工条件较差的高空安装焊缝：0.90；

5 两构件的连接采用搭接或其间填有垫板的连接以及单盖板的不对称连接：0.90。

上述几种情况同时存在时，其折减系数应连乘。

【条文解析】

本规范第4.2.1~4.2.6条所规定的强度设计值是根据结构处于正常工作情况下得出的，对一些处于不利工作情况下的结构构件或连接，其强度设计值应进行折减，即乘以小于1.0的折减系数，以保证安全。

1）平面格构式檩条的端部主要受压腹杆，在计算上采用折减系数0.85以考虑偏心的影响，在构造上要求端部腹杆采用型钢等措施。

2）单面连接的单角钢杆件连接时，在构件及连接处均产生了偏心，故其强度设计值应乘以折减系数0.85以考虑偏心的影响。

3）无垫板的单面对接连接，一般对接焊缝都要求双面施焊或单面施焊后再补焊根，若受条件限制只能单面施焊，则应在连接处留出足够间隙并加垫板才能保证焊满焊件的全厚度。如单面施焊不加垫板，焊缝质量难以保证，故其强度设计值应乘以折减系数0.85。

4）施工条件较差的高空安装焊缝，当安装的连接部位离开地面或楼面较高，而施工时又没有临时操作平台或吊框设施等时，其施工条件较差，焊缝连接的质量难以保证，故其强度设计值应乘以折减系数0.90。

5）两构件的连接采用搭接或其间填有垫板的连接以及单盖板的不对称连接的传力都存在偏心，而设计时为简便起见，均不计算偏心，故将连接的强度设计值乘以折减系数0.90。

9.2.2 屋盖应设置支撑体系。当支撑采用圆钢时，必须具有拉紧装置。

【条文解析】

为了保证屋盖结构的空间工作，提高其整体刚度，承担或传递水平力，避免压杆的侧向失稳，以及保证屋盖在安装和使用时的稳定，应分别根据屋架跨度及其载荷的不同情况设置横向水平支撑、纵向水平支撑、垂直支撑及系杆等可靠的支撑体系。

10.2.3 门式刚架房屋应设置支撑体系。在每个温度区段或分期建设的区段，应设置横梁上弦横向水平支撑及柱间支撑；刚架转折处（即边柱柱顶和屋脊）及多跨房屋适当位置的中间柱顶，应沿房屋全长设置刚性系杆。

【条文解析】

门式刚架基本上是作为平面刚架工作的，其平面外刚度较差，所以设置刚架的支撑体系是极为重要的。它能使平面刚架与支撑一起组成几何不变的空间稳定体系，提高整体刚度，保证刚架平面外的稳定性，承担并传递纵向水平力，以及保证安装时的整体性和稳定性。本条分别对刚架支撑体系做了一些具体规定，以保证安全。

门式刚架房屋的横向水平支撑、柱间支撑及系杆等应设在同一开间内，使该开间形成稳定的空间体系。

4.3　钢结构抗震设计

4.3.1　基本规定

《建筑抗震设计规范》GB 50011—2010

8.1.3　钢结构房屋应根据设防分类、烈度和房屋高度采用不同的抗震等级，并应符合相应的计算和构造措施要求。丙类建筑的抗震等级应按表8.1.3确定。

表8.1.3　钢结构房屋的抗震等级

房屋高度	抗震设防烈度			
	6	7	8	9
≤50m		四	三	二
>50m	四	三	二	一

注：1　高度接近或等于高度分界时，应允许结合房屋不规则程度和场地、地基条件确定抗震等级；

　　2　一般情况，构件的抗震等级应与结构相同；当某个部位各构件的承载力均满足2倍地震作用组合下的内力要求时，7~9度的构件抗震等级应允许按降低一度确定。

【条文解析】

将不同烈度、不同层数所规定的"作用效应调整系数"和"抗震构造措施"共7种，调整、归纳、整理为四个不同的要求，称为抗震等级。不同的抗震等级，体现不同的延性要求。按抗震设计等能量的概念，当构件的承载力明显提高，能满足烈度高一度的地震作用的要求时，延性要求可适当降低，故允许降低其抗震等级。

甲、乙类设防的建筑结构，其抗震设防标准的确定，按现行国家标准《建筑工程抗震设防分类标准》GB 50223—2008 的规定处理，不再重复。

4.3.2 钢框架结构

《建筑抗震设计规范》GB 50011—2010

8.3.1 框架柱的长细比，一级不应大于 $60\sqrt{235/f_{ay}}$，二级不应大于 $80\sqrt{235/f_{ay}}$，三级不应大于 $100\sqrt{235/f_{ay}}$，四级时不应大于 $120\sqrt{235/f_{ay}}$。

【条文解析】

框架柱的长细比，是为了保证结构在计算中未考虑的作用力，特别是大震时的竖向地震作用下的安全，关系到钢结构的整体稳定，是至关重要的。

8.3.6 梁与柱刚性连接时，柱在梁翼缘上下各500mm的范围内，柱翼缘与柱腹板间或箱形柱壁板间的连接焊缝应采用全熔透坡口焊缝。

【条文解析】

罕遇地震作用下，框架节点将进入塑性区，保证结构在塑性区的整体性是很必要的。

《高层民用建筑钢结构技术规程》JGJ 99—1998

第6.1.6条 按7度及以上抗震设防的高层建筑，其抗侧力框架的梁中可能出现塑性铰的区段，板件宽厚比不应超过表6.1.6的限值。

表6.1.6 框架梁板件宽厚比限值

板件	7度及以上	6度和非抗震设防
工字形梁和箱形梁翼缘悬伸部分 b/t	9	11
工字形梁和箱形梁腹板 h_0/t_w	$72-100\dfrac{N}{Af}$	$85-120\dfrac{N}{Af}$
箱形梁翼缘在两腹板之间的部分 b_0/t	20	28

注：1 表中，N 为梁的轴向力，A 为梁的截面面积，f 为梁的钢材强度设计值；

2 表列数值适用于 $f_y=225N/mm^2$ 的 Q235 钢，当钢材为其他牌号时，应求以 $\sqrt{235/f_{ay}}$。

第6.3.4条 按7度及以上抗震设防的框架柱板件宽厚比，不应超过表6.3.4的规定。

表6.3.4 框架柱板件宽厚比

板件	7度	8度或9度
工字形柱翼缘悬伸部分	11	10
工字形柱腹板	43	43
箱形柱壁板	37	33

注：表列数值适用于 $f_y=225N/mm^2$ 的 Q235 钢，当钢材为其他牌号时，应乘以 $\sqrt{235/F_{ay}}$。

【条文解析】

板件宽厚比对高层钢结构构件的局部稳定是十分重要的，框架梁在塑性铰区段需要较大的转动能力，要求框架梁板件宽厚比满足塑性设计要求。框架柱板件宽厚比限值，是在满足强柱弱梁前提下的规定，比对梁的要求放松。

4.3.3 钢框架－中心支撑结构

《建筑抗震设计规范》GB 50011—2010

8.4.1 中心支撑的杆件长细比和板件宽厚比限值应符合下列规定：

1 支撑杆件的长细比，按压杆设计时，不应大于 $120\sqrt{235/f_{ay}}$ ；一、二、三级中心支撑不得采用拉杆设计，四级采用拉杆设计时，其长细比不应大于180。

2 支撑杆件的板件宽厚比，不应大于表8.4.1规定的限值。采用节点板连接时，应注意节点板的强度和稳定。

表8.4.1 钢结构中心支撑板件宽厚比限值

板件名称	一级	二级	三级	四级
翼缘外伸部分	8	9	10	13
工字形截面腹板	25	26	27	33
箱形截面壁板	18	20	25	30
圆管外径与壁厚比	38	40	40	42

注：表列数值适用于Q235钢，采用其他牌号钢材应乘以 $\sqrt{235/f_{ay}}$ ，圆管应乘以235/f_{ay}。

【条文解析】

本条主要对中心支撑的杆件长细比和板件宽厚比限值作出了相应的规定。

《高层民用建筑钢结构技术规程》JGJ 99—1998

第6.4.1条 高层建筑钢结构的中心支撑宜采用：十字交叉斜杆（图6.4.1－1（a）），单斜杆（图6.4.1－1（b）），人字形斜杆（图6.4.1－1（c)）或V形斜杆体系。抗震设防的结构不得采用K形斜杆体系（图6.4.1－1（d））。

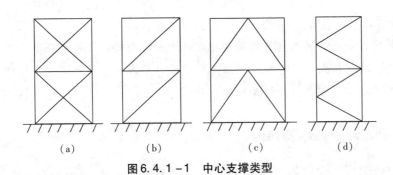

图 6.4.1-1　中心支撑类型

当采用只能受拉的单斜杆体系时，应同时设不同倾斜方向的两组单斜杆（图 6.4.1-2），且每层中不同方向单斜杆的截面面积在水平方向的投影面积之差不得大于 10%。

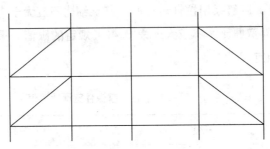

图 6.4.1-2　单斜杆支撑的布置

【条文解析】

K 形支撑体系在地震作用下，可能因受压斜杆屈曲或受拉斜杆屈服，引起较大的侧向变形，使柱发生屈曲甚至造成倒塌，故不应在抗震结构中采用。

第 6.4.2 条　非抗震设防建筑中的中心支撑，当按只能受拉的杆件设计时，其长细比不应大于 $300\sqrt{235/f_y}$；当按既能受拉又能受压的杆件设计时，其长细比不应大于 $150\sqrt{235/f_y}$。

抗震设防建筑中的支撑杆件长细比，当按 6 度或 7 度抗震设防时不得大于 $120\sqrt{235/f_y}$；按 8 度抗震设防时不得大于 $80\sqrt{235/f_y}$；按 9 度抗震设防时不得大于 $40\sqrt{235/f_y}$。f_y 以 N/mm^2 为单位。

【条文解析】

地震作用下支撑体系的滞回性能，主要取决于其受压行为，支撑长细比大者，滞回圈较小，吸收能量的能力较弱。本条根据支撑长细比小于 $40\sqrt{235/f_y}$ 左右时才能避免在反复拉压作用下承载力显著降低的研究结果，对不同设防烈度下的支撑最大长细比作了不同规定。

第 6.4.5 条　在多遇地震效应组合作用下，人字形支撑和 V 形支撑的斜杆内力应乘以增大系数 1.5，十字交叉支撑和单斜杆支撑的斜杆内力应乘以增大系数 1.3。

【条文解析】

人字支撑斜杆受压屈曲后，使横梁产生较大变形，并使体系的抗剪能力发生较大退化。有鉴于此，将其地震作用引起的内力乘以放大系数 1.5，以提高斜撑的承载力。

第 6.4.7 条　与支撑一起组成支撑系统的横梁、柱及其连接，应具有承受支撑斜杆传来内力的能力。与人字支撑、V 形支撑相交的横梁，在柱间的支撑连接处应保持连续。在计算人字形支撑体系中的横梁截面时，尚应满足在不考虑支撑的支点作用情况下按简支梁跨中承受竖向集中荷载时的承载力。

【条文解析】

为了不加重人字支撑和 V 形支撑的负担，与这类支撑相连的楼盖横梁，应在相连节点处保持连续，在计算梁截面时不考虑斜撑起支点作用，按简支梁跨中受竖向集中荷载计算。

第 6.4.8 条　按 7 度及以上抗震设防的结构，当支撑为填板连接的双肢组合构件时，肢件在填板间的长细比不应大于构件最大长细比的 1/2，且不应大于 40。

【条文解析】

本条要求是根据已有的双角钢支撑在循环荷载下的试验资料提出的。若按一般要求设置填板，则两填板间的单肢变形较大，缩小填板间距离，可防止这种变形。

4.3.4　钢框架－偏心支撑结构

《建筑抗震设计规范》GB 50011—2010

8.5.1　偏心支撑框架消能梁段的钢材屈服强度不应大于 345MPa。消能梁段及与消能梁段同一跨内的非消能梁段，其板件的宽厚比不应大于表 8.5.1 规定的限值。

表 8.5.1　偏心支撑框架梁的板件宽厚比限值

板件名称		宽厚比限值
翼缘外伸部分		8
腹板	当 $N/(Af) \leq 0.14$ 时	$90\left[1-1.65N/(Af)\right]$
	当 $N/(Af) > 0.14$ 时	$33\left[2.3-N/(Af)\right]$

注：表列数值适用于 Q235 钢，当材料为其他钢号时应乘以 $\sqrt{235/f_{ay}}$，$N/(Af)$ 为梁轴压比。

【条文解析】

为使消能梁段有良好的延性和消能能力，其钢材应采用 Q235，Q345 或 Q345GJ。

当梁上翼缘与楼板固定但不能表明其下翼缘侧向固定时，仍需设置侧向支撑。

《高层民用建筑钢结构技术规程》JGJ 99—1998

第6.5.1条 偏心支撑框架中的支撑斜杆，应至少在一端与梁连接（不在柱节点处），另一端可连接在梁与柱相交处，或在偏离另一支撑的连接点与梁连接，并在支撑与柱之间或在支撑与支撑之间形成耗能梁段（图6.5.1）。

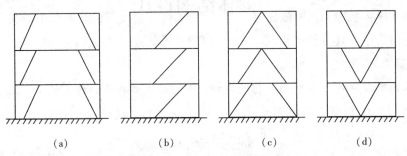

图6.5.1 偏心支撑框架

(a) 门架式；(b) 单斜杆式；(c) 人字形；(d) V字形

【条文解析】

偏心支撑框架的每根支撑，至少应有一端交在梁上，而不是交在梁与柱的交点或相对方向的另一支撑节点上。这样，在支撑与柱之间或支撑与支撑之间，有一段梁，称为耗能梁段。耗能梁段是偏心支撑框架的"保险丝"，在大震作用下通过耗能梁段的非弹性变形耗能，而支撑不屈曲。因此，每根支撑至少一端必须与耗能梁段连接。

第6.5.9条 高层钢结构采用偏心支撑框架时，顶层可不设耗能梁段。在设置偏心支撑的框架跨，当首层的弹性承载力为其余各层承载力的1.5倍及以上时，首层可采用中心支撑。

【条文解析】

高层钢结构顶层的支撑与 $(n-1)$ 层上的耗能梁段连接，即使顶层不设耗能梁段，满足强度要求的支撑仍不会屈曲，而且顶层的地震力较小。

5 砌体结构设计

5.1 材料

《砌体结构设计规范》GB 50003—2011

3.1.1 承重结构的块体强度等级，应按下列规定采用：

1 烧结普通砖、烧结多孔砖的强度等级：MU30、MU25、MU20、MU15 和 MU10；

2 蒸压灰砂普通砖、蒸压粉煤灰普通砖的强度等级：MU25、MU20 和 MU15；

3 混凝土普通砖、混凝土多孔砖的强度等级：MU30、MU25、MU20 和 MU15；

4 混凝土砌块、轻集料混凝土砌块的强度等级：NU20、MU15、MU10、MU7.5 和 MU5；

5 石材的强度等级：MU100、MU80、MU60、MU50、MU40、MU30 和 MU20。

注：1 用于承重的双排孔或多排孔轻集料混凝土砌块砌体的孔洞率不应大于 35%。

　　2 对用于承重的多孔砖及蒸压硅酸盐砖的折压比限值和用于承重的非烧结材料多孔砖的孔洞率、壁及肋尺寸限值及碳化、软化性能要求应符合现行国家标准《墙体材料应用统一技术规范》GB 50574—2010 的有关规定；

　　3 石材的规格、尺寸及其强度等级可按本规范附录 A 的方法确定。

【条文解析】

块体的强度等级是块体力学性能的基本标志，用符号"MU"表示。块体的强度等级是由标准试验方法得出的块体极限抗压强度按规定的评定方法确定的，单位用"MPa"。

材料强度等级的合理限定，关系到砌体结构房屋安全、耐久，一些建筑由于采用了规范禁用的劣质墙材，使墙体出现的裂纹、变形，甚至出现了楼歪歪、楼垮垮案例，对此必须严加限制。

3.2.1 龄期为 28d 的以毛截面计算的砌体抗压强度设计值，当施工质量控制等级为 B 级时，应根据块体和砂浆的强度等级分别按下列规定采用：

1 烧结普通砖、烧结多孔砖砌体的抗压强度设计值，应按表 3.2.1-1 采用。

表3.2.1-1　烧结普通砖和烧结多孔砖砌体的抗压强度设计值（MPa）

砖强度等级	砂浆强度等级					砂浆强度
	M15	M10	M7.5	M5	M2.5	0
MU30	3.94	3.27	2.93	2.59	2.26	1.15
MU25	3.60	2.98	2.68	2.37	2.06	1.05
MU20	3.22	2.67	2.39	2.12	1.84	0.94
MU15	2.79	2.31	2.07	1.83	1.60	0.82
MU10	—	1.89	1.69	1.50	1.30	0.67

注：当烧结多孔砖的孔洞率大于30%时，表中数值应乘以0.9。

2　混凝土普通砖和混凝土多孔砖砌体的抗压强度设计值，应按表3.2.1-2采用。

表3.2.1-2　混凝土普通砖和混凝土多孔砖砌体的抗压强度设计值（MPa）

砖强度等级	砂浆强度等级					砂浆强度
	Mb20	Mb15	Mb10	Mb7.5	Mb5	0
MU30	4.61	3.94	3.27	2.93	2.59	1.15
MU25	4.21	3.60	2.98	2.68	2.37	1.05
MU20	3.77	3.22	2.67	2.39	2.12	0.94
MU15	—	2.79	2.31	2.07	1.83	0.82

3　蒸压灰砂普通砖和蒸压粉煤灰普通砖砌体的抗压强度设计值，应按表3.2.1-3采用。

表3.2.1-3　蒸压灰砂普通砖和烧结多孔砖砌体的抗压强度设计值（MPa）

砖强度等级	砂浆强度等级				砂浆强度
	M15	M10	M7.5	M5	0
MU25	3.60	2.98	2.68	2.37	1.05
MU20	3.22	2.67	2.39	2.12	0.94
MU15	2.79	2.31	2.07	1.83	0.82

注：当采用专用砂浆砌筑时，其抗压强度设计值按表中数值采用。

4　单排孔混凝土砌块和轻集料混凝土砌块对孔砌筑砌体的抗压强度设计值，应按表3.2.1-4采用。

表 3.2.1-4 单排孔混凝土砌块和轻集料混凝土砌块对孔砌筑砌体的抗压强度设计值（MPa）

砌块强度等级	砂浆强度等级					砂浆强度
	Mb20	Mb15	Mb10	Mb7.5	Mb5	0
MU20	6.30	5.68	4.95	4.44	3.94	2.33
MU15	—	4.61	4.02	3.61	3.20	1.89
MU10	—	—	2.79	2.50	2.22	1.31
MU7.5	—	—	—	1.93	1.71	1.01
MU5	—	—	—	—	1.19	0.70

注：1 对独立柱或厚度为双排组砌的砌块砌体，应按表中数值乘以 0.7；

　　2 对 T 形截面墙体、柱，应按表中数值乘以 0.85。

5 单排孔混凝土砌块对孔砌筑时，灌孔砌体的抗压强度设计值 f_g，应按下列方法确定：

1）混凝土砌块砌体的灌孔混凝土强度等级不应低于 Cb20，且不应低于 1.5 倍的块体强度等级。灌孔混凝土强度指标取同强度等级的混凝土强度指标。

2）灌孔混凝土砌块砌体的抗压强度设计值 f_g，应按下列公式计算：

$$f_g = f + 0.6\alpha f_c \qquad (3.2.1-1)$$

$$\alpha = \delta\rho \qquad (3.2.1-2)$$

式中 f_g——灌孔混凝土砌块砌体的抗压强度设计值，该值不应大于未灌孔砌体抗压强度设计值的 2 倍；

　　f——未灌孔混凝土砌块砌体的抗压强度设计值，应按表 3.2.1-4 采用；

　　f_c——灌孔混凝土的轴心抗压强度设计值；

　　α——混凝土砌块砌体中灌孔混凝土面积与砌体毛面积的比值；

　　δ——混凝土砌块的孔洞率；

　　ρ——混凝土砌块砌体的灌孔率，系截面灌孔混凝土面积与截面孔洞面积的比值，灌孔率应根据受力或施工条件确定，且不应小于 33%。

6 双排孔或多排孔轻集料混凝土砌块砌体的抗压强度设计值，应按表 3.2.1-5 采用。

表 3.2.1-5 双排孔或多排孔轻集料混凝土砌块砌体的抗压强度设计值（MPa）

砌块强度等级	砂浆强度等级			砂浆强度
	Mb10	Mb7.5	Mb5	0
MU10	3.08	2.76	2.45	1.44

砌块强度等级	砂浆强度等级			砂浆强度
	Mb10	Mb7.5	Mb5	0
MU7.5	—	2.13	1.88	1.12
MU5	—	—	1.31	0.78
MU3.5	—	—	0.95	0.56

注：1　表中的砌块为火山渣、浮石和陶粒轻集料混凝土砌块；
　　2　对厚度方向为双排组砌的轻集料混凝土砌块砌体的抗压强度设计值，应按表中数值乘以0.8。

7　块体高度为180~350mm的毛料石砌体的抗压强度设计值，应按表3.2.1-6采用。

表3.2.1-6　毛料石砌体的抗压强度设计值（MPa）

毛料石强度等级	砂浆强度等级			砂浆强度
	M7.5	M5	M2.5	0
MU100	5.42	4.80	4.18	2.13
MU80	4.85	4.29	3.73	1.91
MU60	4.20	3.71	3.23	1.65
MU50	3.83	3.39	2.95	1.51
MU40	3.43	3.04	2.64	1.35
MU30	2.97	2.63	2.29	1.17
MU20	2.42	2.15	1.87	0.95

注：对细料石砌体、粗料石砌体和干砌勾缝石砌体，表中数值应分别乘以调整系数1.4、1.2和0.8。

8　毛石砌体的抗压强度设计值，应按表3.2.1-7采用。

表3.2.1-7　毛石砌体的抗压强度设计值（MPa）

毛石强度等级	砂浆强度等级			砂浆强度
	M7.5	M5	M2.5	0
MU100	1.27	1.12	0.98	0.34
MU80	1.13	1.00	0.87	0.30
MU60	0.98	0.87	0.76	0.26
MU50	0.90	0.80	0.69	0.23
MU40	0.80	0.71	0.62	0.21
MU30	0.69	0.61	0.53	0.18
MU20	0.56	0.51	0.44	0.15

【条文解析】

砌体的计算指标是结构设计的重要依据，通过大量、系统的试验研究，给出了科学、安全的砌体计算指标。与 3.1.1 相对应，本条文增加了混凝土多孔砖、蒸压灰砂砖、蒸压粉煤灰砖和轻骨料混凝土砌块砌体的抗压强度指标，并对单排孔且孔对孔砌筑的混凝土砌块砌体灌孔后的强度作了修订。

3.2.2 龄期为 28d 的以毛截面计算的各类砌体的轴心抗拉强度设计值、弯曲抗拉强度设计值和抗剪强度设计值，应符合下列规定：

1　当施工质量控制等级为 B 级时，强度设计值应按表 3.2.2 采用：

表 3.2.2　沿砌体灰缝截面破坏时砌体的轴心抗拉强度设计值、弯曲抗拉强度设计值和抗剪强度设计值（MPa）

强度类别	破坏特征及砌体种类		砂浆强度等级			
			≥M10	M7.5	M5	M2.5
轴心抗拉	沿齿缝	烧结普通砖、烧结多孔砖	0.19	0.16	0.13	0.09
		混凝土普通砖、混凝土多孔砖	0.19	0.16	0.13	—
		蒸压灰砂普通砖、蒸压粉煤灰普通砖	0.12	0.10	0.08	—
		混凝土和轻集料混凝土砌块	0.09	0.08	0.07	—
		毛石	—	0.07	0.06	0.04
弯曲抗拉	沿齿缝	烧结普通砖、烧结多孔砖	0.33	0.29	0.23	0.17
		混凝土普通砖、混凝土多孔砖	0.33	0.29	0.23	—
		蒸压灰砂普通砖、蒸压粉煤灰普通砖	0.24	0.20	0.16	—
		混凝土和轻集料混凝土砌块	0.11	0.09	0.08	—
		毛石	—	0.11	0.09	0.07
	沿通缝	烧结普通砖、烧结多孔砖	0.17	0.14	0.11	0.08
		混凝土普通砖、混凝土多孔砖	0.17	0.14	0.11	—
		蒸压灰砂普通砖、蒸压粉煤灰普通砖	0.12	0.10	0.08	—
		混凝土和轻集料混凝土砌块	0.08	0.06	0.05	—
抗剪		烧结普通砖、烧结多孔砖	0.17	0.14	0.11	0.08
		混凝土普通砖、混凝土多孔砖	0.17	0.14	0.11	—
		蒸压灰砂普通砖、蒸压粉煤灰普通砖	0.12	0.10	0.08	—
		混凝土和轻集料混凝土砌块	0.09	0.08	0.06	—
		毛石	—	0.19	0.16	0.11

注：1　对于用形状规则的块体砌筑的砌体，当搭接长度与块体高度的比值小于 1 时，其轴心抗拉强度设计值 f_t 和弯曲抗拉强度设计值 f_{tm} 应按表中数值乘以搭接长度与块体高度比值后采用；

2　表中数值是依据普通砂浆砌筑的砌体确定，采用经研究性试验且通过技术鉴定的专用砂浆砌筑的蒸压灰砂普通砖、蒸压粉煤灰普通砖砌体，其抗剪强度设计值按相应普通砂浆强度等级砌筑的烧结普通砖砌体采用；

3　对混凝土普通砖、混凝土多孔砖、混凝土和轻集料混凝土砌块砌体，表中的砂浆强度等级分别为：≥Mb10、Mb7.5 及 Mb5。

2 单排孔混凝土砌块对孔砌筑时，灌孔砌体的抗剪强度设计值 f_{vg}，应按下式计算：

$$f_{vg} = 0.2f_g^{0.55} \tag{3.2.2}$$

式中 f_g——灌孔砌体的抗压强度设计值（MPa）。

【条文解析】

沿砌体灰缝截面破坏时砌体的轴心抗拉强度设计值、弯曲抗拉强度设计值和抗剪强度设计值是涉及砌体结构设计安全的重要指标。本条文也增加了混凝土砖、混凝土多孔砖沿砌体灰缝截面破坏时砌体的轴心抗拉强度设计值、弯曲抗拉强度设计值和抗剪强度设计值。

3.2.3 下列情况的各类砌体，其砌体强度设计值应乘以调整系数 γ_a：

1 对无筋砌体构件，其截面面积小于 $0.3m^2$ 时，γ_a 为其截面面积加 0.7；对配筋砌体构件，当其中砌体截面面积小于 $0.2m^2$ 时，γ_a 为其截面面积加 0.8；构件截面面积以"m^2"计。

2 当砌体用强度等级小于 M5.0 的水泥砂浆砌筑时，对第 3.2.1 条各表中的数值，γ_a 为 0.9；对第 3.2.2 条表 3.2.2 中数值，γ_a 为 0.8。

3 当验算施工中房屋的构件时，γ_a 为 1.1。

【条文解析】

本条介绍砌体强度设计值调整系数，中、高强度水泥砂浆对砌体抗压强度和砌体抗剪强度无不利影响。试验表明，当 $f_2 \geq 5MPa$ 时，可不调整。

5.2 构造要求

5.2.1 一般构造要求

《砌体结构设计规范》GB 50003—2011

6.2.1 预制钢筋混凝土板在混凝土圈梁上的支承长度不应小于 80mm，板端伸出的钢筋应与圈梁可靠连接，且同时浇筑；预制钢筋混凝土板在墙上的支承长度不应小于 100mm，并应按下列方法进行连接：

1 板支承于内墙时，板端钢筋伸出长度不应小于 70mm，且与支座处沿墙配置的纵筋绑扎，用强度等级不应低于 C25 的混凝土浇筑成板带；

2 板支承于外墙时，板端钢筋伸出长度不应小于 100mm，且与支座处沿墙配置的纵筋绑扎，并用强度等级不应低于 C25 的混凝土浇筑成板带；

3 预制钢筋混凝土板与现浇板对接时，预制板端钢筋应伸入现浇板中进行连接后，再浇筑现浇板。

【条文解析】

预制钢筋混凝土板之间有可靠连接，才能保证楼面板的整体作用，增加墙体约束，减小墙体竖向变形，避免楼板在较大位移时坍塌。

该条是保整结构安全与房屋整体性的主要措施之一，应严格执行。

6.2.2 墙体转角处和纵横墙交接处应沿竖向每隔400~500mm设拉结钢筋，其数量为每120mm墙厚不少于1根直径6mm的钢筋；或采用焊接钢筋网片，埋入长度从墙的转角或交接处算起，对实心砖墙每边不小于500mm，对多孔砖墙和砌块墙不小于700mm。

【条文解析】

墙体转角处和纵横墙交接处设拉结钢筋是提高墙体稳定性和房屋整体性的重要措施之一。该项措施对防止墙体温度或干缩变形引起的开裂也有一定作用。一些开有大（多）孔洞的块材墙体，其设于墙体灰缝内的拉结钢筋大多放到了孔洞处，严重影响了钢筋的拉结。由于多孔砖孔洞的存在，钢筋在多孔砖砌体灰缝内的锚固承载力小于同等条件下在实心砖砌体灰缝内的锚固承载力。对于孔洞率不大于30%的多孔砖，墙体水平灰缝拉结筋的锚固长度应为实心砖墙体的1.4倍。

6.2.4 在砌体中留槽洞及埋设管道时，应遵守下列规定：

1 不应在截面长边小于500mm的承重墙体、独立柱内埋设管线；

2 不宜在墙体中穿行暗线或预留、开凿沟槽，当无法避免时应采取必要的措施或按削弱后的截面验算墙体的承载力。

注：对受力较小或未灌孔的砌块砌体，允许在墙体的竖向孔洞中设置管线。

【条文解析】

在砌体中留槽及埋设管道对砌体的承载力影响较大。

6.2.8 当梁跨度大于或等于下列数值时，其支承处宜加设壁柱，或采取其他加强措施：

1 对240mm厚的砖墙为6m，对180mm厚的砖墙为4.8m；

2 对砌块、料石墙为4.8m。

【条文解析】

对厚度小于或等于240mm的墙，当梁跨度大于或等于本条规定时，其支承处宜加设壁柱。如设壁柱后影响房间的使用功能。也可采用配筋砌体或在墙中设钢筋混凝土柱等措施对墙体予以加强。

6.2.11 砌块墙与后砌隔墙交接处，应沿墙高每400mm在水平灰缝内设置不少于2根直径不小于4mm、横筋间距不应大于200mm的焊接钢筋网片（图6.2.11）。

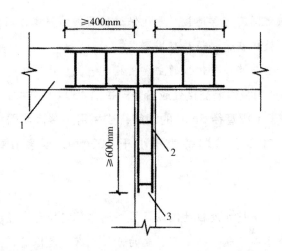

图 6.2.11　砌块墙与后砌隔墙交接处钢筋网片

1—砌块墙；2—焊接钢筋网片；3—后砌隔墙

【条文解析】

本条将砌块墙与后砌隔墙交接处的拉结钢筋网片的构造具体化，并加密了该网片沿墙高设置的间距（400mm）。

6.2.13　混凝土砌块墙体的下列部位，如未设圈梁或混凝土垫块，应采用不低于Cb20 混凝土将孔洞灌实：

1　搁栅、檩条和钢筋混凝土楼板的支承面下，高度不应小于 200mm 的砌体；

2　屋架、梁等构件的支承面下，长度不应小于 600mm，高度不应小于 600mm 的砌体；

3　挑梁支承面下，距墙中心线每边不应小于 300mm，高度不应小于 600mm 的砌体。

【条文解析】

混凝土小型砌块房屋在顶层和底层门窗洞口两边易出现裂缝，规定在顶层和底层门窗洞口两边 200mm 范围内的孔洞用混凝土灌实，为保证灌实质量，要求混凝土坍落度为 160～200mm。

《混凝土小型空心砌块建筑技术规程》JGJ/T 14—2011

5.8.1　砌块房屋所用的材料，除应满足承载力计算要求外，对地面以下或防潮层以下的砌体、潮湿房间的墙，所用材料的最低强度等级尚应符合表 5.8.1 的要求。

表5.8.1　地面以下或防潮层以下的墙体、潮湿房间墙所用材料的最低强度等级

基土潮湿程度	混凝土小砌块	水泥砂浆
稍潮湿的	MU7.5	Mb5
很潮湿的	MU10	Mb7.5
含水饱和的	MU15	Mb10

注：1　砌块孔洞应采用强度等级不低于 C20 的混凝土灌实；

2　对安全等级为一级或设计使用年限大于 50 年的房屋，表中材料强度等级应至少提高一级。

5.8.2　在墙体的下列部位，应采用 C20 混凝土灌实砌体的孔洞：

1　无圈梁和混凝土垫块的檩条和钢筋混凝土楼板支承面下的一皮砌块；

2　未设置圈梁和混凝土垫块的屋架、梁等构件支承处，灌实宽度不应小于 600mm，高度不应小于 600mm 砌块；

3　挑梁支承面下，其支承部位的内外墙交接处，纵横各灌实 3 个孔洞，灌实高度不小于三皮砌块。

5.8.3　跨度大于 4.2m 的梁和跨度大于 6m 的屋架，其支承面下应设置混凝土或钢筋混凝土垫块。当墙中设有圈梁时，垫块宜与圈梁浇成整体。

当大梁跨度大于 4.8m，且墙厚为 190mm 时，其支承处宜加设壁柱，或采取其他加强措施。

跨度大于或等于 7.2m 的屋架或预制梁的端部，应采用锚固件与墙、柱上的垫块锚固。

5.8.4　小砌块墙与后砌隔墙交接处，应沿墙高每 400mm 在水平灰缝内设置不少于 2φ4、横筋间距不大于 200mm 的焊接钢筋网片（图5.8.4）。

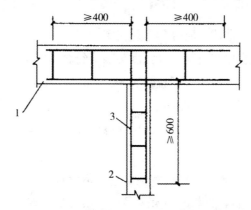

图5.8.4　砌块墙与后砌隔墙交接处钢筋网片

1—砌块墙；2—后砌隔墙；3—φ4 焊接钢筋网片

5.8.5　预制钢筋混凝土板在墙上或圈梁上支承长度不应小于 80mm，板端伸出的钢筋应与圈梁可靠连接，并一起浇筑。当不能满足上述要求时，应按下列方法进行连接；

1 布置在内墙上的板中钢筋应伸出进行相互可靠对接，板端钢筋伸出长度不应少于70mm，并用混凝土浇筑成板带，混凝土强度不应低于C20；

2 布置在外墙上的板中钢筋应伸出进行相互可靠连接，板端钢筋伸出长度不应少于100mm，并用混凝土浇筑成板带，混凝土强度不应低于C20；

3 与现浇板对接时，预制钢筋混凝土板端钢筋应伸入现浇板中进行可靠连接后，再浇筑现浇板。

5.8.6 山墙处的壁柱或构造柱，应砌至山墙顶部，且屋面构件应与山墙可靠拉结。

5.8.7 在砌体中留槽洞及埋设管道时，应符合下列要求：

1 在截面长边小于500mm的承重墙体、独立柱内不得埋设管线。

2 墙体中应避免穿行暗线或预留、开凿沟槽；当无法避免时，应采取必要的加强措施或按削弱后的截面验算墙体的承载力。

【条文解析】

砌块房屋的合理构造是保证房屋结构安全使用和耐久性的重要措施，根据设计和应用经验在下列几个关键问题上给予加强：

1）受力较大、环境条件差（潮湿环境），材料最低强度等级给予明确规定。

2）对一些受力不利的部位强调用混凝土灌孔。

3）加强一些构件的连接构造。

4）墙体中预留槽洞设管道的构造措施。

5.2.2 框架填充墙

《砌体结构设计规范》GB 50003—2011

6.3.3 填充墙的构造设计，应符合下列规定：

1 填充墙宜选用轻质块体材料，其强度等级应符合本规范第3.1.2条的规定；

2 填充墙砌筑砂浆的强度等级不宜低于M5（Mb5、Ms5）；

3 填充墙墙体墙厚不应小于90mm；

4 用于填充墙的夹心复合砌块，其两肢块体之间应有拉结。

【条文解析】

填充墙选用轻质砌体材料可减轻结构重量、降低造价、有利于结构抗震；填充墙体材料强度等级不应过低，否则，当框架稍有变形时，填充墙体就可能开裂，在意外荷载或烈度不高的地震作用时，容易遭到损坏，甚至造成人员伤亡和财产损失；目前有些企业自行研制、开发了夹心复合砌块，即两叶薄型混凝土砌块中间夹有保温层（如EPS、XPS等），并将其用于框架结构的填充墙。虽然墙的整体宽度一般均大于90mm，但每片混凝土薄块仅为30~40mm。由于保温夹层较软，不能对混凝土块构成有效的侧限，因此当混凝土梁

（板）变形并压紧墙时，单叶墙会因高厚比过大而出现失稳崩坏，故内外叶间必须有可靠的拉结。

6.3.4 填充墙与框架的连接，可根据设计要求采用脱开或不脱开方法。有抗震设防要求时宜采用填充墙与框架脱开的方法。

1 当填充墙与框架采用脱开的方法时，宜符合下列规定：

1）填充墙两端与框架柱，填充墙顶面与框架梁之间留出不小于20mm的间隙。

2）填充墙端部应设置构造柱，柱间距宜不大于20倍墙厚且不大于4000mm，柱宽度不小于100mm。柱竖向钢筋不宜小于$\phi 10$，箍筋宜为$\phi^R 5$，竖向间距不宜大于400mm。竖向钢筋与框架梁或其挑出部分的预埋件或预留钢筋连接，绑扎接头时不小于$30d$，焊接时（单面焊）不小于$10d$（d为钢筋直径）。柱顶与框架梁（板）应预留不小于15mm的缝隙，用硅酮胶或其他弹性密封材料封缝。当填充墙有宽度大于2100mm的洞口时，洞口两侧应加设宽度不小于50mm的单筋混凝土柱。

3）填充墙两端宜卡入设在梁、板底及柱侧的卡口铁件内，墙侧卡口板的竖向间距不宜大于500mm，墙顶卡口板的水平间距不宜大于1500mm。

4）墙体高度超过4m时宜在墙高中部设置与柱连通的水平系梁。水平系梁的截面高度不小于60mm。填充墙高不宜大于6m。

5）填充墙与框架柱、梁的缝隙可采用聚苯乙烯泡沫塑料板条或聚氨酯发泡材料充填，并用硅酮胶或其他弹性密封材料封缝。

6）所有连接用钢筋、金属配件、铁件、预埋件等均应作防腐防锈处理，并应符合本规定第4.3节的规定。嵌缝材料应能满足变形和防护要求。

2 当填充墙与框架采用不脱开的方法时，宜符合下列规定：

1）沿柱高每隔500mm配置2根直径6mm的拉结钢筋（墙厚大于240mm时配置3根直径6mm），钢筋伸入填充墙长度不宜小于700mm，且拉结钢筋应错开截断，相距不宜小于200mm。填充墙墙顶应与框架梁紧密结合。顶面与上部结构接触处宜用一皮砖或配砖斜砌楔紧。

2）当填充墙有洞口时，宜在窗洞口的上端或下端、门洞口的上端设置钢筋混凝土带，钢筋混凝土带应与过梁的混凝土同时浇筑，其过梁的断面及配筋由设计确定。钢筋混凝土带的混凝土强度等级不小于C20。当有洞口的填充墙尽端至门窗洞口边距离小于240mm时，宜采用钢筋混凝土门窗框。

3）填充墙长度超过5m或墙长大于2倍层高时，墙顶与梁宜有拉接措施，墙体中部应加设构造柱；墙高度超过4m时宜在墙高中部设置与柱连接的水平系梁，墙高超过6m时，宜沿墙高每2m设置与柱连接的水平系梁，梁的截面高度不小于60mm。

【条文解析】

震害经验表明：嵌砌在框架和梁中间的填充墙砌体，当强度和刚度较大，在地震发生时，产生的水平地震作用力，将会顶推框架梁柱，易造成柱节点处的破坏，所以强度过高的填充墙并不完全有利于框架结构的抗震。本条规定填充墙与框架柱、梁连接处构造，可根据设计要求采用脱开或不脱开的方法。

1）填充墙与框架柱、梁脱开是为了减小地震时填充墙对框架梁、柱的顶推作用，避免混凝土框架的损坏。本条除规定了填充墙与框架柱、梁脱开间隙的构造要求，同时为保证填充墙平面外的稳定性，规定了在填充墙两端的梁、板底及柱（墙）侧增设卡口铁件的要求。

需指出的是，设于填充墙内的构造柱施工时，不需预留马牙槎。柱顶预留的不小于15mm的缝隙，则为了防止楼板（梁）受弯变形后对柱的挤压。

2）本款为填充墙与框架采用不脱开的方法时的相应的做法。

调查表明，由于混凝土柱（墙）深入填充墙的拉结钢筋断于同一截面位置，当墙体发生竖向变形时，该部位常常产生裂缝。故规定埋入填充墙内的拉结筋应错开截断。

《混凝土小型空心砌块建筑技术规程》JGJ/T 14—2011

5.10.2　填充墙宜选用轻质砌体材料。砌块强度等级不宜低于 MU3.5。

【条文解析】

填充墙选用轻质砌体材料可减轻结构重量、降低造价，有利于结构抗震。但填充墙体材料强度不应过低，否则，当框架稍有变形时，填充墙体就可能开裂，在意外荷载或烈度不高的地震作用时，容易遭到损坏，甚至造成人员伤亡和财产损失。

5.10.4　填充墙与框架柱、梁脱开的方法宜符合下列要求：

1　填充墙两端与框架柱、填充墙顶面与框架梁之间留出 20mm 的间隙。

2　填充墙两端与框架柱之间宜用钢筋拉结。

3　填充墙长度超过 5m 或墙长大于 2 倍层高时，中间应加设构造柱；墙体高厚比大于本规程第 5.7.1 条规定或墙高度超过 4m 时宜在墙高中部设置与柱连通的水平系梁。水平系梁的截面高度不小于 60mm。填充墙高不宜大于 6m。

4　填充墙与框架柱、梁的缝隙可采用聚苯乙烯泡沫塑料板条或聚氨酯发泡充填，并用硅酮胶或其他弹性密封材料封缝。

【条文解析】

震害经验表明，嵌砌在框架和梁中间的填充墙砌体，当强度和刚度较大，在地震发生时，产生的水平地震作用力，将会顶推框架梁柱，易造成柱节点处的破坏，所以过强的填充墙并不完全有利于框架结构的抗震。本条提出填充墙与框架柱、梁脱开的方式，是为在地震发生时，减小填充墙对框架梁柱的顶推作用，避免框架的损坏。但为了保证填充墙平面外的稳定性，在填充墙中应设构造柱和水平系梁，并在与主体结构连接处留20mm缝隙用聚苯乙烯泡沫材料填充。

5.2.3 夹心墙

《砌体结构设计规范》GB 50003—2011

6.4.2 外叶墙的砖及混凝土砌块的强度等级，不应低于MU10。

【条文解析】

夹心墙的外叶墙处于环境恶劣的室外，当采用低强度的外叶墙时，易因劣化、脱落而毁物伤人。故对其块体材料的强度提出了较高的要求。

6.4.5 夹心墙的内、外叶墙，应由拉结件可靠拉结，拉结件宜符合下列规定：

1 当采用环形拉结件时，钢筋直径不应小于4mm，当为Z形拉结件时，钢筋直径不应小于6mm；拉结件应沿竖向梅花形布置，拉结件的水平和竖向最大间距分别不宜大于800mm和600mm；对有振动或有抗震设防要求时，其水平和竖向最大间距分别不宜大于800mm和400mm。

2 当采用可调拉结件时，钢筋直径不应小于4mm，拉结件的水平和竖向最大间距均不宜大于400mm。叶墙间灰缝的高差不大于3m，可调拉结件中孔眼和扣钉间的公差不大于1.5mm。

3 当采用钢筋网片作拉结件时，网片横向钢筋的直径不应小于4mm；其间距不应大于400mm；网片的竖向间距不宜大于600mm；对有振动或有抗震设防要求时，不宜大于400mm。

4 拉结件在叶墙上的搁置长度，不应小于叶墙厚度的2/3，并不应小于60mm。

5 门窗洞口周边300mm范围内应附加间距不大于600mm的拉结件。

【条文解析】

在竖向荷载作用下，拉结件能协调内、外叶墙的变形，夹心墙通过拉结件为内叶墙提供了一定的支持作用，提高了内叶墙的承载力和增加了叶墙的稳定性，在往复荷载作用下，钢筋拉结件能在大变形情况下防止外叶墙失稳破坏，内外叶墙变形协调，共同工作。因此钢筋拉结件对防止已开裂墙体在地震作用下不致脱落、倒塌有重要作用。另外，采用钢筋拉结件的夹心墙片，不仅破坏较轻，并且其变形能力和承载能力的发挥也较好。

6.4.6 夹心墙拉结件或网片的选择与设置，应符合下列规定：

1 夹心墙宜用不锈钢拉结件。拉结件用钢筋制作或采用钢筋网片时，应先进行防腐处理，并应符合本规范4.3的有关规定。

2 非抗震设防地区的多层房屋，或风荷载较小地区的高层的夹芯墙可采用环形或Z形拉结件；风荷载较大地区的高层建筑房屋宜采用焊接钢筋网片。

3 抗震设防地区的砌体房屋（含高层建筑房屋）夹心墙应采用焊接钢筋网作为拉结件。焊接网应沿夹心墙连续通长设置，外叶墙至少有一根纵向钢筋。钢筋网片可计入内叶墙的配筋率，其搭接与锚固长度应符合有关规范的规定。

4 可调节拉结件宜用于多层房屋的夹心墙，其竖向和水平间距均不应大于400mm。

【条文解析】

叶墙的拉结件或钢筋网片采用热镀锌进行防腐处理时，其镀层厚度不应小于290g/m²。采用其他材料涂层应具有等效防腐性能。

《混凝土小型空心砌块建筑技术规程》JGJ/T 14—2011

5.11.1 夹心复合墙应符合下列要求：

1 混凝土小砌块的强度等级不应低于MU10；

2 夹心复合墙的夹层厚度不宜大于100mm；

3 夹心复合墙的有效厚度可取内、外叶墙（层）厚度的算数平方根（$h_l = \sqrt{h_1^2 + h_2^2}$）；

4 夹心复合墙的有效面积应取承重或主叶墙的面积；

5 夹心复合墙外叶墙的最大横向支承间距不宜大于9m。

5.11.2 夹心复合墙叶墙间的连接应符合下列要求：

1 叶墙间的拉结件或钢筋网片应进行防腐处理，当采用热镀锌时，其镀层厚度不应小于290g/m²，或采用具有等效防腐性能的其他材料涂层。

2 当采用环形拉结件时，钢筋直径不应小于4mm，当为Z形拉结件时，钢筋直径不应小于6mm；拉结件应沿竖向梅花形布置，拉结件的水平和竖向最大间距分别不宜大于800mm和600mm；对有振动或有抗震设防要求时，其水平和竖向最大间距分别不宜大于800mm和400mm。

3 当采用可调拉结件时，钢筋直径不应小于4mm，拉结件的水平和竖向最大间距均不宜大于400mm。叶墙间灰缝的高差不大于3.2mm，可调拉结件中孔眼和扣钉间的公差不大于1.6mm。

4 当采用钢筋网片作拉结件时，网片横向钢筋的直径不应小于4mm；其间距不应大于400mm；网片的竖向间距不宜大于600mm；对有振动或有抗震设防要求时，不宜大于400mm。

5 拉结件在叶墙上的搁置长度，不应小于叶墙厚度的2/3，并不应小于60mm。

6 门窗洞口周边300mm范围内应附加间距不大于600mm的拉结件。

注：对安全等级为一级或使用年限大于50年的房屋，夹心墙叶墙间宜采用不锈钢拉结件。

5.11.3 夹心复合墙拉结件或网片的选择应符合下列要求：

1 非抗震设防地区的多层房屋，或风荷载较小地区的高层的夹心复合墙可采用环形或Z形拉结件；风荷载较大地区的高层建筑房屋宜采用焊接钢筋网片。

2 抗震设防地区的砌体房屋（含高层建筑房屋）夹心复合墙应采用焊接钢筋网作为拉结件，焊接网应沿夹心复合墙连续通长设置，外叶墙至少有一根纵向钢筋。钢筋网片可计入内叶墙的配筋率，其搭接与锚固长度应符合有关规范的规定。

【条文解析】

为适应建筑节能要求，北方地区砌块房屋的外墙往往采用复合墙形式，即由内叶墙承重外叶墙保护，中间填以高效保温（岩棉、苯板等）材料。这种墙体也称夹心墙。两叶墙之间的拉结构件能在一定程度上协调内、外墙的变形，外叶墙的存在对内叶墙的稳定性以及水平荷载下脱落倒塌有一定的支撑作用。

5.2.4 圈梁、过梁

《砌体结构设计规范》GB 50003—2011

7.1.2 厂房、仓库、食堂等空旷单层房屋应按下列规定设置圈梁：

1 砖砌体结构房屋，檐口标高为 5~8m 时，应在檐口标高处设置圈梁一道；檐口标高大于 8m 时，应增加设置数量。

2 砌块及料石砌体结构房屋，檐口标高为 4~5m 时，应在檐口标高处设置圈梁一道；檐口标高大于 5m 时，应增加设置数量。

3 对有吊车或较大振动设备的单层工业房屋，当未采取有效的隔振措施时，除在檐口或窗顶标高处设置现浇混凝土圈梁外，尚应增加设置数量。

7.1.3 住宅、办公楼等多层砌体结构民用房屋，且层数为 3~4 层时，应在底层和檐口标高处各设置一道圈梁。当层数超过 4 层时，除应在底层和檐口标高处各设置一道圈梁外，至少应在所有纵、横墙上隔层设置。多层砌体工业房屋，应每层设置现浇混凝土圈梁。设置墙梁的多层砌体结构房屋，应在托梁、墙梁顶面和檐口标高处设置现浇钢筋混凝土圈梁。

【条文解析】

该两条所表述的圈梁设置涉及砌体结构的安全。根据近年来工程反馈信息和住房商品化对房屋质量要求的不断提高，加强了空旷单层房屋圈梁的设置和构造。这有助于提高砌体房屋的整体性、抗震和抗倒塌能力。

7.1.5 圈梁应符合下列构造要求：

1 圈梁宜连续地设在同一水平面上，并形成封闭状；当圈梁被门窗洞口截断时，应在洞口上部增设相同截面的附加圈梁。附加圈梁与圈梁的搭接长度不应小于其中到中垂直间距的 2 倍，且不得小于 1m。

2 纵、横墙交接处的圈梁应可靠连接。刚弹性和弹性方案房屋，圈梁应与屋架、大梁等构件可靠连接。

3 混凝土圈梁的宽度宜与墙厚相同，当墙厚不小于 240mm 时，其宽度不宜小于墙厚的 2/3。圈梁高度不应小于 120mm。纵向钢筋数量不应少于 4 根，直径不应小于 10mm，绑扎接头的搭接长度按受拉钢筋考虑，箍筋间距不应大于300mm。

4 圈梁兼作过梁时，过梁部分的钢筋应按计算面积另行增配。

【条文解析】

根据近年来工程反馈信息和住房商品化对房屋质量要求的不断提高，加强了多层砌体房屋圈梁的设置和构造。这有助于提高砌体房屋的整体性、抗震和抗倒塌能力。

7.1.6 采用现浇混凝土楼（屋）盖的多层砌体结构房屋，当层数超过5层时，除应在檐口标高处设置一道圈梁外，可隔层设置圈梁，并应与楼（屋）面板一起现浇。未设置圈梁的楼面板嵌入墙内的长度不应小于120mm，并沿墙长配置不少于2根直径为10mm的纵向钢筋。

【条文解析】

由于预制混凝土楼、屋盖普遍存在裂缝，许多地区采用了现浇混凝土楼板，为此提出了本条的规定。

7.2.1 对有较大振动荷载或可能产生不均匀沉降的房屋，应采用混凝土过梁。当过梁的跨度不大于1.5m时，可采用钢筋砖过梁；不大于1.2m时，可采用砖砌平拱过梁。

【条文解析】

本条强调过梁宜采用钢筋混凝土过梁。

7.2.2 过梁的荷载，应按下列规定采用：

1 对砖和砌块砌体，当梁、板下的墙体高度 h_w 小于过梁的净跨 l_n 时，过梁应计入梁、板传来的荷载，否则可不考虑梁、板荷载；

2 对砖砌体，当过梁上的墙体高度 h_w 小于 $l_n/3$ 时，墙体荷载应按墙体的均布自重采用，否则应按设计为 $l_n/3$ 墙体的均布自重来采用；

3 对砌块砌体，当过梁上的墙体高度 h_w 小于 $l_n/2$ 时，墙体荷载应按墙体的均布自重采用，否则应按高度为 $l_n/2$ 墙体的均布自重采用。

【条文解析】

过梁承受荷载有两种情况：第一种仅有墙体荷载；第二种除墙体荷载外，还承受梁板荷载。由于砌体砂浆随时间增长而逐渐硬化，使参加工作的砌体高度不断增加的缘故。正是这种砌体与过梁的组合作用，使作用在过梁上的砌体当量荷载仅约相当于高度等于跨度的1/3的砌体自重。在高度等于或大于跨度的砌体上施加荷载时，由于过梁与砌体的组合作用，荷载将通过组合深梁传给砖墙，而不是单独通过过梁传给砖墙，故过梁应力增大不多，而过梁计算习惯上不是按组合截面而只是按"计算截面高度"或按钢筋混凝土截面考虑的。

7.2.4 砖砌过梁的构造，应符合下列规定：

1 砖砌过梁截面计算高度内的砂浆不宜低于M5（Mb5、Ms5）；

2 砖砌平拱用竖砖砌筑部分的高度不应小于240mm；

3 钢筋砖过梁底面砂浆层处的钢筋，其直径不应小于 5mm，间距不宜大于 120mm，钢筋伸入支座砌体内的长度不宜小于 240mm，砂浆层的厚度不宜小于 30mm。

【条文解析】

本条规定了砖砌过梁的构造要求。

《混凝土小型空心砌块建筑技术规程》JGJ/T 14—2011

5.12.1 钢筋混凝土圈梁应按下列要求设置：

1 多层房屋或比较空旷的单层房屋，应在基础部位设置一道现浇圈梁；当房屋建筑在软弱地基或不均匀地基上时，圈梁刚度应适当加强。

2 比较空旷的单层房屋，当檐口高度为 4 ~ 5m 时，应设置一道圈梁；当檐口高度大于 5m 时，宜增设。

3 多层民用砌块房屋，层数为 3 ~ 4 层时，应在底层和檐口标高处各设置一道圈梁。当层数超过 4 层时，应在所有纵、横墙上层层设置。

4 采用现浇混凝土楼（屋）盖的多层砌块结构房屋，当层数超过 5 层时，除在檐口标高处设置一道圈梁外，可隔层设置圈梁，并与楼（屋）面板一起现浇。未设置圈梁的楼面板嵌入墙内的长度不应小于 100mm，并沿墙长配置不少于 $2\phi10$ 的纵向钢筋。

5 多层工业砌块房屋，应每层设置钢筋混凝土圈梁。

【条文解析】

为加强小砌块房屋的整体刚度，保证垂直荷载能较均匀地向下传递，考虑到砌块砌体抗剪、抗拉强度较低的特点，根据各地的实践经验，本条对圈梁设置作了较严格的规定。

5.12.4 过梁上的荷载，可按下列规定采用：

1 对于梁、板荷载，当梁、板下的墙体高度小于过梁净跨时，可按梁、板传来的荷载采用。当梁、板下墙体高度不小于过梁净跨时，可不考虑梁、板荷载。

2 对于墙体荷载，当过梁上墙体高度小于 1/2 过梁净跨时，应按墙体的均布自重采用。当墙体高度不小于 1/2 过梁净跨时，应按高度为 1/2 过梁净跨墙体的均布自重采用。

【条文解析】

本条对过梁上的荷载取值作了规定。由于过梁上墙体内拱的卸荷作用，当梁、板下的墙体高度大于过梁净跨时，梁、板荷载及墙体自重产生的过梁内力很小，过梁设计由施工阶段的荷载控制，荷载取本条规定的一定高度的墙体均匀自重作为当量荷载。

5.3 配筋砌块砌体

《砌体结构设计规范》GB 50003—2011

9.4.6 配筋砌块砌体剪力墙、连梁的砌体材料强度等级应符合下列规定：

  1 砌块不应低于 MU10；

  2 砌筑砂浆不应低于 Mb7.5；

  3 灌孔混凝土不应低于 Cb20。

  注：对安全等级为一级或设计使用年限大于 50a 的配筋砌块砌体房屋，所用材料的最低强度等级应至少提高一级。

【条文解析】

  根据配筋砌块剪力墙用于中高层结构需要较多层更高的材料等级作的规定。

  9.4.8 配筋砌块砌体剪力墙的构造配筋应符合下列规定：

  1 应在墙的转角、端部和孔洞的两侧配置竖向连续的钢筋，钢筋直径不应小于 12mm；

  2 应在洞口的底部和顶部设置不小于 $2\phi10$ 的水平钢筋，其伸入墙内的长度不应小于 $40d$ 和 600mm；

  3 应在楼（屋）盖的所有纵横墙处设置现浇钢筋混凝土圈梁，圈梁的宽度和高度应等于墙厚和块高，圈梁主筋不应少于 $4\phi10$，圈梁的混凝土强度等级不应低于同层混凝土块体强度等级的 2 倍，或该层灌孔混凝土的强度等级，也不应低于 C20；

  4 剪力墙其他部位的竖向和水平钢筋的间距不应大于墙长、墙高的 1/3，也不应大于 900mm；

  5 剪力墙沿竖向和水平方向的构造钢筋配筋率均不应小于 0.07%。

【条文解析】

  这是确保配筋砌块砌体剪力墙结构安全的最低构造钢筋要求。它加强了孔洞的削弱部位和墙体的周边，规定了水平及竖向钢筋的间距和构造配筋率。

  剪力墙的配筋比较均匀，其隐含的构造含钢率约为 0.05%～0.06%。该构造配筋率有两个作用：一是限制砌体干缩裂缝，二是能保证剪力墙具有一定的延性，一般在非地震设防地区的剪力墙结构应满足这种要求。对局部灌孔砌体，为保证水平配筋带（国外叫系梁）混凝土的浇筑密实，提出竖筋间距不大于 600mm。

  9.4.9 按壁式框架设计的配筋砌块砌体窗间墙除应符合本规范第 9.4.6 条～9.4.8 条规定外，尚应符合下列规定：

  1 窗间墙的截面应符合下列要求规定：

   1）墙宽不应小于 800mm；

   2）墙净高与墙宽之比不宜大于 5。

  2 窗间墙中的竖向钢筋应符合下列规定：

   1）每片窗间墙中沿全高不应少于 4 根钢筋；

   2）沿墙的全截面应配置足够的抗弯钢筋；

   3）窗间墙的竖向钢筋的配筋率不宜小于 0.2%，也不宜大于 0.8%。

3 窗间墙中的水平分布钢筋应符合下列规定：

1）水平分布钢筋应在墙端部纵筋处向下弯折射 90°，弯折段长度不小于 15d 和 150mm；

2）水平分布钢筋的间距：在距梁边 1 倍墙宽范围内不应大于 1/4 墙宽，其余部位不应大于 1/2 墙宽；

3）水平分布钢筋的配筋率不宜小于 0.15%。

【条文解析】

和钢筋混凝土剪力墙一样，配筋砌块砌体剪力墙随着墙中洞口的增大，变成一种由抗侧力构件（柱）与水平构件（梁）组成的体系。随窗间墙与连接构件的变化，该体系近似于壁式框架结构体系。试验证明，砌体壁式框架是抵抗剪力与弯矩的理想结构。如比例合适、构造合理，此种结构具有良好的延性。这种体系必须按强柱弱梁的概念进行设计。

对于按壁式框架设计和构造，混凝土砌块剪力墙（肢），必须采用 H 型或凹槽砌块组砌，孔洞全部灌注混凝土，施工时需进行严格的监理。

9.4.12 配筋砌块砌体剪力墙中当连梁采用配筋砌块砌体时，连梁应符合下列规定：

1 连梁的截面应符合下列规定：

1）连梁的高度不应小于两皮砌块的高度和 400mm；

2）连梁应采用 H 型砌块或凹槽砌块组砌，孔洞应全部浇灌混凝土。

2 连梁的水平钢筋宜符合下列规定：

1）连梁上、下水平受力钢筋宜对称、通长设置，在灌孔砌体内的锚固长度不宜小于 40d 和 600mm；

2）连梁水平受力钢筋的含钢率不宜小于 0.2%，也不宜大于 0.8%。

3 连梁的箍筋应符合下列规定：

1）箍筋的直径不应小于 6mm。

2）箍筋的间距不宜大于 1/2 梁高和 600mm。

3）在距支座等于梁高范围内的箍筋间距不应大于 1/4 梁高，距支座表面第一根箍筋的间距不应大于 100mm。

4）箍筋的面积配筋率不宜小于 0.15%。

5）箍筋宜为封闭式，双肢箍末端弯钩为 135°；单肢箍末端的弯钩为 180°，或弯 90°加 12 倍箍筋直径的延长段。

【条文解析】

混凝土砌块砌体剪力墙连梁由 H 型砌块或凹槽砌块组砌，并应全部浇注混凝土，是确保其整体性和受力性能的关键。

9.4.13 配筋砌块砌体柱（图 9.4.13）除应符合本规范第 9.4.6 条的要求外，尚应符合下列规定：

1　柱截面边长不宜小于400mm，柱高度与截面短边之比不宜大于30；

2　柱的竖向受力钢筋的直径不宜小于12mm，数量不应少于4根，全部竖向受力钢筋的配筋率不宜小于0.2%；

3　柱中箍筋的设置应根据下列情况确定：

1）当纵向钢筋的配筋率大于0.25%，且柱承受的轴向力大于受压承载力设计值的25%时，柱应设箍筋；当配筋率小于等于0.25%时，或柱承受的轴向力小于受压承载力设计值的25%时，柱中可不设置箍筋。

2）箍筋直径不宜小于6mm。

3）箍筋的间距不应大于16倍的纵向钢筋直径、48倍箍筋直径及柱截面短边尺寸中较小者。

4）箍筋应封闭，端部应弯钩或绕纵筋水平弯折90°，弯折段长度不小于10d。

5）箍筋应设置在灰缝或灌孔混凝土中。

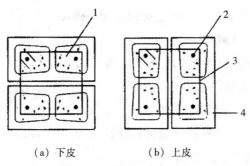

（a）下皮　　　　　（b）上皮

图9.4.13　配筋砌块砌体柱截面示意

1—灌孔混凝土；2—钢筋；3—箍筋；4—砌块

【条文解析】

采用配筋混凝土砌块砌体柱或壁柱，当轴向荷载较小时，可仅在孔洞配置竖向钢筋，而不需配置箍筋，具有施工方便、节省模板，在国外应用很普遍；而当荷载较大时，则按照钢筋混凝土柱类似的方式设置构造箍筋。从其构造规定看，这种柱是预制装配整体式钢筋混凝土柱，适用于荷载不太大砌块墙（柱）的建筑，尤其是清水墙砌块建筑。

《混凝土小型空心砌块建筑技术规程》JGJ/T 14—2011

6.4.7　配筋小砌块砌体剪力墙、连梁的砌体材料强度等级应符合下列要求：

1　砌块的强度等级不应低于MU10；

2　砌筑砂浆的强度等级不应低于Mb7.5；

3　灌孔混凝土应采用坍落度大、流动性及和易性好，并与砌块结合良好的混凝土，其强度等级不应低于Cb20，也不应低于1.5倍的块体强度等级；

4 作为承重或抗侧作用的配筋小砌块砌体剪力墙的孔洞,应全部用灌孔混凝土灌实。

注:对安全等级为一级或设计使用年限大于50年的配筋小砌块砌体房屋,所用材料的最低强度等级应至少提高一级。

【条文解析】

根据配筋砌块砌体目前的应用情况及耐久性要求,对材料等级进行相应规定。灌孔混凝土是指由水泥、砂、石等主要原材料配制的大流动性细石混凝土,石子粒径控制在5~16mm,坍落度控制在230~250mm,大流动性是砌块孔洞内细石混凝土灌实的先决条件,才能保障混凝土与砌块结合紧密。灌孔混凝土强度与混凝土小砌块块材的强度应匹配,由此组成的灌孔砌体的性能可得到充分发挥。配筋小砌块砌体剪力墙是一个整体,必须全部灌孔,才能保证平截面假定。在配筋小砌块砌体剪力墙结构的房屋中,允许有部分墙体不灌孔,但不灌孔部分的墙体不能按配筋小砌块砌体剪力墙计算,而必须按填充墙考虑。

6.4.8 配筋小砌块砌体剪力墙厚度为190mm,连梁截面宽度不应小于190mm。

【条文解析】

这是根据承重混凝土砌块的最小厚度规格尺寸和承重墙支承长度确定的。最通常采用的配筋砌块厚度为190mm。在允许的前提下,连梁可加宽以满足抗剪要求。

6.4.9 配筋小砌块砌体剪力墙的构造配筋应符合下列要求:

1 应在墙的转角、端部和洞口的两侧配置竖向连续的钢筋,钢筋直径不宜小于12mm;

2 应在洞口的底部和顶部设置不小于 $2\phi10$ 的水平钢筋,其伸入墙内的长度不宜小于 $40d$ 和600mm;

3 应在楼(屋)盖的所有纵横墙处设置现浇钢筋混凝土圈梁,圈梁的宽度宜等于墙厚且其高度应符合立面排块的模数,圈梁主筋不应少于 $4\phi10$ 且不应小于相应配筋砌体墙的水平钢筋,圈梁的混凝土强度等级不应小于相应灌孔小砌块砌体的强度,也不应低于C20;

4 剪力墙其他部位的竖向和水平钢筋的间距不应大于墙长及墙高的1/3,也不应大于800mm;

5 剪力墙沿竖向和水平方向的构造钢筋配筋率均不应小于0.07%。

【条文解析】

这是配筋砌块砌体剪力墙的最低构造钢筋要求。对由于孔洞削弱的墙体进行了加强。剪力墙的配筋比较均匀,其隐含的构造含钢约为0.05%~0.06%。据国外规范的背景材料,该构造配筋率有两个作用:一是限制砌体干缩裂缝,二是能保证剪力墙具有一定的延性,一般在非地震设防地区的剪力墙结构应满足这种要求。

6.4.10 按短肢墙设计的配筋砌块窗间墙除应符合本规程第6.4.8条和第6.4.9条规定外,尚应符合下列要求:

1 窗间墙的截面应符合下列要求:

1)墙宽不应小于800mm;

2）墙净高与墙宽之比不宜大于5。

2 窗间墙中的竖向钢筋应符合下列要求：

1）每片窗间墙中沿全高不应少于4根钢筋；

2）窗间墙的竖向钢筋的配筋率不宜小于0.2%，也不宜大于0.8%。

3 窗间墙中的水平分布钢筋应符合下列要求：

1）水平分布钢筋应在墙端部纵筋处向下弯折90°，弯折段长度不小于15d和150mm；

2）水平分布钢筋的间距：在距梁边1倍墙宽范围内不应大于1/4墙长，其余部位不应大于1/2墙长；

3）水平分布钢筋的配筋率不宜小于0.15%。

【条文解析】

窗间墙一般为短肢墙，构造及配筋适当加强。

6.4.11 配筋小砌块砌体剪力墙应按下列情况设置边缘构件：

1 当利用剪力墙端的砌体时，应符合下列要求：

1）应在一字形墙端至少3倍墙厚范围内的孔中设置不小于$\phi12$通长竖向钢筋；

2）应在墙体交接处设置每孔不小于$\phi12$的通长竖向钢筋，L形宜设置3个孔，T形宜设置4个孔，十字形宜设置5个孔；

3）剪力墙端部压应力大于$0.6f_g$的部位，除按本款第一项的规定设置竖向钢筋外，尚应设置间距不大于200mm、直径不小于6mm的封闭箍筋，该封闭箍筋宜设置在灌孔混凝土中。

2 当在剪力墙墙端设置混凝土柱时，应符合下列要求：

1）柱的截面宽度不应小于墙厚，柱的截面高度宜为1～2倍的墙厚，并不应小于200mm；

2）柱混凝土的强度等级不应小于相应灌孔小砌块砌体的强度，也不应低于C20；

3）柱的竖向钢筋不宜小于4$\phi12$，箍筋不宜小于$\phi6$，间距不宜大于200mm；

4）墙体中的水平钢筋应在柱中锚固，并应满足钢筋的锚固要求；

5）柱的施工顺序应为先砌砌块墙体，将与混凝土柱交界面所有砌块的堵头凿除后，同时浇捣灌孔混凝土。

【条文解析】

配筋砌块砌体剪力墙的边缘构件，要求在该区设置一定数量的竖向构造钢筋和横向箍筋或等效的约束件，以提高剪力墙的整体抗弯能力和延性。本条是根据工程实践和参照我国有关规范的有关要求，及砌块剪力墙的特点给出的。

另外，在保证等强设计的原则，并在砌块砌筑、混凝土浇灌质量保证的情况下，砌块砌体剪力墙端可采用混凝土柱为边缘构件。虽然在施工程序上增加模板工序，但能集中设置较多竖向钢筋，水平钢筋的锚固也易解决，美国有类似的成功工程经验。

6.4.12 应控制配筋小砌块砌体剪力墙平面外的弯矩，当剪力墙肢的平面外方向梁的偏心距大于本规程第 6.1.2 条规定时，应采取下列措施之一：

1 沿梁轴线方向设置与梁相连的配筋小砌块砌体剪力墙，抵抗该墙肢平面外弯矩；

2 当不能设置时，可将梁端与墙连接作为铰接处理，并采取相应梁与墙铰接的构造措施；

3 梁高不宜大于墙截面厚度的 2 倍。

【条文解析】

剪力墙的特点是平面内刚度及承载力大，而平面外刚度及承载力都相对很小。当剪力墙与平面外方向的梁连接时，会造成墙肢平面外弯矩，而一般情况下并不验算墙的平面外的刚度及承载力。配筋小砌块砌体剪力墙的竖向配筋居墙截面中心处，对剪力墙平面外的受弯能力甚为不利。试验表明，配筋小砌块砌体剪力墙平面外受弯能力较差。

剪力墙平面外设置的扶壁柱宜按计算确定截面及配筋，但当扶壁柱较短，其总长不大于 3 倍墙厚时，往往超筋或配筋过大。为保证其一定的抗弯能力，扶壁柱全截面配筋应不低于相关规定。

当梁高大于 2 倍墙厚时，梁端弯矩对墙平面外的安全不利，因此应采取措施，降低梁的刚度，减少剪力墙平面外的弯矩，以利墙体安全。

本条所列措施，均可增大墙肢抵抗平面外弯矩的能力。另外，对截面高度较小的楼面梁可设计为铰接或半刚接，减小墙肢平面外弯矩。铰接端或半刚接端可通过弯矩调幅或梁变截面来实现，此时应相应加大梁跨中弯矩，且梁顶配筋不宜过小。

6.4.13 配筋小砌块砌体剪力墙中当连梁采用钢筋混凝土时，连梁混凝土的强度等级不应小于相应灌孔小砌块砌体的强度，也不应低于 C20；其他构造尚应符合现行国家标准《混凝土结构设计规范》GB 50010—2010 的有关规定要求。

【条文解析】

本条规定了当采用钢筋混凝土连梁时的有关技术要求。

6.4.14 配筋小砌块砌体剪力墙中当连梁采用配筋小砌块砌体时，连梁应符合下列要求：

1 连梁的截面应符合下列要求：

1）连梁的高度不应小于两皮砌块的高度和 400mm；

2）连梁应采用 H 型砌块或凹槽砌块组砌，孔洞应全部浇灌混凝土。

2 连梁的水平钢筋宜符合下列要求：

1）连梁上、下水平受力钢筋宜对称、通长设置，在灌孔砌体内的锚固长度不宜小于 $40d$ 和 600mm；

2）连梁水平受力钢筋的配筋率不宜小于 0.2%，也不宜大于 0.8%。

3 连梁的箍筋应符合下列要求：

1）箍筋的直径不应小于6mm。

2）箍筋的间距不宜大于1/2梁高和600mm。

3）在距支座等于梁高范围内的箍筋间距不应大于1/4梁高，距支座表面第一根箍筋的间距不应大于100mm。

4）箍筋的面积配筋率不宜小于0.15%。

5）箍筋宜为封闭式，双肢箍末端弯钩为135°；单肢箍末端的弯钩为180°，或弯90°加12倍箍筋直径的延长段。

【条文解析】

混凝土砌块砌体剪力墙连梁由H型砌块或凹槽砌块组砌（当采用钢筋混凝土与配筋砌块组合连梁时受此限制），并应全部浇灌混凝土，以确保其整体性和受力。

6.4.15　部分框支配筋小砌块砌体剪力墙结构中框支层上一层及以下的配筋小砌块砌体墙的水平及竖向分布钢筋最小配筋率均不应小于0.10%，最大间距均不应大于600mm。

【条文解析】

部分框支配筋砌块砌体剪力墙结构底部的配筋砌块砌体墙的水平及竖向分布钢筋最小配筋率适当提高。

5.4　砌体结构抗震设计

5.4.1　基本规定

《砌体结构设计规范》GB 50003—2011

10.1.2　本章适用的多层砌体结构房屋的总层数和总高度，应符合下列规定：

1　房屋的层数和总高度不应超过表10.1.2的规定。

表10.1.2　多层砌体房屋的层数和总高度限值（m）

房屋类型		最小抗震墙厚度/mm	抗震设防烈度和设计基本地震加速度										
			6		7				8				9
			0.05g		0.10g		0.15g		0.20g		0.30g		0.40g
			高度	层数	高度	层数	高度	层数	高度	层数	高度	层数	高度	层数
多层砌体房屋	普通砖	240	21	7	21	7	21	7	18	6	15	5	12	4
	多孔砖	240	21	7	21	7	18	6	18	6	15	5	9	3
	多孔砖	190	21	7	18	6	15	5	15	5	12	4	—	—
	小砌块	190	21	7	21	7	18	6	18	6	15	5	9	3

续　表

房屋类型		最小抗震墙厚度/mm	抗震设防烈度和设计基本地震加速度									
			6		7				8				9
			0.05g		0.10g		0.15g		0.20g		0.30g		0.40g
			高度	层数	高度	层数	高度	层数	高度	层数	高度	层数	高度	层数
底部框架－抗震墙房屋	普通砖、多孔砖	240	22	7	22	7	19	6	16	5	—	—	—	—
	多孔砖	190	22	7	19	6	16	5	13	4	—	—	—	—
	小砌块	190	22	7	22	7	19	6	16	5	—	—	—	—

注：1　房屋的总高度指室外地面到主要屋面板板顶或檐口的高度，半地下室从地下室室内地面算起，全地下室和嵌固条件好的半地下室应允许从室外地面算起；对带阁楼的坡屋面应算到山尖墙的1/2高度处；

　　2　室内外高差大于0.6m时，房屋总高度应允许比表中的数据适当增加，但增加量应少于1.0m；

　　3　乙类的多层砌体房屋仍按本地区设防烈度查表，其层数应减少一层且总高度应降低3m，不应采用底部框架－抗震墙砌体房屋。

2　各层横墙较少的多层砌体房屋，总高度应比表10.1.2中的规定降低3m，层数相应减少一层；各层横墙很少的多层砌体房屋，还应再减少一层。

注：横墙较少是指同一楼层内开间大于4.2m的房间占该层总面积的40%以上；其中，开间不大于4.2m的房间占该层总面积不到20%且开间大于4.8m的房间占该层总面积的50%以上为横墙很少。

3　抗震设防烈度为6、7度时，横墙较少的丙类多层砌体房屋，当按现行国家标准《建筑抗震设计规范》GB 50011—2010规定采取加强措施并满足抗震承载力要求时，其高度和层数应允许仍按表10.1.2中的规定采用；

4　采用蒸压灰砂普通砖和蒸压粉煤灰普通砖的砌体房屋，当砌体的抗剪强度仅达到普通黏土砖砌体的70%时，房屋的层数应比普通砖房屋减少一层，总高度应减少3m；当砌体的抗剪强度达到普通黏土砖砌体的取值时，房屋层数和总高度的要求同普通砖房屋。

【条文解析】

多层砌体结构房屋的总层数和总高度的限定，是此类房屋抗震设计的重要依据。

坡屋面阁楼层一般仍需计入房屋总高度和层数；坡屋面下的阁楼层，当其实际有效使用面积或重力荷载代表值小于顶层30%时，可不计入房屋总高度和层数，但按局部突出计算地震作用效应。对不带阁楼的坡屋面，当坡屋面坡度大于45°时，房屋总高度宜算到山尖墙的1/2高度处。

嵌固条件好的半地下室应同时满足下列条件，此时房屋的总高度应允许从室外地面算起，其顶板可视为上部多层砌体结构的嵌固端。

1）半地下室顶板和外挡土墙采用现浇钢筋混凝土。

2）当半地下室开有窗洞处并设置窗井，内横墙延伸至窗井外挡土墙并与其相交。

3）上部外墙均与半地下室墙体对齐，与上部墙体不对齐的半地下室内纵、横墙总量分别不大于30%。

4）半地下室室内地面至室外地面的高度应大于地下室净高的二分之一，地下室周边回填土压实系数不小于0.93。

采用蒸压灰砂普通砖和蒸压粉煤灰普通砖砌体的房屋，当砌体的抗剪强度达到普通黏土砖砌体的取值时，按普通砖砌体房屋的规定确定层数和总高度限值；当砌体的抗剪强度介于普通黏土砖砌体抗剪强度的70%~100%时，房屋的层数和总高度限值宜比普通砖砌体房屋酌情适当减少。

10.1.5 考虑地震作用组合的砌体结构构件，其截面承载力应除以承载力抗震调整系数 γ_{RE}，承载力抗震调整系数应按表10.1.5采用。当仅计算竖向地震作用时，各类结构构件承载力抗震调整系数均应采用1.0。

表10.1.5 承载力抗震调整系数

结构构件	受力状态	γ_{RE}
两端均设有构造柱、芯柱的砌体抗震墙	受剪	0.9
组合砖墙	偏压、大偏拉和受剪	0.9
配筋砌块砌体抗震墙	偏压、大偏拉和受剪	0.85
自承重墙	受剪	1.0
其他砌体	受剪和受压	1.0

【条文解析】

承载力抗震调整系数是结构抗震的重要依据。表中配筋砌块砌体抗震墙的偏压、大偏拉和受剪承载力抗震调整系数与抗震规范中钢筋混凝土墙相同，为0.85。对于灌孔率达不到100%的配筋砌块砌体，如果承载力抗震调整系数采用0.85，抗力偏大，因此建议取1.0。对两端均设有构造柱、芯柱的砌块砌体抗震墙，受剪承载力抗震调整系数取0.9。

10.1.6 配筋砌块砌体抗震墙结构房屋抗震设计时，结构抗震等级应根据设防烈度和房屋高度按表10.1.6采用。

表10.1.6 配筋砌块砌体抗震墙结构房屋的抗震等级

结构类型		抗震设防烈度						
		6		7		8		9
		≤24	>24	≤24	>24	≤24	>24	≤24
配筋砌块砌体抗震墙	高度/m	≤24	>24	≤24	>24	≤24	>24	≤24
	抗震墙	四	三	三	二	二	一	一

续　表

结构类型		抗震设防烈度				
		6	7		8	9
部分框支抗震墙	非底部加强部位抗震墙	四	三	三	二	二
	底部加强部位抗震墙	三	二	二	二	不应采用
	框支框架	二	二	一	一	

注：1　对于四级抗震等级，除本章有规定外，均按非抗震设计采用；
　　2　接近或等于高度分界时，可结合房屋不规则程度及场地、地基条件确定抗震等级。

【条文解析】

配筋砌块砌体结构的抗震等级是考虑了结构构件的受力性能和变形性能，同时参照了钢筋混凝土房屋的抗震设计要求而确定的，主要是根据抗震设防分类、烈度和房屋高度等因素划分配筋砌块砌体结构的不同抗震等级。考虑到底部为部分框支抗震墙的配筋混凝土砌块抗震墙房屋的抗震性能相对不利并影响安全，规定对于 8 度时房屋总高度大于 24m 及 9 度时不应采用此类结构形式。

《建筑抗震设计规范》GB 50011—2010

7.1.2　多层房屋的层数和高度应符合下列要求：

1　一般情况下，房屋的层数和总高度不应超过表 7.1.2 的规定。

表 7.1.2　房屋的层数和总高度限值（m）

房屋类型		最小抗震墙厚度/mm	抗震设防烈度和设计基本地震加速度										
			6		7				8				9
			0.05g		0.10g		0.15g		0.20g		0.30g		0.40g
			高度	层数	高度	层数	高度	层数	高度	层数	高度	层数	高度	层数
多层砌体房屋	普通砖	240	21	7	21	7	21	7	18	6	15	5	12	4
	多孔砖	240	21	7	21	7	18	6	18	6	15	5	9	3
	多孔砖	190	21	7	18	6	15	5	15	5	12	4	—	—
	小砌块	190	21	7	21	7	18	6	18	6	15	5	9	3
底部框架–抗震墙房屋	普通砖、多孔砖	240	22	7	22	7	19	6	16	5	—	—	—	—
	多孔砖	190	22	7	19	6	16	5	13	4	—	—	—	—
	小砌块	190	22	7	22	7	19	6	16	5	—	—	—	—

注：1　房屋的总高度指室外地面到主要屋面板板顶或檐口的高度，半地下室从地下室室内地面算起，全地下室和嵌固条件好的半地下室应允许从室外地面算起；对带阁楼的坡屋面应算到山尖墙的 1/2 高度处。
　　2　室内外高差大于 0.6m 时，房屋总高度应允许比表中的数据适当增加，但增加量应少于 1.0m。
　　3　乙类的多层砌体房屋仍按本地区设防烈度查表，其层数应减少一层且总高度应降低 3m；不应采用底部框架–抗震墙砌体房屋。
　　4　本表小砌块砌体房屋不包括配筋混凝土小型空心砌块砌体房屋。

2 横墙较少的多层砌体房屋,总高度应比表7.1.2的规定降低3m,层数相应减少一层;各层横墙很少的多层砌体房屋,还应再减少一层。

注:横墙较少是指同一楼层内开间大于4.2m的房间占该层总面积的40%以上;其中,开间不大于4.2m的房间占该层总面积不到20%且开间大于4.8m的房间占该层总面积的50%以上为横墙很少。

3 6、7度时,横墙较少的丙类多层砌体房屋,当按规定采取加强措施并满足抗震承载力要求时,其高度和层数应允许仍按表7.1.2的规定采用。

4 采用蒸压灰砂砖和蒸压粉煤灰砖的砌体的房屋,当砌体的抗剪强度仅达到普通黏土砖砌体的70%时,房屋的层数应比普通砖房减少一层,总高度应减少3m;当砌体的抗剪强度达到普通黏土砖砌体的取值时,房屋层数和总高度的要求同普通砖房屋。

【条文解析】

国内历次地震表明,在一般情况下,砌体房屋层数越多,高度越高,震害程度越严重,破坏率也就越高。因此,国内外抗震设计规范都对多层砌体房屋的层数和总高度加以限制。

砌体房屋的高度限制,是十分敏感且深受关注的规定。基于砌体材料的脆性性质和震害经验,限制其层数和高度是主要的抗震措施。

多层砖房的抗震能力,除依赖于横墙间距、砖和砂浆强度等级、结构的整体性和施工质量等因素外,还与房屋的总高度有直接的联系。

历次地震的宏观调查资料说明:二、三层砖房在不同烈度区的震害,比四、五层的震害轻得多,六层及六层以上的砖房在地震时震害明显加重。海城和唐山地震中,相邻的砖房,四、五层的比二、三层的破坏严重,倒塌的百分比亦高得多。

国外在地震区对砖结构房屋的高度限制较严。不少国家在7度及以上地震区不允许采用无筋砖结构,前苏联等国对配筋和无筋砖结构的高度和层数作了相应的限制。结合我国具体情况,砌体房屋的高度限制是指设置了构造柱的房屋高度。

多层砌块房屋的总高度限制,主要是依据计算分析、部分震害调查和足尺模型试验,并参照多层砖房确定的。

表7.1.2的注2表明,房屋高度按有效数字控制。当室内外高差不大于0.6m时,房屋总高度限值按表中数据的有效数字控制,则意味着可比表中数据增加0.4m;当室内外高差大于0.6m时,虽然房屋总高度允许比表中的数据增加不多于1.0m,实际上其增加量只能少于0.4m。

坡屋面阁楼层一般仍需计入房屋总高度和层数;但属于《建筑抗震设计规范》GB 50011—2010第5.2.4条规定的出屋面小建筑范围时,不计入层数和高度的控制范围。斜屋面下的"小建筑"通常按实际有效使用面积或重力荷载代表值小于顶层30%控制。

7.1.5 房屋抗震横墙的间距,不应超过表7.1.5的要求:

表 7.1.5 房屋抗震横墙的间距（m）

房屋类别		抗震设防烈度			
		6	7	8	9
多层砌体房屋	现浇或装配整体式钢筋混凝土楼、屋盖	15	15	11	7
	装配式钢筋混凝土楼、屋盖	11	11	9	4
	木屋盖	9	9	4	—
底部框架－抗震墙房屋	上部各层	同多层砌体房屋			—
	底层或底部两层	18	15	11	

注：1 多层砌体房屋的顶层，除木屋盖外的最大横墙间距应允许适当放宽，但应采取相应加强措施；

2 多孔砖抗震横墙厚度为 190mm 时，最大横墙间距应比表中数值减少 3m。

【条文解析】

多层砌体房屋的横向地震力主要由横墙承担，地震中横墙间距大小对房屋倒塌影响很大，不仅横墙需具有足够的承载力，而且楼盖须具有传递地震力给横墙的水平刚度，因此，为了避免纵墙出现平面破坏，本条规定了满足楼盖对传递水平地震力所需的刚度要求。

多层砌体房屋顶层的横墙最大间距，在采用钢筋混凝土屋盖时允许适当放宽，大致指大房间平面长宽比不大于 2.5，最大抗震横墙间距不超过表 7.1.5 中数值的 1.4 倍及 18m。此时，抗震横墙除应满足抗震承载力计算要求外，相应的构造柱需要加强并至少向下延伸一层。

7.1.8 底部框架－抗震墙砌体房屋的结构布置，应符合下列要求：

1 上部的砌体墙体与底部的框架梁或抗震墙，除楼梯间附近的个别墙段外均应对齐。

2 房屋的底部，应沿纵横两方向设置一定数量的抗震墙，并应均匀对称布置。6 度且总层数不超过四层的底层框架－抗震墙砌体房屋，应允许采用嵌砌于框架之间的约束普通砖砌体或小砌块砌体的砌体抗震墙，但应计入砌体墙对框架的附加轴力和附加剪力并进行底层的抗震验算，且同一方向不应同时采用钢筋混凝土抗震墙和约束砌体抗震墙；其余情况，8 度时应采用钢筋混凝土抗震墙，6、7 度时应采用钢筋混凝土抗震墙或配筋小砌块砌体抗震墙。

3 底层框架－抗震墙砌体房屋的纵横两个方向，第二层计入构造柱影响的侧向刚度与底层侧向刚度的比值，6、7 度时不应大于 2.5，8 度时不应大于 2.0，且均不应小于 1.0。

4 底部两层框架－抗震墙砌体房屋纵横两个方向，底层与底部第二层侧向刚度应接近，第三层计入构造柱影响的侧向刚度与底部第二层侧向刚度的比值，6、7 度时不应大于2.0，8度时不应大于1.5，且均不应小于1.0。

5 底部框架－抗震墙砌体房屋的抗震墙应设置条形基础、筏形基础等整体性好的基础。

【条文解析】

底层采用砌体抗震墙的情况，仅允许用于6度设防时，且明确应采用约束砌体加强，但不应采用约束多孔砖砌体，有关的构造要求见本章第7.5节；6、7度时，也允许采用配筋小砌块墙体。还需注意，砌体抗震墙应对称布置，避免或减少扭转效应，不作为抗震墙的砌体墙，应按填充墙处理，施工时后砌。

底部抗震墙的基础，不限定具体的基础形式，明确为"整体性好的基础"。

《底部框架－抗震墙砌体房屋抗震技术规程》JGJ 248—2012

3.0.2 底部框架－抗震墙砌体房屋的总高度和层数应符合下列要求：

1 抗震设防类别为重点设防类时，不应采用底部框架－抗震墙砌体房屋。标准设防类的底部框架－抗震墙砌体房屋，房屋的总高度和层数不应超过表3.0.2的规定。

表3.0.2 底部框架－抗震墙砌体房屋总高度（m）和层数限值

上部砌体抗震墙类别	上部砌体抗震墙最小厚度/mm	抗震设防烈度和设计基本地震加速度							
		6		7				8	
		0.05g		0.10g		0.15g		0.20g	
		高度	层数	高度	层数	高度	层数	高度	层数
普通砖多孔砖	240	22	7	22	7	19	6	16	5
多孔砖	190	22	7	19	6	16	5	13	4
小砌块	190	22	7	22	7	19	6	16	5

注：1 房屋的总高度指室外地面到主要屋面板板顶或檐口的高度，半地下室可从地下室室内地面算起，全地下室和嵌固条件好的半地下室应允许从室外地面算起；对带阁楼的坡屋面应算到山尖墙的1/2高度处。

2 室内外高差大于0.6m时，房屋总高度应允许比表中数值适当增加，但增加量应少于1.0m。

3 表中上部小砌块砌体房屋不包括配筋小砌块砌体房屋。

2 上部为横墙较少时，底部框架－抗震墙砌体房屋的总高度，应比表3.0.2的规定降低3m，层数相应减少一层；上部砌体房屋不应采用横墙很少的结构。

注：横墙较少指同一楼层内开间大于4.2m的房间面积占该层总面积的40%以上；当开间不大于4.2m的房间面积占该层总面积不到20%且开间大于4.8m的房间面积占该层总面积的50%以上时为横墙很少。

3 6度、7度时，底部框架－抗震墙砌体房屋的上部为横墙较少时，当按规定采取加强措施并满足抗震承载力要求时，房屋的总高度和层数应允许仍按表3.0.2的规定采用。

【条文解析】

这类房屋的抗震能力不仅取决于底部框架－抗震墙和上部砌体房屋各自的抗震能力，而且还取决于两者抗震能力是否相匹配；在多层房屋中，存在着薄弱楼层，存在薄弱楼层的房屋的抗震能力，主要取决于其薄弱楼层的承载能力、变形能力以及与相邻楼层承载能力的相对比值。大量的震害表明，在强烈地震作用下，结构首先从最薄弱的楼层率先开裂、屈服、破坏，形成弹塑性变形和破坏集中的楼层，并将危及整个房屋的安全。对于底部框架－抗震墙砌体房屋，底部为钢筋混凝土框架－抗震墙体系，具有较好的承载能力、变形能力和耗能能力；上部为设置钢筋混凝土构造柱和圈梁的砌体房屋，具有一定的承载能力，其变形能力和耗能能力相对比较差，但构造柱与圈梁对脆性砌体的约束能提高其变形能力和耗能能力。依据这类房屋的抗震能力，给出了总层数和总高度的要求。

5.4.2 砖砌体构件

《砌体结构设计规范》GB 50003—2011

10.2.4 各类砖砌体房屋的现浇钢筋混凝土构造柱（以下简称构造柱），其设置应符合现行国家标准《建筑抗震设计规范》GB 50011—2010的有关规定，并应符合下列规定：

1 构造柱设置部位应符合表10.2.4的规定。

2 外廊式和单面走廊式的房屋，应根据房屋增加一层的层数，按表10.2.4的要求设置构造柱，且单面走廊两侧的纵墙均应按外墙处理。

3 横墙较少的房屋，应根据房屋增加一层的层数，按表10.2.4的要求设置构造柱。当横墙较少的房屋为外廊式或单面走廊式时，应按本条2款要求设置构造柱；但6度不超过四层、7度不超过三层和8度不超过二层时应按增加二层的层数对待。

4 各层横墙很少的房屋，应按增加二层的层数设置构造柱。

5 采用蒸压灰砂普通砖和蒸压粉煤灰普通砖的砌体房屋，当砌体的抗剪强度仅达到普通黏土砖砌体的70%时（普通砂浆砌筑），应根据增加一层的层数按本条1～4款要求设置构造柱；但6度不超过四层、7度不超过三层和8度不超过二层时应按增加二层的层数对待。

6 有错层的多层房屋，在错层部位应设置墙，其与其他墙交接处应设置构造柱；在错层部位的错层楼板位置应设置现浇钢筋混凝土圈梁；当房屋层数不低于四层时，底部1/4楼层处错层部位墙中部的构造柱间距不宜大于2m。

表 10.2.4　砖砌体房屋构造柱设置要求

不同抗震烈度的房屋层数				设置部位	
6	7	8	9		
≤五	≤四	≤三		楼、电梯间四角，楼梯斜梯段上下端对应的墙体处外墙四角和对应转角错层部位横墙与外纵墙交接处大房间内外墙交接处较大洞口两侧	隔12m或单元横墙与外纵墙交接处 楼梯间对应的另一侧内横墙与外纵墙交接处
六	五	四	二		隔开间横墙（轴线）与外墙交接处 山墙与内纵墙交接处
七	六、七	五、六	三、四		内墙（轴线）与外墙交接处 内墙的局部较小墙垛处 内纵墙与横墙（轴线）交接处

注：1　较大洞口，内墙指不小于2.1m的洞口，外墙在内外墙交接处已设置构造柱时应允许适当放宽，但洞侧墙体应加强；

2　当按本条第2~5款规定确定的层数超出表10.2.4范围，构造柱设计要求不应低于表中相应抗震烈度的最高要求且宜适当提高。

【条文解析】

对于抗震规范没有涵盖的层数较少的部分房屋，建议在外墙四角等关键部位适当设置构造柱。对6度时三层及以下房屋，建议楼梯间墙体也应设置构造柱以加强其抗倒塌能力。

当砌体房屋有错层部位时，宜对错层部位墙体采取增加构造柱等加强措施。本条适用于错层部位所在平面位置可能在地震作用下对错层部位及其附近结构构件产生较大不利影响，甚至影响结构整体抗震性能的砌体房屋，必要时尚应对结构其他相关部位采取有效措施进行加强。对于局部楼板板块略降标高处，不必按本条采取加强措施。错层部位两侧楼板板顶高差大于1/4层高时，应按规定设置防震缝。

10.2.5　多层砖砌体房屋的构造柱应符合下列构造规定：

1　构造柱的最小截面可为180mm×240mm（墙厚190mm时为180mm×190mm）；构造柱纵向钢筋宜采用4φ12，箍筋直径可采用6mm，间距不宜大于250mm，且在柱上、下端适当加密；当6、7度超过六层、8度超过五层和9度时，构造柱纵向钢筋宜采用4φ14，箍筋间距不应大于200mm；房屋四角的构造柱应适当加大截面及配筋。

2　构造柱与墙连接处应砌成马牙槎，沿墙高每隔500mm设2φ6水平钢筋和φ4分布短筋平面内点焊组成的拉结网片或φ4点焊钢筋网片，每边伸入墙内不宜小于1m。6、7度时，底部1/3楼层，8度时底部1/2楼层，9度时全部楼层，上述拉结钢筋网片应沿墙体水平通长设置。

3 构造柱与圈梁连接处，构造柱的纵筋应在圈梁纵筋内侧穿过，保证构造柱纵筋上下贯通。

4 构造柱可不单独设置基础，但应伸入室外地面下 500mm，或与埋深小于 500mm 的基础圈梁相连。

5 房屋高度和层数接近本规范表 10.1.2 的限值时，纵、横墙内构造柱间距尚应符合下列规定：

1) 横墙内的构造柱间距不宜大于层高的二倍，下部 1/3 楼层的构造柱间距适当减小；

2) 当外纵墙开间大于 3.9m 时，应另设加强措施。内纵墙的构造柱间距不宜大于 4.2m。

【条文解析】

本条规定，当房屋高度接近《建筑抗震设计规范》GB 50011—2010 表 7.1.2 的总高度和层数限值时，纵、横墙中构造柱间距的要求不变。对较长的纵、横墙需有构造柱来加强墙体的约束和抗倒塌能力。

由于钢筋混凝土构造柱的作用主要在于对墙体的约束，构造上截面不必很大，但需与各层纵横墙的圈梁或现浇楼板连接，才能发挥约束作用。

为保证钢筋混凝土构造柱的施工质量，构造柱须有外露面。一般利用马牙槎外露即可。

《建筑抗震设计规范》GB 50011—2010

7.3.1 各类多层砖砌体房屋，应按下列要求设置现浇钢筋混凝土构造柱（以下简称构造柱）：

1 构造柱设置部位，一般情况下应符合表 7.3.1 的要求。

2 外廊式和单面走廊式的多层房屋，应根据房屋增加一层的层数，按表 7.3.1 的要求设置构造柱，且单面走廊两侧的纵墙均应按外墙处理。

3 横墙较少的房屋，应根据房屋增加一层的层数，按表 7.3.1 的要求设置构造柱。当横墙较少的房屋为外廊式或单面走廊式时，应按本条 2 款要求设置构造柱；但 6 度不超过四层、7 度不超过三层和 8 度不超过二层时，应按增加二层的层数对待。

4 各层横墙很少的房屋，应按增加二层的层数设置构造柱。

5 采用蒸压灰砂砖和蒸压粉煤灰砖的砌体房屋，当砌体的抗剪强度仅达到普通黏土砖砌体的 70% 时，应根据增加一层的层数按本条 1~4 款要求设置构造柱；但 6 度不超过四层、7 度不超过三层和 8 度不超过二层时，应按增加二层的层数对待。

表 7.3.1　多层砖砌体房屋构造柱设置要求

不同抗震烈度的房屋层数				设置部位	
6	7	8	9		
四、五	三、四	二、三		楼、电梯间四角、楼梯斜梯段上下端对应的墙体处外墙四角和对应转角错层部位横墙与外纵墙交接处较大洞口两侧	隔 12m 或单元横墙与外纵墙交接处
					楼梯间对应的另一侧内横墙与外纵墙交接处
六	五	四	二		隔开间横墙（轴线）与外墙交接处
					山墙与内纵墙交接处
七	≥六	≥五	≥三		内墙（轴线）与外墙交接处
					内横墙的局部较小墙垛处
					内纵墙与横墙（轴线）交接处

注：较大洞口，内墙指不小于 2.1m 的洞口；外墙在内外墙交接处已设置构造柱时应允许适当放宽，但洞侧墙体应加强。

【条文解析】

本条规定，根据房屋的用途、结构部位、烈度和承担地震作用的大小来设置构造柱。

当 6、7 度房屋的层数少于《建筑抗震设计规范》GB 50011—2010 表 7.2.1 规定时，如 6 度二、三层和 7 度二层且横墙较多的丙类房屋，只要合理设计、施工质量好，在地震时可到达预期的设防目标，本规范对其构造柱设置未作强制性要求。注意到构造柱有利于提高砌体房屋抗地震倒塌能力，这些低层、小规模且设防烈度低的房屋，可根据具体条件和可能适当设置构造柱。

本条提出了不规则平面的外墙对应转角（凸角）处设置构造柱的要求；楼梯斜段上下端对应墙体处增加四根构造柱，与在楼梯间四角设置的构造柱合计有八根构造柱，再与《建筑抗震设计规范》GB 50011—2010 7.3.8 条规定的楼层半高的钢筋混凝土带等可组成应急疏散安全岛。

7.3.3　多层砖砌体房屋的现浇钢筋混凝土圈梁设置应符合下列要求：

1　装配式钢筋混凝土楼、屋盖或木屋盖的砖房，应按表 7.3.3 的要求设置圈梁；纵墙承重时，抗震横墙上的圈梁间距应比表内要求适当加密。

2　现浇或装配整体式钢筋混凝土楼、屋盖与墙体有可靠连接的房屋，应允许不另设圈梁，但楼板沿抗震墙体周边均应加强配筋并应与相应的构造柱钢筋可靠连接。

表7.3.3 多层砖砌体房屋现浇钢筋混凝土圈梁设置要求

墙类	抗震设防烈度		
	6、7	8	9
外墙和内纵墙	屋盖处及每层楼盖处	屋盖处及每层楼盖处	屋盖处及每层楼盖处
内横墙	同上 屋盖处间距不应大于4.5m 楼盖处间距不应大于7.2m 构造柱对应部位	同上 各层所有横墙，且间距不应大于4.5m 构造柱对应部位	同上 各层所有横墙

【条文解析】

钢筋混凝土圈梁是多层砖房有效的抗震措施之一，钢筋混凝土圈梁有如下功能：

1）增强房屋的整体性，提高房屋的抗震能力，由于圈梁的约束，预制板散开以及砖墙出平面倒塌的危险性大大减小了。使纵、横墙能够保持一个整体的箱形结构。充分地发挥各片砖墙在平面内抗剪承载力。

2）作为楼（屋）盖的边缘构件，提高了楼盖的水平刚度，使局部地震作用能够分配给较多的砖墙来承担，也减轻了大房间纵、横墙平面外破坏的危险性。

3）圈梁还能限制墙体斜裂缝的开展和延伸，使砖墙裂缝仅在两道圈梁之间的墙段内发生，斜裂缝的水平夹角减小，砖墙抗剪承载力得以充分地发挥和提高。

本条提高了对楼层内横墙圈梁间距的要求，以增强房屋的整体性能。

钢筋混凝土圈梁设置要求：

1）现浇钢筋混凝土楼盖不需要设置圈梁。

2）现浇或装配整体式钢筋混凝土楼、屋盖与墙体有可靠连接的房屋，允许不另设圈梁，但为加强砌体房屋的整体性，楼板沿抗震墙体周边均应加强配筋并应与相应的构造柱钢筋可靠连接。

7.3.5 多层砖砌体房屋的楼、屋盖应符合下列要求：

1 现浇钢筋混凝土楼板或屋面板伸进纵、横墙内的长度，均不应小于120mm。

2 装配式钢筋混凝土楼板或屋面板，当圈梁未设在板的同一标高时，板端伸进外墙的长度不应小于120mm，伸进内墙的长度不应小于100mm或采用硬架支模连接，在梁上不应小于80mm或采用硬架支模连接。

3 当板的跨度大于4.8m并与外墙平行时，靠外墙的预制板侧边应与墙或圈梁拉结。

4 房屋端部大房间的楼盖，6度时房屋的屋盖和7~9度时房屋的楼、屋盖，当圈梁设在板底时，钢筋混凝土预制板应相互拉结，并应与梁、墙或圈梁拉结。

【条文解析】

楼、屋盖是房屋的重要横隔，除了保证本身刚度整体性外，其抗震构造要求，还包括楼板搁置长度，楼板与圈梁、墙体的拉结，屋架（梁）与墙、柱的锚固、拉结，等等，是保证楼、屋盖与墙体整体性的重要措施。

楼、屋盖的钢筋混凝土梁或屋架，应与墙、柱（包括构造柱）或圈梁可靠连接。梁与砖柱的连接不应削弱柱截面。坡屋顶房屋的尾架应与屋顶圈梁可靠连接，檩条或屋面板应与墙及屋架可靠连接。

预制阳台应与圈梁和楼板的现浇板带可靠连接。

本条提高了6~8度时预制板相互拉结的要求，同时取消了独立砖柱的做法。在装配式楼板伸入墙（梁）内长度的规定中，明确了硬架支模的做法（硬架支模的施工方法是：先架设梁或圈梁的模板，再将预制楼板支承在具有一定刚度的硬支架上，然后浇筑梁或圈梁、现浇叠合层等的混凝土）。

7.3.6 楼、屋盖的钢筋混凝土梁或屋架应与墙、柱（包括构造柱）或圈梁可靠连接；不得采用独立砖柱。跨度不小于6m大梁的支承构件应采用组合砌体等加强措施，并满足承载力要求。

【条文解析】

由砖、石或各种砌块等块体通过砂浆铺缝砌筑而成的结构称为砌体结构。它包括砖结构、石结构和其他材料的砌块结构。

砖砌体结构是世界上应用最广、历史最悠久的建筑结构，因其具有取材方便、价格便宜、保温隔热性能好、经久耐用等优点而广泛的应用于各类建筑中。但是，目前随着楼层的不断增高，砖砌体结构由于其强度低、截面尺寸较大而受到限制。为此，可以在充分利用砌体材料抗压性能的情况下，在砌体中配以钢筋或钢筋混凝土等弹塑性较好的材料，以改善砌体结构的受力性能，从而扩大其应用范围。目前主要采用的有水平加筋的网状配筋砖砌体和竖向加筋的组合砖砌体。

组合砌体结构：是由砖砌体和钢筋混凝土面层或钢筋砂浆面层组成的组合砖砌体构件，多用于荷载偏心较大，单纯使用无筋砌体较难满足使用要求的情况。

7.3.8 楼梯间尚应符合下列要求：

1 顶层楼梯间墙体应沿墙高每隔500mm设2φ6通长钢筋和φ4分布短钢筋平面内点焊组成的拉结网片或φ4点焊网片；7~9度时其他各层楼梯间墙体应在休息平台或楼层半高处设置60mm厚、纵向钢筋不应少于2φ10的钢筋混凝土带或配筋砖带，配筋砖带不少于3皮，每皮的配筋不少于2φ6，砂浆强度等级不应低于M7.5且不低于同层墙体的砂浆强度等级。

2 楼梯间及门厅内墙阳角处的大梁支承长度不应小于500mm，并应与圈梁连接。

3 装配式楼梯段应与平台板的梁可靠连接，8、9度时不应采用装配式楼梯段；不应采用墙中悬挑式踏步或踏步竖肋插入墙体的楼梯，不应采用无筋砖砌栏板。

4 突出屋顶的楼、电梯间，构造柱应伸到顶部，并与顶部圈梁连接，所有墙体应沿墙高每隔500mm设2ϕ6通长钢筋和ϕ4分布短筋平面内点焊组成的拉结网片或ϕ4点焊网片。

【条文解析】

历次地震震害表明，楼梯间的横墙，由于楼梯踏步板的斜撑作用而引来较大的水平地震作用，破坏程度常比其他横墙稍重一些。横墙与纵墙相接处的内墙阳角，如同外墙阳角一样，纵横墙面因两个方向地面运动的作用都出现斜向裂缝。楼梯间的大梁，由于搁进内纵墙的长度只有240mm，角部破碎后，梁落下。另外，楼梯踏步斜板因钢筋伸入体息平台梁内的长度很短而在相接处拉裂或拉断。因此，楼梯间常常破坏严重，必须采取一系列有效措施。为了保证楼梯间在地震时能作为安全疏散通道，其内墙阳角至门窗洞边的距离应符合规范要求。

突出屋顶的楼、电梯间，地震中受到较大的地震作用，因此在构造措施上也需要特别加强。

《底部框架－抗震墙砌体房屋抗震技术规程》JGJ 248—2012

6.2.1 上部砖砌体房屋，应按下列要求设置现浇钢筋混凝土构造柱（以下简称构造柱）：

1 构造柱设置部位应符合表6.2.1的要求；

表6.2.1 上部砖砌体房屋构造柱设置要求

不同抗震烈度的房屋层数			设置部位	
6	7	8		
≤五	≤四	二、三	楼、电梯间四角，楼梯踏步段上下端对应的墙体处	隔12m或单元横墙与外纵墙交接处
				楼梯间对应的另一侧内横墙与外纵墙交接处
六	五	四	建筑物平面凹凸角处对应的外墙转角	隔开间横墙（轴线）与外墙交接处
			错层部位横墙与外纵墙交接处	山墙与内纵墙交接处
七	六、七	≥五	大房间内外墙交接处	内墙（轴线）与外墙交接处
			较大洞口两侧	内墙的局部较小墙垛处
				内纵墙与横墙（轴线）交接处

注：较大洞口，内墙指不小于2.1m的洞口；外墙在内外墙交接处已设置构造柱时应允许适当放宽，但洞侧墙体应加强。

2 上部砖砌体房屋为横墙较少情况时，应根据房屋增加一层后的总层数，按表6.2.1的要求设置构造柱。

6.2.2 上部砖砌体房屋的构造柱，应符合下列要求：

1 过渡楼层的构造柱设置，除应符合本规程表6.2.1的要求外，尚应在底部框架柱、混凝土墙或配筋小砌块墙、约束砌体墙构造柱所对应处，以及所有横墙（轴线）与内外纵墙交接处设置构造柱，墙体内的构造柱间距不宜大于层高。过渡楼层墙体中凡宽度不小于1.2m的门洞和2.1m的窗洞，洞口两侧宜增设截面不小于240mm×120mm（墙厚190mm时为190mm×120mm）的边框柱。

2 构造柱截面不宜小于240mm×240mm（墙厚190mm时为190mm×240mm）。

3 构造柱纵向钢筋不宜少于4φ14，箍筋间距不宜大于200mm且在柱上下端应适当加密；外墙转角的构造柱应适当加大截面及配筋。过渡楼层构造柱的纵向钢筋，6度、7度时不宜少于4φ16，8度时不宜少于4φ18；纵向钢筋应锚入下部的框架柱、混凝土墙或配筋小砌块墙、托墙梁内，当纵向钢筋锚固在托墙梁内时，托墙梁的相应位置应采取加强措施。

4 构造柱与墙体连接处应砌成马牙槎，且应沿墙高每隔500mm设置2φ6水平钢筋和φ5分布短筋平面内点焊组成的拉结网片或φ5点焊钢筋网片，每边伸入墙内长度不宜小于1m。6度、7度时下部1/3楼层（上部砖砌体房屋部分），8度时下部1/2楼层（上部砖砌体房屋部分），上述拉结钢筋网片应沿墙体水平通长设置；过渡楼层中的上述拉结钢筋网片应沿墙高每隔360mm设置。

5 构造柱应与每层圈梁连接，或与现浇楼板可靠拉结。构造柱与圈梁连接处，构造柱的纵筋应在圈梁纵筋内侧穿过，保证构造柱纵筋上下贯通。

6 当整体房屋总高度和总层数接近本规程表3.0.2规定的限值时，纵、横墙内构造柱间距尚应符合下列要求：

　　1）横墙内的构造柱间距不宜大于层高的两倍；下部1/3楼层（上部砖砌体房屋部分）的构造柱间距适当减少；

　　2）当外纵墙开间大于3.9m时，应另设加强措施；内纵墙的构造柱间距不宜大于4.2m。

【条文解析】

构造柱对于墙体的约束作用，主要是依靠与各层墙体的圈梁或现浇楼板的整体性连接来实现，其截面尺寸并不要求很大。为保证其施工质量，构造柱需用马牙槎与墙体连接，同时应先砌墙后浇筑构造柱。底部框架-抗震墙砌体房屋比多层砌体房屋抗震性能稍弱，因此构造柱的设置要求更严格。

构造柱有利于提高房屋在地震时的抗倒塌能力，对于低层数、小规模且设防烈度低的底部框架－抗震墙砌体房屋（如房屋总层数为6度二层、三层和7度二层），仍应按要求设置构造柱。

对楼梯间要求的加强，是为了保证在地震中具有应急疏散安全通道的作用。

表6.2.1中，间隔12m和楼梯间相对的内外墙交接处二者取一。

对于内外墙交接处的外墙小墙段，其两端存在较大洞口时，应在内外墙交接处按规定设置构造柱，考虑到施工时难以在一个不大的墙段内设置三根构造柱，墙体两端可不再设置构造柱，但小墙段的墙体需要加强，如拉结钢筋网片通长设置，间距加密。

上部砖砌体房屋部分的下部楼层加强构造柱与墙体之间的拉结措施，提高抗倒塌能力。

底部框架－抗震墙砖房的过渡楼层（底层框架－抗震墙砖房的第二层和底部两层框架－抗震墙砖房的第三层）与底部框架－抗震墙相连，受力比较复杂。要求这两类房屋的上部与底部的抗震能力大体相等或变化比较缓慢，既包括层间极限承载能力，又包括楼层的变形能力和耗能能力。对上部砖房部分的墙体设置钢筋混凝土构造柱和圈梁，除了能够提高墙体的抗震能力外，还可以大大提高墙体的变形能力和耗能能力。因此，对过渡楼层的构造柱设置和构造柱截面、配筋等提出了更为严格的要求。

6.2.3 上部砖砌体房屋的现浇钢筋混凝土圈梁设置，应符合下列要求：

1 装配式钢筋混凝土楼盖、屋盖，应按表6.2.3的要求设置圈梁；纵墙承重时，抗震横墙上的圈梁间距应比表内要求适当加密；

表6.2.3 上部砖砌体房屋现浇钢筋混凝土圈梁设置要求

墙类	抗震设防烈度	
	6、7	8
外墙和内纵墙	屋盖处及每层楼盖处	屋盖处及每层楼盖处
内横墙	屋盖处及每层楼盖处 屋盖处间距不应大于4.5m 楼盖处间距不应大于7.2m 构造柱对应部位	屋盖处及每层楼盖处 各层所有横墙，且间距不应大于4.5m 构造柱对应部位

2 现浇或装配整体式钢筋混凝土楼盖、屋盖与墙体有可靠连接的房屋，应允许不另设圈梁，但楼板沿抗震墙周边均应加强配筋并应与相应的构造柱钢筋可靠连接。

6.2.4 上部砖砌体房屋现浇钢筋混凝土圈梁的构造，应符合下列要求：

1 过渡楼层圈梁设置部位，除应符合本规程表6.2.3的要求外，尚应沿纵、横向各轴线均匀设置。

2 圈梁应闭合，遇有洞口时圈梁应上下搭接。圈梁宜与预制板设在同一标高处或紧靠板底。

3 楼盖、屋盖为预制板时，圈梁在本规程第 6.2.3 条要求的间距内无横墙时，应利用梁或板缝中配筋代替圈梁；纵墙中无横墙处构造柱对应的圈梁，应在楼板处预留宽度不小于构造柱沿纵墙方向截面尺寸的板缝，做成现浇混凝土带，并与构造柱混凝土同时浇筑，现浇混凝土带的纵向钢筋不应少于 4ϕ12，箍筋间距不宜大于 200mm。

4 圈梁的截面高度不应小于 120mm，配筋应符合表 6.2.4 的要求；过渡楼层圈梁的截面高度宜采用 240mm、屋顶圈梁的截面高度不应小于 180mm，配筋均不应少于 4ϕ12。

表 6.2.4 上部砖砌体房屋圈梁配筋要求

配筋	抗震设防烈度	
	6、7	8
最小纵筋	4ϕ10	4ϕ12
最大箍筋间距/mm	250	200

【条文解析】

采用现浇板时，可不另设圈梁，但必须保证楼板与构造柱的连接，楼板沿抗震墙体周边均应加强配筋，应有足够数量的楼板内钢筋伸入构造柱内并满足锚固要求。

底部框架－抗震墙砖房过渡楼层圈梁截面和配筋比多层砖房严格，其原因是为了增强过渡楼层的抗震能力，使过渡楼层墙体开裂后也能起到支承上部楼层的竖向荷载的作用，不至于使上部楼层的竖向荷载直接作用到底层框架－抗震墙砖房的底层和底部两层框架－抗震墙砖房第二层的框架梁上。过渡楼层除按表 6.2.3 设置圈梁外，要求沿纵横向所有轴线均设置圈梁。

对于无横墙处纵墙中构造柱对应部位，给出了具体的圈梁做法要求。

底部框架－抗震墙砖房侧移比多层砖房大一些，为了使其具有较好的整体抗震性能，对其顶层圈梁的截面高度提出了较严格的要求。

5.4.3 砌块砌体构件

《砌体结构设计规范》GB 50003—2011

10.3.4 混凝土砌块房屋应按表 10.3.4 的要求设置钢筋混凝土芯柱。对外廊式和单面走廊式的房屋、横墙较少的房屋、各层横墙很少的房屋，尚应分别按本规范第 10.2.4 条第 2、3、4 款关于增加层数的对应要求，按表 10.3.4 的要求设置芯柱。

表10.3.4 混凝土砌块房屋芯柱设置要求

不同抗震烈度的房屋层数				设置部位	设置数量
6	7	8	9		
≤五	≤四	≤三		外墙四角和对应转角 楼、电梯间四角；楼梯斜梯段上下端对应的墙体处 大房间内外墙交接处 错层部位横墙与外纵墙交接处 隔12m或单元横墙与外纵墙交接处	外墙转角，灌实3个孔 内外墙交接处，灌实4个孔 楼梯斜梯段上下端对应的墙体处，灌实2个孔
六	五	四	一	外墙四角和对应转角 楼、电梯间四角；楼梯斜梯段上下端对应的墙体处 大房间内外墙交接处 错层部位横墙与外纵墙交接处 隔12m或单元横墙与外纵墙交接处 隔开间横墙（轴线）与外纵墙交接处	
七	六	五	二	外墙四角和对应转角 楼、电梯间四角；楼梯斜梯段上下端对应的墙体处 大房间内外墙交接处 错层部位横墙与外纵墙交接处 隔12m或单元横墙与外纵墙交接处 隔开间横墙（轴线）与外纵墙交接处 各内墙（轴线）与外纵墙交接处 内纵墙与横墙（轴线）交接处和洞口两侧	外墙转角，灌实5个孔 内外墙交接处，灌实4个孔 内墙交接处，灌实4~5个孔 洞口两侧各灌实1个孔
	七	六	三	外墙四角和对应转角 楼、电梯间四角；楼梯斜梯段上下端对应的墙体处 大房间内外墙交接处 错层部位横墙与外纵墙交接处 隔12m或单元横墙与外纵墙交接处 隔开间横墙（轴线）与外纵墙交接处 各内墙（轴线）与外纵墙交接处 内纵墙与横墙（轴线）交接处和洞口两侧 横墙内芯柱间距不大于2m	外墙转角，灌实7个孔 内外墙交接处，灌实5个孔 内墙交接处，灌实4~5个孔 洞口两侧各灌实1个孔

注：1 外墙转角、内外墙交接处、楼电梯间四角等部位，应允许采用钢筋混凝土构造柱替代部分芯柱。

2 当按10.2.4条第2~4款规定确定的层数超出表10.3.4范围，芯柱设计要求不应低于表中相应烈度的最高要求且宜适当提高。

10.3.5 混凝土砌块房屋混凝土芯柱，尚应满足下列要求：

1 混凝土砌块砌体墙纵横墙交接处、墙段两端和较大洞口两侧宜设置不少于单孔的芯柱。

2 有错层的多层房屋，错层部位应设置墙，墙中部的钢筋混凝土芯柱间距宜适当加密，在错层部位纵横墙交接处宜设置不少于4孔的芯柱；在错层部位的错层楼板位置尚应设置现浇钢筋混凝土圈梁。

3 为提高墙体抗震受剪承载力而设置的芯柱，宜在墙体内均匀布置，最大间距不宜大于2.0m。当房屋层数或高度等于或接近表10.1.2中限值时，纵、横墙内芯柱间距尚应符合下列要求：

1）底部1/3楼层横墙中部的芯柱间距，7、8度时不宜大于1.5m；9度时不宜大于1.0m；

2）当外纵墙开间大于3.9m时，应另设加强措施。

【条文解析】

为加强砌块砌体抗震性能，应按《建筑抗震设计规范》GB 50011—2010第7.4.1条及其他相关要求的部位设置芯柱。除此之外，对其他部位砌块砌体墙，考虑芯柱间距过大时芯柱对砌块砌体墙抗震性能的提高作用很小，因此明确提出其他部位砌块砌体墙的最低芯柱密度设置要求。

当房屋层数或高度等于或接近表10.1.2中限值时，对底部芯柱密度需要适当加大的楼层范围，按6、7度和8、9度不同烈度分别加以规定。

10.3.7 混凝土砌块砌体房屋的圈梁，除应符合现行国家标准《建筑抗震设计规范》GB 50011—2010要求外，尚应符合下述构造要求：

圈梁的截面宽度宜取墙宽且不应小于190mm，配筋宜符合表10.3.7的要求，箍筋直径不小于$\phi 6$；基础圈梁的截面宽度宜取墙宽，截面高度不应小于200mm，纵筋不应少于$4 \phi 14$。

表10.3.7 混凝土砌块砌体房屋圈梁配筋要求

配筋	抗震设防烈度		
	6、7	8	9
最小纵筋	$4 \phi 10$	$4 \phi 12$	$4 \phi 14$
箍筋最大间距/mm	250	200	150

【条文解析】

由于各层砌块砌体均配置水平拉结筋，因此对圈梁高度和纵筋适当比砖砌体房屋作了调整。对圈梁的纵筋根据不同烈度进行了进一步规定。

《建筑抗震设计规范》GB 50011—2010

7.4.1　多层小砌块房屋应按表7.4.1的要求设置钢筋混凝土芯柱。对外廊式和单面走廊式的多层房屋、横墙较少的房屋、各层横墙很少的房屋，尚应分别按本规范第7.3.1条第2、3、4款关于增加层数的对应要求，按表7.4.1的要求设置芯柱。

表7.4.1　多层小砌块房屋芯柱设置要求

不同抗震烈度的房屋层数				设置部位	设置数量
6	7	8	9		
四、五	三、四	二、三		外墙转角，楼、电梯间四角、楼梯斜梯段上下端对应的墙体处 大房间内外墙交接处 错层部位横墙与外纵墙交接处 隔12m或单元横墙与外纵墙交接处	外墙转角，灌实3个孔 内外墙交接处，灌实4个孔 楼梯斜梯段上下端对应的墙体处，灌实2个孔
六	五	四		外墙转角，楼、电梯间四角、楼梯斜梯段上下端对应的墙体处 大房间内外墙交接处 错层部位横墙与外纵墙交接处 隔12m或单元横墙与外纵墙交接处 隔开间横墙（轴线）与外纵墙交接处	
七	六	五	二	外墙转角，楼、电梯间四角、楼梯斜梯段上下端对应的墙体处 大房间内外墙交接处 错层部位横墙与外纵墙交接处 隔12m或单元横墙与外纵墙交接处 隔开间横墙（轴线）与外纵墙交接处 各内墙（轴线）与外纵墙交接处 内纵墙与横墙（轴线）交接处和洞口两侧	外墙转角，灌实5个孔 内外墙交接处，灌实4个孔 内墙交接处，灌实2个孔 洞口两侧各灌实1个孔

续　表

不同抗震烈度的房屋层数				设置部位	设置数量
6	7	8	9		
	七	≥六	≥三	外墙转角，楼、电梯间四角、楼梯斜梯段上下端对应的墙体处 大房间内外墙交接处 错层部位横墙与外纵墙交接处 隔12m或单元横墙与外纵墙交接处 隔开间横墙（轴线）与外纵墙交接处 各内墙（轴线）与外纵墙交接处 内纵墙与横墙（轴线）交接处和洞口两侧 横墙内芯柱间距不大于2m	外墙转角，灌实7个孔 内外墙交接处，灌实5个孔 内墙交接处，灌实4~5个孔 洞口两侧各灌实1个孔

注：外墙转角、内外墙交接处、楼电梯间四角等部位，应允许采用钢筋混凝土构造柱替代部分芯柱。

【条文解析】

为了增加混凝土小型空心砌块砌体房屋的整体性和延性，提高其抗震能力，结合空心砌块的特点，规定了在墙体的适当部位设置钢筋混凝土芯柱的构造措施。这些芯柱设置要求均比砖房构造柱设置严格，且芯柱与墙体的连接要采用钢筋网片。

芯柱伸入室外地面下500mm，地下部分为砖砌体时，可采用类似于构造柱的方法。

本条按多层砖房的《建筑抗震设计规范》GB 50011—2010 表7.3.1的要求，增加了楼、电梯间的芯柱或构造柱的布置要求。

7.4.4　多层小砌块房屋的现浇钢筋混凝土圈梁的设置位置应按本规范第7.3.3条多层砖砌体房屋圈梁的要求执行，圈梁宽度不应小于190mm，配筋不应少于4φ12，箍筋间距不应大于200mm。

【条文解析】

本条规定小砌块房屋的圈梁设置位置的要求同砖砌体房屋，直接引用而不重复。

《混凝土小型空心砌块建筑技术规程》JGJ/T 14—2011

7.1.6　多层小砌块砌体房屋的层数和总高度应符合下列要求：

1　一般情况下，房屋的层数和总高度不应超过表7.1.6的规定。

表7.1.6 房屋的层数和总高度限值（m）

房屋类别	最小抗震墙厚度/mm	抗震设防烈度和设计基本地震加速度									
		6		7				8			9
		0.05g		0.10g		0.15g		0.20g		0.30g	0.40g
		高度	层数	高度	层数	高度	层数	高度	层数	高度	层数	高度	层数
多层混凝土小砌块砌体房屋	190	21	7	21	7	18	6	18	6	15	5	9	3
底部框架－抗震墙混凝土小砌块砌体房屋	190	22	7	22	7	19	6	16	5	—	—	—	—

注：1 房屋的总高度指室外地面到主要屋面板板顶或檐口的高度，半地下室从地下室室内地面算起，全地下室和嵌固条件好的半地下室应允许从室外地面算起；对带阁楼的坡屋面应算到山尖墙的1/2高度处。

2 室内外高差大于0.6m时，房屋总高度应允许比表中的数据适当增加，但增加量应少于1.0m。

3 乙类的多层砌体房屋仍按本地区设防烈度查表，其层数应减少一层且总高度应降低3m；不应采用底部框架－抗震墙砌体房屋。

4 本表小砌块砌体房屋不包括配筋小砌块砌体抗震墙房屋。

2 各层横墙较少的多层砌体房屋，总高度应比表7.1.6的规定降低3m，层数相应减少一层；各层横墙很少的多层砌体房屋，还应再减少一层。

注：横墙较少是指同一楼层内开间大于4.2m的房间占该层总面积的40%以上；其中，开间不大于4.2m的房间占该层总面积不到20%且开间大于4.8m的房间占该层总面积的50%以上为横墙很少。

3 6、7度时，横墙较少的丙类多层砌体房屋，当按第7.3.14条规定采取加强措施并满足抗震承载力要求时，其高度和层数应允许仍按表7.1.6的规定采用。

【条文解析】

小砌块砌体房屋地震作用时的破坏与房屋的层数和高度成正比。所以，要控制房屋的层数和高度，以避免遭到严重破坏或倒塌。根据有关科研资料和抗震设计规范的规定，混凝土小砌块多层房屋基本与其他砌体结构类同。对底部框架－墙结构，均取与一般砌体房屋相同的层数和高度，考虑该结构体系不利于抗震，8度（0.20g）设防时适当降低层数和高度，8度（0.30g）和9度设防时及乙类建筑不允许采用。

对要求设置大开间的多层小砌块砌体房屋，在符合横墙较少条件的情况下，通过多方面的加强措施，可以弥补大开间带来的削弱作用，而使多层小砌块砌体房屋不降低层数和总高度。

7.1.8 多层小砌块砌体房屋总高度与总宽度的最大比值，宜符合表7.1.8的要求。

表7.1.8　房屋最大高宽比

抗震设防烈度	6	7	8	9
最大高宽比	2.5	2.5	2.0	1.5

注：1　单面走廊房屋的总宽度不包括走廊宽度；
　　2　建筑平面接近正方形时，其高宽比宜适当减小。

【条文解析】

若砌体房屋考虑整体弯曲进行验算，目前的方法即使在7度时，超过3层就不满足要求，与大量的地震宏观调查结果不符。实际上，多层砌体房屋一般可以不做整体弯曲验算，但为了保证房屋的稳定性，限制了其高宽比。

7.1.9　多层小砌块砌体房屋抗震横墙的间距，不应超过表7.1.9的要求：

表7.1.9　房屋抗震横墙的间距（m）

房屋类别		抗震设防烈度			
		6	7	8	9
多层砌体房屋	现浇或装配整体式钢筋混凝土楼、屋盖	15	15	11	7
	装配式钢筋混凝土楼、屋盖	11	11	9	4
底部框架–抗震墙砌体房屋	上部各层	同多层砌体房屋			—
	底层或底部两层	18	15	11	—

注：多层砌体房屋的顶层，最大横墙间距应允许适当放宽，但应采取相应加强措施。

【条文解析】

小砌块砌体房屋的主要抗震构件是各道墙体。因此，作为横向地震作用的主要承力构件就是横墙。横墙的分布决定了房屋横向的抗震能力。为此，要求限制横墙的最大间距，以保证横向地震作用的满足。

7.1.10　多层小砌块砌体房屋中砌体墙段的局部尺寸限值，宜符合表7.1.10的要求：

表7.1.10　房屋的局部尺寸限值（m）

部位	6	7	8	9
承重窗间墙最小宽度	1.0	1.0	1.2	1.5
承重外墙尽端至门窗洞边的最小距离	1.0	1.0	1.2	1.5
非承重外墙尽端至门窗洞边的最小距离	1.0	1.0	1.0	1.0

部位	6	7	8	9
内墙阳角至门窗洞边的最小距离	1.0	1.0	1.5	2.0
无锚固女儿墙（非出入口处）的最大高度	0.5	0.5	0.5	0.0

注：1　局部尺寸不足时，应采取增加构造柱或芯柱及增大配筋等局部加强措施弥补，且最小宽度不宜小于1/4层高和表列数据的80%；

　　2　当表中部位采用全灌孔配筋小砌块或钢筋混凝土墙垛时，其局部尺寸不受本表限制；

　　3　出入口处的女儿墙应有锚固。

【条文解析】

小砌块砌体房屋的局部尺寸规定，主要是为防止由于局部尺寸的不足引起连锁反应，导致房屋整体破坏倒塌。当然，小砌块的局部墙垛尺寸还要符合自身的模数；当局部尺寸不能满足规定要求，也可以采取增加构造柱或芯柱及增大配筋来弥补；当表中部位采用全灌孔配筋小砌块或钢筋混凝土墙垛时，其局部尺寸可不受表7.1.10限制，但其截面尺寸和配筋应满足稳定和承载力要求。

承重外墙尽端指建筑物平面凸角处（不包括外墙总长的中部局部凸折处）的外墙端头，以及建筑物平面凹角处（不包括外墙总长的中部局部凹折处）未与内墙相连的外墙端头。

7.3.1　小砌块砌体房屋同时设置构造柱和芯柱时，应按下列要求设置现浇钢筋混凝土构造柱（以下简称构造柱）：

1　构造柱设置部位，应符合表7.3.1的要求。

表 7.3.1　多层小砌块砌体房屋构造柱设置要求

不同抗震烈度的房屋层数				设置部位	
6	7	8	9		
≤五	≤四	≤三	一	外墙四角和对应转角 楼、电梯间四角，楼梯斜梯段上下端对应的墙体处 错层部位横墙与外纵墙交接处 大房间内外墙交接处 较大洞口两侧	隔12m或单元横墙与外纵墙交接处 楼梯间对应的另一侧内横墙与外纵墙交接处
六	五	四	二		隔开间横墙（轴线）与外墙交接处 山墙与内纵墙交接处
七	六、七	五、六	三、四		内墙（轴线）与外墙交接处 内墙的局部较小墙垛处 内纵墙与横墙（轴线）交接处

注：1　较大洞口，内墙指不小于2.1m的洞口，外墙在内外墙交接处已设置构造柱时允许适当放宽，但洞侧墙体应加强；

　　2　当按本条第2~4款规定确定的层数超出表7.3.1范围，构造柱设置要求不应低于表中相应烈度的最高要求且宜适当提高。

2 外廊式和单面走廊式的多层小砌块砌体房屋,应根据房屋增加一层后的层数,按表7.3.1的要求设置构造柱,且单面走廊两侧的纵墙均应按外墙处理。

3 横墙较少的房屋,应根据房屋增加一层的层数,按表7.3.1的要求设置构造柱。当横墙较少的房屋为外廊或单面走廊式时,应按本条2款要求设置构造柱;但6度不超过4层、7度不超过3层和8度不超过2层时,应按增加2层的层数设置。

4 各层横墙很少的房屋,应按增加两层的层数设置构造柱。

5 有错层的多层房屋,错层部位应设置墙,墙中部构造柱间距不宜大于2m,在错层部位的纵横墙交接处应设置构造柱。

【条文解析】

在小砌块砌体房屋中,国外和国内以往的做法中均采用芯柱,即在规定的部位内,设置若干个芯柱来加强小砌块墙段的抗压、抗剪以及整体性,对于抗震而言,可以增大变形能力和延性。

但是,芯柱做法存在要求设置的数量多,施工浇灌混凝土不易密实,浇灌的混凝土质量难以检查,多排孔小砌块无法做芯柱等不足,因此有待改进和完善这种构造做法。

7.3.2 小砌块砌体房屋的构造柱,应符合下列构造要求:

1 构造柱截面不宜小于190mm×190mm,纵向钢筋不宜少于4φ12,箍筋间距不宜大于250mm,且在柱上下端应适当加密;6、7度时超过5层、8度时超过4层和9度时,构造柱纵向钢筋宜采用4φ14,箍筋间距不应大于200mm;外墙转角的构造柱应适当加大截面及配筋。

2 构造柱与小砌块墙连接处应砌成马牙槎;与构造柱相邻的砌块孔洞,6度时宜填实,7度时应填实,8、9度时应填实并插筋1φ12。

3 构造柱与圈梁连接处,构造柱的纵筋应在圈梁纵筋内侧穿过,保证构造柱纵筋上下贯通。

4 构造柱可不单独设置基础,但应伸入室外地面下500mm,或与埋深小于500mm的基础圈梁相连。

5 必须先砌筑小砌块墙体,再浇筑构造柱混凝土。

【条文解析】

小砌块砌体房屋中设置的构造柱需符合小砌块墙的特点,包括构造柱截面尺寸及与墙的拉结。

7.3.3 小砌块砌体房屋采用芯柱做法时,应按表7.3.3的要求设置钢筋混凝土芯柱,并应满足下列要求:

1 混凝土砌块砌体墙纵横墙交接处、墙段两端和较大洞口两侧宜设置不少于单孔的芯柱。

2 有错层的多层房屋,错层部位应设置墙,墙中部的钢筋混凝土芯柱间距宜适当加密，在错层部位纵横墙交接处宜设置不少于 4 孔的芯柱。

3 房屋层数或高度等于或接近本规程表 7.1.6 中限值时，纵、横墙内芯柱间距尚应符合下列要求：

1）底部 1/3 楼层横墙中部的芯柱间距，6 度时不宜大于 2m，7、8 度时不宜大于 1.5m，9 度时不宜大于 1.0m；

2）当外纵墙开间大于 3.9m 时，应另设加强措施。

4 对外廊式和单面走廊式的房屋、横墙较少的房屋、各层横墙很少的房屋，尚应分别按本规程第 7.3.1 条第 2、3、4 款关于增加层数的对应要求，按表 7.3.3 的要求设置芯柱。

表 7.3.3 小砌块砌体房屋芯柱设置要求

房屋层数				设置部位	设置数量
6	7	8	9		
≤五	≤四	≤三	—	外墙转角和对应转角 楼、电梯间四角，楼梯斜梯段上下端对应的墙体处（单层房屋除外） 大房间内外墙交接处 错层部位横墙与外纵墙交接处 隔 12m 或单元横墙与外纵墙交接处	外墙转角，灌实 3 个孔 内外墙交接处，灌实 4 个孔 楼梯斜段上下端对应的墙体处，灌实 2 个孔
六	五	四	—	外墙转角和对应转角 楼、电梯间四角，楼梯斜梯段上下端对应的墙体处（单层房屋除外） 大房间内外墙交接处 错层部位横墙与外纵墙交接处 隔 12m 或单元横墙与外纵墙交接处 隔开间横墙（轴线）与外纵墙交接处	
七	六	五	二	外墙转角和对应转角 楼、电梯间四角，楼梯斜梯段上下端对应的墙体处（单层房屋除外） 大房间内外墙交接处 错层部位横墙与外纵墙交接处 隔 12m 或单元横墙与外纵墙交接处 各内墙（轴线）与外纵墙交接处 内纵墙与横墙（轴线）交接处和洞口两侧	外墙转角，灌实 5 个孔 内外墙交接处，灌实 4 个孔 内墙交接处，灌实 4 个孔～5 个孔 洞口两侧各灌实 1 个孔

房屋层数				设置部位	设置数量
6	7	8	9		
一	七	六	三	外墙转角和对应转角 楼、电梯间四角，楼梯斜梯段上下端对应的墙体处（单层房屋除外） 大房间内外墙交接处 错层部位横墙与外纵墙交接处 隔12m或单元横墙与外纵墙交接处 横墙内芯柱间距不大于2m	外墙转角，灌实7个孔 内外墙交接处，灌实5个孔 内墙交接处，灌实4个孔～5个孔 洞口两侧各灌实1个孔

注：1　外墙转角、内外墙交接处、楼电梯间四角等部位，应允许采用钢筋混凝土构造柱替代部分芯柱；

　　2　当按本规程第7.3.1条第2～4款规定确定的层数超出表7.3.3范围，芯柱设置要求不应低于表中相应烈度的最高要求且宜适当提高。

【条文解析】

小砌块砌体房屋采用芯柱做法时，对芯柱的间距适当减小，可减少墙体裂缝的发生。因此，对房屋顶层和底部一、二层墙体的芯柱间距要求，更为严格，以减少相应部位的墙体开裂。

芯柱伸入室外地面下500mm，地下部分为砖砌体时，可采用类似于构造柱的方法。

7.3.5　小砌块砌体房屋墙体交接处或芯柱、构造柱与墙体连接处应设置拉结钢筋网片，网片可采用直径4mm的钢筋点焊而成，沿墙高间距不大于600mm，并应沿墙体水平通长设置。6、7度时底部1/3楼层，8度时底部1/2楼层，9度时全部楼层，上述拉结钢筋网片沿墙高间距不大于400mm。

【条文解析】

小砌块墙体交接处，不论采用芯柱做法还是构造柱做法，为了加强墙体之间的连接，沿墙高设置拉结钢筋网片，以保证房屋有较好的整体性。

7.3.6　小砌块砌体房屋各楼层均应设置现浇钢筋混凝土圈梁，不得采用槽形砌块代作模板，并应按表7.3.6的要求设置；纵墙承重时，抗震横墙上的圈梁间距应比表内要求适当加密。现浇或装配整体式钢筋混凝土楼、屋盖与墙体有可靠连接的房屋，应允许不另设圈梁，但楼板沿抗震墙体周边均应加强配筋并应与相应的构造柱、芯柱钢筋可靠连接。有错层的多层小砌块砌体房屋，在错层部位的错层楼板位置应设置现浇钢筋混凝土圈梁。

表7.3.6　小砌块砌体房屋现浇钢筋混凝土圈梁设置要求

墙类	抗震设防烈度		
	6、7	8	9
外墙和内纵墙	屋盖处及每层楼盖处	屋盖处及每层楼盖处	屋盖处及每层楼盖处
内横墙	层盖处及每层楼盖处 屋盖处间距不应大于4.5m 楼盖处间距不应大于7.2m 构造柱对应部位	层盖处及每层楼盖处 各层所有横墙，且间距不应大于4.5m 构造柱对应部位	层盖处及每层楼盖处 各层所有横墙

【条文解析】

小砌块多层房屋楼层要设置现浇钢筋混凝土圈梁，不允许采用槽形砌块代替现浇圈梁。

根据震害调查结果，现浇钢筋混凝土楼盖不需要设置圈梁。现浇或装配整体式钢筋混凝土楼、屋盖与墙体有可靠连接的房屋，允许不另设圈梁，但为加强砌体房屋的整体性，楼板沿抗震墙体周边均应加强配筋并应与相应的构造柱钢筋可靠连接。

有错层的多层小砌块砌体房屋，即使采用现浇或装配整体式钢筋混凝土楼、屋盖，在错层部位的错层楼板位置均应设置现浇钢筋混凝土圈梁。

7.3.8　多层小砌块砌体房屋的层数，6度时超过5层、7度时超过4层、8度时超过3层和9度时，在底层和顶层的窗台标高处，沿纵横墙应设置通长的水平现浇钢筋混凝土带；其截面高度不小于60mm，纵筋不少于2ϕ10，并应有分布拉结钢筋；其混凝土强度等级不应低于C20。

水平现浇混凝土带亦可采用槽形砌块替代模板，其纵筋和拉结钢筋不变。

【条文解析】

小砌块多层房屋，在房屋层数相对较高时，为了防止小砌块砌体房屋在顶层和底层墙体发生开裂现象，因此，要求在顶层和底层窗台标高处，沿纵、横墙设置通长的现浇钢筋混凝土带，截面高度不小于60mm，纵筋不小于2ϕ10，混凝土强度等级不低于C20。此时也可利用砌块开槽的做法现浇混凝土。

7.3.10　小砌块砌体房屋的楼、屋盖应符合下列要求：

1　装配式钢筋混凝土楼板或屋面板，当板的跨度大于4.8m并与外墙平行时，靠外墙的预制板侧边应与墙或圈梁拉结。

2　房屋端部大房间的楼盖，6度时房屋的屋盖和7~9度时房屋的楼、屋盖，当圈梁设在板底时，钢筋混凝土预制板应相互拉结，并应与梁、墙或圈梁拉结。

3　楼、屋盖的钢筋混凝土梁和屋架应与墙、柱（包括构造柱）或圈梁可靠连接。在梁支座处墙内不少于3个孔洞应设置芯柱。当8、9度房屋采用大跨梁或井字梁时，宜在梁支座处墙内设置构造柱；在梁端支座处构造柱和墙体的承载力，尚应考虑梁端弯矩对墙体和构造柱的影响。

4　坡屋顶房屋的屋架应与顶层圈梁可靠连接，檩条或屋面板应与墙及屋架可靠连接，房屋出入口处的檐口瓦应与屋面构件锚固；采用硬山搁檩时，顶层内纵墙顶，8 度和 9 度时，应增砌支撑山墙的踏步式墙垛，7 度时，宜增砌支撑山墙的踏步式墙垛，并设构造柱。

【条文解析】

坡屋顶房屋逐年增加，做法亦不尽相同。对于檩条或屋面板应与墙或屋架有可靠的连接，以保证坡屋顶的整体性能。对于房屋出入口的檐口瓦，为防止地震时首先脱落，应与屋面构件有可靠锚固。

对于硬山搁檩的坡屋顶房屋，为了保证各道山墙的侧面稳定和扩大安全，要求在山墙两侧增砌踏步式的扶墙垛。

7.3.12　小砌块砌体女儿墙高度超过 0.5m 时，应在墙中增设锚固于顶层圈梁构造柱或芯柱做法，构造柱间距不大于 3m，芯柱间距不大于 1.6m；女儿墙顶应设置压顶圈梁，其截面高度不应小于 60mm，纵向钢筋不应少于 2φ10。

【条文解析】

小砌块砌体女儿墙高度超过 0.5m 时，应在女儿墙中增设构造柱或芯柱；构造柱间距不大于 3m，芯柱间距不大于 1m。并在女儿墙顶设压顶圈梁，与构造柱或芯柱相连，保证女儿墙地震时的安全。

7.3.14　丙类的多层小砌块砌体房屋，当横墙较少且总高度和层数接近或达到本规程表 7.1.6 规定限值，应采取下列加强措施：

1　房屋的最大开间尺寸不宜大于 6.6m。

2　同一结构单元内横墙错位数量不宜超过横墙总数的 1/3，且连续错位不宜多于两道；错位的墙体交接处均应增设构造柱或芯柱，且楼、屋面板应采用现浇钢筋混凝土板。

3　横墙和内纵墙上洞口的宽度不宜大于 1.5m，外纵墙上洞口的宽度不宜大于 2.1m 或开间尺寸的一半，且内外墙上洞口位置不应影响内外纵墙与横墙的整体连接。

4　所有纵横墙均应在楼、屋盖标高处设置加强的现浇钢筋混凝土圈梁：圈梁的截面高度不宜小于 150mm，上下纵筋各不应少于 3φ10，箍筋不小于 φ6，间距不大于 300mm。

5　所有纵横墙交接处及横墙的中部，均应增设构造柱或 2 个芯柱，在纵、横墙内的柱距不宜大于 3.0m；芯柱每孔插筋的直径不应小于 18mm；构造柱截面尺寸不宜小于 240mm×240mm（墙厚 190mm 时为 240mm×190mm），配筋宜符合表 7.3.14 的要求。

表 7.3.14　增设构造柱的纵筋和箍筋设置要求

位置	纵向钢筋			箍筋		
	最大配筋率/%	最小配筋率/%	最小直径/mm	加密区范围/mm	加密区间距/mm	最小直径/mm
角柱	1.8	0.8	14	全高	100	6
边柱			14	上端 700		
中柱	1.4	0.6	12	下端 500		

6 同一结构单元的楼、屋面板应设置在同一标高处。

7 房屋底层和顶层的窗台标高处，宜设置沿纵横墙通长的水平现浇钢筋混凝土带；其截面高度不小于60mm，宽度不小于190mm，纵向钢筋不少于3ϕ10，横向分布筋的直径不小于ϕ6且其间距不大于200mm。

8 所有门窗洞口两侧，均应设置一个芯柱，钢筋不应少于1ϕ12。

【条文解析】

对于横墙较少的丙类多层小砌块砌体房屋，由于开间加大，横墙减少，各道墙体的承载面积加大，要求墙体抗侧能力相应提高，为此，除限定最大开间为6.6m以外，还要相应增大圈梁和构造柱的截面和配筋；限定一个单元内横墙错位数量不宜大于总墙数的1/3，连续错位墙不宜多于两道等措施，以保持横墙较少的小砌块砌体房屋可以不降低层数和高度。

《底部框架－抗震墙砌体房屋抗震技术规程》JGJ 248—2012

6.2.5 上部小砌块房屋，应按表6.2.5的要求设置钢筋混凝土芯柱。对上部小砌块房屋为横墙较少的情况，应根据房屋增加一层后的总层数，按表6.2.5的要求设置芯柱。

表6.2.5 上部小砌块房屋芯柱设置要求

不同抗震烈度的房屋总层数			设置部位	设置数量
6	7	8		
≤五	≤四	二、三	建筑物平面凹凸角处对应的外墙转角 楼、电梯间四角，楼梯踏步段上下端对应的墙体处 大房间内外墙交接处 错层部位横墙与外纵墙交接处 隔12m或单元横墙与外纵墙交接处	外墙转角，灌实3个孔 内外墙交接处，灌实4个孔 楼梯踏步段上下端对应的墙体处，灌实2个孔
六	五	四	建筑物平面凹凸角处对应的外墙转角 楼、电梯间四角，楼梯踏步段上下端对应的墙体处 大房间内外墙交接处 错层部位横墙与外纵墙交接处 隔12m或单元横墙与外纵墙交接处 隔开间横墙（轴线）与外纵墙交接处	
七	六	五	建筑物平面凹凸角处对应的外墙转角 楼、电梯间四角，楼梯踏步段上下端对应的墙体处 大房间内外墙交接处 错层部位横墙与外纵墙交接处 隔12m或单元横墙与外纵墙交接处 各内墙（轴线）与外纵墙交接处 内纵墙与横墙（轴线）交接处和洞口两侧	外墙转角，灌实5个孔 内外墙交接处，灌实4个孔 内墙交接处，灌实4～5个孔 洞口两侧各灌实1个孔

不同抗震烈度的房屋总层数			设置部位	设置数量
6	7	8		
一	七	>五	楼、电梯间四角，楼梯踏步段上下端对应的墙体处 大房间内外墙交接处 错层部位横墙与外纵墙交接处 隔12m或单元横墙与外纵墙交接处 横墙内芯柱间距不应大于2m	外墙转角，灌实7个孔 内外墙交接处，灌实5个孔 内墙交接处，灌实4~5个孔 洞口两侧各灌实1个孔

注：外墙转角、内外墙交接处、楼电梯间四角等部位，应允许采用钢筋混凝土构造柱替代部分芯柱。

6.2.6　上部小砌块房屋的芯柱，应符合下列要求：

1　过渡楼层的芯柱设置，除应符合本规程表6.2.5的要求外，尚应在底部框架柱、混凝土墙或配筋小砌块墙、约束砌体墙构造柱所对应处，以及所有横墙（轴线）与内外纵墙交接处设置芯柱；墙体内的芯柱最大间距不宜大于1m。过渡楼层墙体中凡宽度不小于1.2m的门洞和2.1m的窗洞，洞口两侧宜增设单孔芯柱。

2　芯柱截面不宜小于120mm×120mm。

3　芯柱混凝土强度等级，不应低于Cb20。

4　芯柱的竖向插筋应贯通墙身且与每层圈梁连接，或与现浇楼板可靠拉结；芯柱每孔插筋不应小于1ϕ14。过渡楼层芯柱的插筋，6度、7度时不宜少于每孔1ϕ16，8度时不宜少于每孔1ϕ18；插筋应锚入下部的框架柱、混凝土墙或配筋小砌块墙、托墙梁内，当插筋锚固在托墙梁内时，托墙梁的相应位置应采取加强措施。

5　为提高墙体抗震受剪承载力而设置的芯柱，宜在墙体内均匀布置，最大净跨不宜大于2.0m。

6.2.7　上部小砌块房屋中替代芯柱的钢筋混凝土构造柱，应符合下列构造要求：

1　构造柱截面不宜小于190mm×190mm。

2　构造柱的钢筋配置应符合本规程第6.2.2条第3款的规定。

3　构造柱与砌块墙连接处应砌成马牙槎，与构造柱相邻的砌块孔洞，6度时宜填实，7度时应填实，8度时应填实并插筋。

4　构造柱应与每层圈梁连结，或与现浇楼板可靠拉结。构造柱与圈梁连接处，构造柱的纵筋应在圈梁纵筋内侧穿过，保证构造柱纵筋上下贯通。

6.2.8　上部小砌块房屋的现浇钢筋混凝土圈梁的设置位置，应按本规程第6.2.3条上部砖砌体房屋圈梁的规定执行；圈梁宽度不应小于190mm，配筋不应少于4ϕ12，箍筋间距不应大于200mm。

6.2.9　上部小砌块房屋同浇混凝土圈梁的构造，尚应符合本规程第6.2.4条的相关规定。

【条文解析】

对上部为混凝土小砌块房屋的芯柱、构造柱、圈梁的设置和配筋给出了规定，为提高过渡楼层的抗震能力，对过渡楼层的相应构造措施提出了更为严格的要求。

芯柱的设置要求比砖砌体房屋构造柱设置要严格。一般情况下，可在外墙转角、墙体交接处等部位，用构造柱替代芯柱，可较大程度地提高对砌块砌体的约束作用，也为施工带来方便。

砌块房屋的圈梁的要求要稍高于砖砌体房屋，主要是因为砌块砌体的竖缝间距大，砂浆不易饱满，且墙体受剪承载力低于砖砌体。

6.2.10 上部小砌块房屋墙体交接处或芯柱（构造柱）与墙体连接处应设置拉结钢筋网片，网片可采用 $\phi 5$ 的钢筋点焊而成，沿墙高每隔 400mm 并沿墙体水平通长设置。

【条文解析】

对于底部框架-抗震墙上部小砌块房屋的拉结措施，比一般多层小砌块房屋的要求要严格，拉结钢筋网片沿墙高度的间距加密为 400mm。

5.4.4 底部框架-抗震墙砌体构件

《砌体结构设计规范》GB 50003—2011

10.4.3 底部框架-抗震墙砌体房屋中，底部框架、托梁和抗震墙组合的内力设计值尚应按下列要求进行调整：

1 柱的最上端和最下端组合的弯矩设计值应乘以增大系数，一、二、三级的增大系数应分别按 1.5、1.25 和 1.15 采用。

2 底部框架梁或托梁尚应按现行国家标准《建筑抗震设计规范》GB 50011—2010 第 6 章的相关规定进行内力调整。

3 抗震墙墙肢不应出现小偏心受拉。

【条文解析】

参照抗震规范关于钢筋混凝土部分框支抗震墙结构的规定，应对底部框架柱上下端的弯矩设计值进行适当放大，避免地震作用下底部框架柱上下端很快形成塑性铰造成倒塌。

考虑底部抗震墙已承担全部地震剪力，不必再按抗震规范对底部加强部位抗震墙的组合弯矩计算值进行放大，因此只建议按一般部位抗震墙进行强剪弱弯的调整。

10.4.6 底部框架-抗震墙砌体房屋中底部抗震墙的厚度和数量，应由房屋的竖向刚度分布来确定。当采用约束普通砖墙时其厚度不得小于 240mm；配筋砌块砌体抗震墙厚度，不应小于 190mm；钢筋混凝土抗震墙厚度，不宜小于 160mm；且均不宜小于层高或无支长度的 1/20。

【条文解析】

本条对底部框架－抗震墙砌体房屋中底部抗震墙的厚度和数量作了相应的规定。

10.4.7 底部框架－抗震墙砌体房屋的底部采用钢筋混凝土抗震墙或配筋砌块砌体抗震墙时，其截面和构造应符合现行国家标准《建筑抗震设计规范》GB 50011—2010 的有关规定。配筋砌块砌体抗震墙尚应符合下列规定：

1 墙体的水平分布钢筋应采用双排布置；

2 墙体的分布钢筋和边缘构件，除应满足承载力要求外，可根据墙体抗震等级，按 10.5 节关于底部加强部位配筋砌块砌体抗震墙的分布钢筋和边缘构件的规定设置。

【条文解析】

本条对配筋砌块砌体抗震墙作了相应的规定。

10.4.9 底部框架－抗震墙砌体房屋的框架柱和钢筋混凝土托梁，其截面和构造除应符合现行国家标准《建筑抗震设计规范》GB 50011—2010 的有关要求外，尚应符合下列规定：

1 托梁的截面宽度不应小于 300mm，截面高度不应小于跨度的 1/10，当墙体在梁端附近有洞口时，梁截面高度不宜小于跨度的 1/8。

2 托梁上、下部纵向贯通钢筋最小配筋率，一级时不应小于 0.4%，二、三级时分别不应小于 0.3%；当托墙梁受力状态为偏心受拉时，支座上部纵向钢筋至少应有 50% 沿梁全长贯通，下部纵向钢筋应全部直通到柱内。

3 托梁箍筋的直径不应小于 10mm，间距不应大于 200mm；梁端在 1.5 倍梁高且不小于 1/5 净跨范围内，以及上部墙体的洞口处和洞口两侧各 500mm 且不小于梁高的范围内，箍筋间距不应大于 100mm。

4 托梁沿梁高每侧应设置不小于 $1\phi14$ 的通长腰筋，间距不应大于 200mm。

【条文解析】

考虑托墙梁在上部墙体未破坏前可能受拉，适当加大了梁上、下部纵向贯通钢筋最小配筋率。

10.4.10 底部框架－抗震墙砌体房屋的上部墙体，对构造柱或芯柱的设置及其构造应符合多层砌体房屋的要求，同时应符合下列规定：

1 构造柱截面不宜小于 240mm × 240mm（墙厚 190mm 时为 240mm × 190mm），纵向钢筋不宜少于 $4\phi14$，箍筋间距不宜大于 200mm。

2 芯柱每孔插筋不应小于 $1\phi14$；芯柱间应沿墙高设置间距不大于 400mm 的 $\phi4$ 焊接水平钢筋网片。

3 顶层的窗台标高处，宜沿纵横墙通长设置的水平现浇钢筋混凝土带；其截面高度不小于 60mm，宽度不小于墙厚，纵向钢筋不少于 $2\phi10$，横向分布筋的直径不小于 6mm

且其间距不大于200mm。

【条文解析】

总体上看，底部框架－抗震墙砌体房屋比多层砌体房屋抗震性能稍弱，因此构造柱的设置要求更严格。上部小砌块墙体内代替芯柱的构造柱，考虑到模数的原因，构造柱截面不再加大。

10.4.12　底部框架－抗震墙砌体房屋的楼盖应符合下列规定：

1　过渡层的底板应采用现浇钢筋混凝土楼板，且板厚不应小于120mm，并应采用双排双向配筋，配筋率分别不应小于0.25%；应少开洞、开小洞，当洞口尺寸大于800mm时，洞口周边应设置边梁。

2　其他楼层，采用装配式钢筋混凝土楼板时均应设现浇圈梁，采用现浇钢筋混凝土楼板时应允许不另设圈梁，但楼板沿抗震墙体周边均应加强配筋并应与相应的构造柱、芯柱可靠连接。

【条文解析】

为加强过渡层底板抗剪能力，参考抗震规范关于转换层楼板的要求，补充了该楼板配筋要求。

《建筑抗震设计规范》GB 50011—2010

7.2.4　底部框架－抗震墙砌体房屋的地震作用效应，应按下列规定调整：

1　对底层框架－抗震墙砌体房屋，底层的纵向和横向地震剪力设计值均应乘以增大系数；其值应允许在1.2~1.5范围内选用，第二层与底层侧向刚度比大者应取大值。

2　对底部两层框架－抗震墙砌体房屋，底层和第二层的纵向和横向地震剪力设计值亦均应乘以增大系数；其值应允许在1.2~1.5范围内选用，第三层与第二层侧向刚度比大者应取大值。

3　底层或底部两层的纵向和横向地震剪力设计值应全部由该方向的抗震墙承担，并按各墙体的侧向刚度比例分配。

【条文解析】

底部框架－抗震墙砌体房屋是我国现阶段经济条件下特有的一种结构。强烈地震的震害表明，这类房屋设计不合理时，其底部可能发生变形集中，出现较大的侧移而破坏，甚至坍塌。近十多年来，各地进行了许多试验研究和分析计算，对这类结构有进一步的认识。但总体上仍需持谨慎的态度。

按第二层与底层侧移刚度的比例相应地增大底层的地震剪力，比例越大，增加越多，以减少底层的薄弱程度。通常，增大系数可依据刚度比用线性插值法近似确定。

7.5.7　底部框架－抗震墙砌体房屋的楼盖应符合下列要求：

1　过渡层的底板应采用现浇钢筋混凝土板，板厚不应小于120mm；并应少开洞、开小洞，当洞口尺寸大于 800mm 时，洞口周边应设置边梁。

2 其他楼层，采用装配式钢筋混凝土楼板时均应设现浇圈梁；采用现浇钢筋混凝土楼板时应允许不另设圈梁，但楼板沿抗震墙体周边均应加强配筋并应与相应的构造柱可靠连接。

【条文解析】

底部框架 – 抗震墙房屋的底部与上部各层的抗侧力结构体系不同，为使楼盖具有传递水平地震力的刚度，要求过渡层的底板为现浇钢筋混凝土板。

底部框架 – 抗震墙砌体房屋上部各层对楼盖的要求，同多层砖房。

7.5.8 底部框架 – 抗震墙砌体房屋的钢筋混凝土托墙梁，其截面和构造应符合下列要求：

1 梁的截面宽度不应小于 300mm，梁的截面高度不应小于跨度的 1/10。

2 箍筋的直径不应小于 8mm，间距不应大于 200mm；梁端在 1.5 倍梁高且不小于 1/5 梁净跨范围内，以及上部墙体的洞口处和洞口两侧各 500mm 且不小于梁高的范围内，箍筋间距不应大于 100mm。

3 沿梁高应设腰筋，数量不应少于 2φ14，间距不应大于 200mm。

4 梁的纵向受力钢筋和腰筋应按受拉钢筋的要求锚固在柱内，且支座上部的纵向钢筋在柱内的锚固长度应符合钢筋混凝土框支梁的有关要求。

【条文解析】

底部框架的托墙梁是极其重要的受力构件，根据有关试验资料和工程经验，对其构造作了较多的规定。

《混凝土小型空心砌块建筑技术规程》JGJ/T 14—2011

7.3.17 底部框架 – 抗震墙房屋的楼盖应符合下列要求：

1 过渡层的底板应采用现浇钢筋混凝土板，板厚不应小于 120mm；并应少开洞、开小洞，当洞口尺寸大于 800mm 时，洞口周边应设置边梁。

2 其他楼层，采用装配式钢筋混凝土楼板时均应设置现浇圈梁；采用现浇钢筋混凝土楼板时应允许不另设圈梁，但楼板沿抗震墙体周边均应加强配筋并应与相应的构造柱可靠连接。

7.3.18 底部框架 – 抗震墙房屋的钢筋混凝土托墙梁，其截面和构造应符合下列要求：

1 梁的截面宽度不应小于 300mm，梁的截面高度不应小于跨度的 1/10。

2 梁上、下部纵向钢筋最小配筋率，一、二级时不应小于 0.4%，三、四级时不应小于 0.3%。

3 箍筋的直径不应小于 10mm，间距不应大于 200mm；梁端在 1.5 倍梁高且不小于

1/5 梁净跨范围内，以及上部墙体的洞口处和洞口两侧各 500mm 且不小于梁高的范围内，箍筋间距不应大于 100mm。对托墙梁支承在框架梁的一端，梁端箍筋可不设置箍筋加密区；支承托墙次梁的框架梁，全跨箍筋间距不应大于 100mm，且在托墙次梁两侧设置附加横向钢筋。

4　沿梁高应设腰筋，数量不应少于 $2\phi14$，间距不应大于 200mm。

5　梁的纵向受力钢筋和腰筋应按受拉钢筋的要求锚固在柱内，且支座上部的纵向钢筋在柱内的锚固长度应符合钢筋混凝土框支梁的有关要求。

7.3.19　底部框架 – 抗震墙房屋的底部采用配筋小砌块砌体抗震墙时，抗震墙水平向或竖向钢筋在边框梁、柱中的锚固长度，应按现行国家标准《混凝土结构设计规范》GB 50010—2010 的规定确定。

7.3.20　底部框架 – 抗震墙砌体房屋的底部采用钢筋混凝土墙时，其截面和构造应符合下列要求：

1　抗震墙周边应设置梁（或暗梁）和边框柱（或框架柱）组成的边框；边框梁的截面宽度不宜小于墙板厚度的 1.5 倍，截面高度不宜小于墙板厚度的 2/5；边框柱的截面高度不宜小于墙板厚度的 1/2。

2　抗震墙的厚度不宜小于 160mm，且不应小于墙板净高的 1/20；抗震墙宜设竖缝或洞口形成若干墙段，各墙段的高宽比不宜小于 2。

3　抗震墙的竖向和横向分布钢筋配筋率均不应小于 0.30%，并应采用双排布置；双排分布钢筋间拉筋的间距不应大于 600mm，直径不应小于 6mm。

4　墙体的边缘构件可按国家标准《建筑抗震设计规范》GB 50011—2010 第 6.4 节关于一般部位的规定设置。

7.3.21　对 6 度设防且层数不超过 4 层的底层框架 – 抗震墙房屋，可采用嵌砌于框架之间的小砌块抗震墙，但应计入小砌块墙对框架的附加轴力和附加剪力，并应符合下列构造要求：

1　墙厚不应小于 190mm，砌筑砂浆强度等级不应低于 Mb10，应先砌墙后浇框架。

2　沿框架柱每隔 400mm 配置 $\phi4$ 点焊拉结钢筋网片，并沿小砌块墙水平通长设置；在墙体半高处尚应设置与框架柱相连的钢筋混凝土水平系梁，系梁截面不应小于 190mm × 190mm，纵筋不应小于 $4\phi12$，箍筋直径不应小于 $\phi6$，间距不应大于 200mm。

3　墙体在门、窗洞口两侧应设置芯柱；墙长大于 4m 时，应在墙内增设芯柱，芯柱应符合本规程第 7.3.4 条的有关规定；其余位置，宜采用钢筋混凝土构造柱替代芯柱，钢筋混凝土构造柱应符合本规程第 7.3.2 条的有关规定。

7.3.22　底部框架 – 抗震墙房屋的框架柱应符合下列要求：

1　柱的截面不应小于 400mm × 400mm，圆柱直径不应小于 450mm。

2　柱的轴压比，6 度时不宜大于 0.85，7 度时不宜大于 0.75，8 度时不宜大于 0.65。

3 柱的纵向钢筋最小总配筋率，当钢筋的强度标准值低于400MPa时，中柱在6、7度时不应小于0.9%，8度时不应小于1.1%；边柱、角柱和混凝土抗震墙端柱在6、7度时不应小于1.0%，8度时不应小于1.2%。

4 柱的箍筋直径，6、7度时不应小于8mm，8度时不应小于10mm，并应全高加密箍筋，间距不应大于100mm。

5 柱的最上端和最下端组合的弯矩设计值应乘以增大系数，一、二、三级的增大系数应分别按1.5、1.25和1.15采用。

【条文解析】

底部框架－抗震墙小砌块砌体房屋，对于楼板、屋盖、托墙梁、框架柱、抗震墙以及其他有关抗震构造措施，可以参照现行国家标准《建筑抗震设计规范》GB 50011—2010。

以上几条规定底框房屋的框架柱不同于一般框架－抗震墙结构中的框架柱的要求，大体上接近框支柱的有关要求。柱的轴压比、纵向钢筋和箍筋要求，参照国家标准《建筑抗震设计规范》GB 50011—2010第6章对框架结构柱的要求，同时箍筋全高加密。

《底部框架－抗震墙砌体房屋抗震技术规程》JGJ 248—2012

5.5.15 底部钢筋混凝土托墙梁应符合下列要求：

1 梁截面宽度不应小于300mm，截面高度不应小于跨度的1/10。

2 箍筋直径不应小于8mm，间距不应大于200mm；梁端在1.5倍梁高且不小于1/5梁净跨范围内，以及上部墙体的洞口处和洞口两侧各500mm且不小于梁高的范围内，箍筋间距不应大于100mm。

3 沿梁截面高度应设置通长腰筋，数量不应少于 $2\phi14$，间距不应大于200mm。

4 梁的纵向受力钢筋和腰筋应按受拉钢筋的要求锚固在柱内，且支座上部的纵向钢筋在柱内的锚固长度应符合钢筋混凝土框支梁的有关要求。

5.5.16 底部钢筋混凝土托墙梁尚应符合下列要求：

1 当托墙梁上部墙体在梁端附近有洞口时，梁截面高度不宜小于跨度的1/8，且不宜大于跨度的1/6。

2 底部的纵向钢筋应通长设置，不得在跨中弯起或截断；每跨顶部通长设置的纵向钢筋面积，不应小于底部纵向钢筋面积的1/3，且不宜小于 $2\phi18$。

【条文解析】

在底部框架－抗震墙砌体房屋中，底部框架梁分为两类：第一类是底部两层框架－抗震墙砌体房屋的第一层框架梁，这类梁与一般多层框架结构中的框架梁要求相同；第二类为底层框架－抗震墙砌体房屋的底层框架托墙梁和底部两层框架－抗震墙砌体房屋的第二层框架托墙梁，这类梁是极其重要的受力构件，受力情况复杂，对其构造措施作出了专门的加强规定。

托墙梁由于承受上部多层砌体墙传递的竖向荷载，其梁截面的正应力分布与一般框架梁有差异，其正应力分布的中和轴上移或下移较为明显，其拉应力大于压应力 3 倍左右，其中和轴已移至离顶部 1/4 ~ 1/3 处，针对这类梁的应力分布特点，提出了腰筋的配置要求。

对比《建筑抗震设计规范》GB 50011—2010 对托墙梁的构造要求，本条对托墙梁在上部墙体靠梁端开洞时的跨高比提出了更严格的要求（为了使过渡楼层墙体的水平受剪承载力不致降低过多），同时对梁中通长纵向钢筋的配置给出了加强要求。

5.5.18 底部钢筋混凝土抗震墙的截面尺寸，应符合下列规定：

1 抗震墙墙板周边应设置梁（或暗梁）和端柱组成的边框。边框梁的截面宽度不宜小于墙板厚度的 2/3，截面高度不宜小于墙板厚度的 2/5；端柱的截面高度不宜小于墙板厚度的 1/2，且其截面宜与同层框架柱相同。

2 抗震墙墙板的厚度不宜小于 160mm，且不应小于墙板净高的 1/20。

5.5.19 钢筋混凝土抗震墙的水平和竖向分布钢筋的配筋率，均不应小于 0.30%，钢筋直径不宜小于 10mm，间距不宜大于 250mm，且应采用双排布置；双排分布钢筋间拉筋的间距不应大于 600mm，直径不应小于 6mm；墙体水平和竖向分布钢筋的直径，均不宜大于墙厚的 1/10。

【条文解析】

从提高底部钢筋混凝土墙的变形能力出发，给出了底部钢筋混凝土墙的抗震措施。由于底部钢筋混凝土墙是底部的主要抗侧力构件，对其构造上提出了更为严格的要求，以加强抗震能力。

端柱的截面宜与本层的框架柱相同，并应符合框架柱的有关要求。

5.5.20 钢筋混凝土抗震墙两端和洞口两侧应设置构造欠缺，边缘构件包括暗柱、端柱和翼墙。构造边缘构件的范围可按图 5.5.20 采用，其配筋除应满足受弯承载力要求外，并宜符合表 5.5.20 的要求。

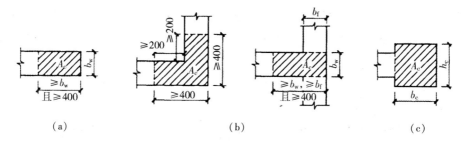

图 5.5.20 钢筋混凝土抗震墙的构造边缘构件范围

(a) 暗柱；(b) 翼柱；(c) 端柱

表 5.5.20　钢筋混凝土抗震墙构造边缘构件的配筋要求

抗震等级	纵向钢筋最小时（取较大值）	箍筋可拉筋	
		最小直径/mm	沿竖向最大间距/mm
二	$0.006A_c$，$6\phi12$	8	200
三	$0.005A_c$，$4\phi12$	6	200

注：1　A_c 为边缘构件的截面面积；

　　2　拉筋水平间距不应大于纵筋间距的 2 倍，转角处宜采用箍筋；

　　3　当端柱为框架柱或承受集中荷载时，其纵向钢筋、箍筋直径和间距应满足柱的相关要求。

【条文解析】

底部钢筋混凝土抗震墙为带框架的抗震墙且总高度不超过两层，其边缘构件可按一般部位的规定设置，只需要满足构造边缘构件的要求。

5.5.22　开竖缝的钢筋混凝土抗震墙，应符合下列规定：

1　墙体水平钢筋在竖缝处断开，竖缝两侧墙板的高宽比应大于 1.5。

2　竖缝两侧应设暗柱，暗柱的截面范围为 1.5 倍墙体厚度；暗柱的纵筋不宜少于 $4\phi16$，箍筋可采用 $\phi8$，箍筋间距不宜大于 200mm。

3　竖缝内可放置两块预制隔板，隔板宽度应与墙体厚度相同。

【条文解析】

根据对开竖缝墙的试验和分析研究，专门给出了开竖缝钢筋混凝土抗震墙的构造措施，提出开竖缝墙应在竖缝处断开和应设置暗柱的要求。竖缝宽度一般可取 70～100mm，预制隔板可采用钢筋混凝土隔板或其他材料的隔板，每块板厚可取 35～50mm。

5.2.24　楼面梁与抗震墙平面外连接时，不宜支承在洞口连梁上；沿梁轴线方向宜设置与梁连接的抗震墙，梁的纵筋应锚固在墙内；也可在支承梁的位置设置扶壁柱或暗柱，并应按计算确定其截面尺寸和配筋。

【条文解析】

钢筋混凝土抗震墙体支承平面外的抗侧力楼面大梁时，其构造措施应加强，以保证墙体出平面的性能，同时，保证梁的纵筋在墙内的有效锚固，防止在往复荷载作用下梁纵筋产生滑移和与梁连接的墙面混凝土拉脱。

5.5.25　6 度设防且总层数不超过四层的底层框架 - 抗震墙砌体房屋，底层采用约束砖砌体抗震墙时，其构造应符合下列要求：

1　砖墙应嵌砌于框架平面内，厚度不应小于 240mm，砌筑砂浆强度等级不应低于 M10，应先砌墙后浇框架梁柱。

2　沿框架柱每隔 300mm 配置 $2\phi8$ 水平钢筋和 $\phi5$ 分布短钢筋平面内点焊组成的拉结钢筋网片，并沿砖墙水平通长设置；在墙体半高处尚应设置与框架柱相连的钢筋混凝土水平系梁，系梁截面不应小于 240mm×180mm，纵向钢筋不应少于 $4\phi12$，箍筋直径不应

小于 $\phi 6$、间距不应大于 200mm。

3 墙长大于 4m 时和门、窗洞口两侧,应在墙内增设钢筋混凝土构造柱,构造柱应符合本规程第 6.2.2 条的有关规定。

5.5.26 6 度设防且总层数不超过四层的底层框架－抗震墙砌体房屋,底层采用约束小砌块砌体抗震墙时,其构造应符合下列要求:

1 小砌块墙应嵌砌于框架平面内,厚度不应小于 190mm,砌筑砂浆强度等级不应低于 Mb10,应先砌墙后浇框架梁柱。

2 沿框架柱每隔 400mm 配置 $2\phi 8$ 水平钢筋和 $\phi 5$ 分布短钢筋平面内点焊组成的拉结钢筋网片,并沿砌块墙水平通长设置;在墙体半高处尚应设置与框架柱相连的钢筋混凝土水平系梁,系梁截面不应小于 190mm×190mm,纵向钢筋不应少于 $4\phi 12$,箍筋直径不应小于 $\phi 6$、间距不应大于 200mm。

3 墙体在门、窗洞口两侧应设置芯柱,墙长大于 4m 时,应在墙内增设芯柱,芯柱应符合本规程第 6.2.6 条的有关规定;其余位置,宜采用钢筋混凝土构造柱替代芯柱,钢筋混凝土构造柱应符合本规程第 6.2.7 条的有关规定。

【条文解析】

从提高底部约束砌体抗震墙的抗震性能出发,对底部约束砌体抗震墙的墙厚、材料强度等级、约束及拉结构造等提出了要求,同时确保在使用中不致被随意拆除或更换。

5.5.28 底层框架－抗震墙砌体房屋的底层和底部两层框架－抗震墙砌体房屋第二层的顶板应采用现浇钢筋混凝土板,并应满足下列要求:

1 楼板厚度不应小于 120mm;

2 楼板应少开洞、开小洞,当洞口边长或直径大于 800mm 时,应采取加强措施,洞口周边应设置边梁,边梁宽度不应小于 2 倍板厚。

【条文解析】

底层框架－抗震墙砌体房屋的底层和底部两层框架－抗震墙砌体房屋第二层的顶板应采用现浇板。考虑这层楼板传递水平地震作用和地震倾覆力矩,对现浇钢筋混凝土楼盖的厚度、配筋和开洞情况提出了要求,同时对洞口边梁的宽度作出了规定。

5.5.30 底部框架－抗震墙部分采用板式楼梯时,楼梯踏步板宜采用双层配筋。

【条文解析】

实际震害表明,单层配筋的板式楼梯在强震中破坏严重,踏步板中部断裂、钢筋拉断,板式楼梯宜采用双层配筋予以加强。

5.4.5 配筋砌块砌体抗震墙

《砌体结构设计规范》GB 50003—2011

10.5.9 配筋砌块砌体抗震墙的水平和竖向分布钢筋应符合下列规定,抗震墙底部加强区的高度不小于房屋高度的1/6，且不小于房屋底部两层的高度。

1 抗震墙水平分布钢筋的配筋构造应符合表10.5.9-1的规定：

表10.5.9-1 配筋砌块砌体抗震墙水平分布钢筋的配筋构造

抗震等级	最小配筋率/%		最大间距/mm	最小直径/mm
	一般部位	加强部位		
一	0.13	0.15	400	φ8
二	0.13	0.13	600	φ8
三	0.11	0.13	600	φ6
四	0.10	0.10	600	φ6

注：1 水平分布钢筋宜双排布置，在顶层和底部加强部位，最大间距不应大于400mm；

2 双排水平分布钢筋应设不小于φ6拉结筋，水平间距不应大于400mm。

2 抗震墙竖向分布钢筋的配筋构造应符合表10.5.9-2的规定：

表10.5.9-2 配筋砌块砌体抗震墙竖向分布钢筋的配筋构造

抗震等级	最小配筋率/%		最大间距/mm	最小直径/mm
	一般部位	加强部位		
一	0.15	0.15	400	φ12
二	0.13	0.13	600	φ12
三	0.11	0.13	600	φ12
四	0.10	0.10	600	φ12

注：竖向分布钢筋宜采用单排布置，直径不应大于25mm，9度时配筋率不应小于0.2%。在顶层和底部加强部位，最大间距应适当减小。

【条文解析】

本条是在参照国内外配筋砌块砌体抗震墙试验研究和经验的基础上规定的。如在7度以内，要求在墙的端部、顶部和底部，以及洞口的四周配置竖向和水平构造钢筋，钢筋的间距不应大于3m。该构造钢筋的截面积为$130mm^2$，约一根$φ12 \sim φ14$钢筋，经折算其隐含的构造含钢率约为0.06%；而对≥8度时，抗震墙应在竖向和水平方向均匀设置钢筋，每个方向钢筋的间距不应大于该方向长度的1/3和1.20m，最小钢筋面积不应小于0.07%，两个方向最小含钢率之和也不应小于0.2%。这种最小含钢率是抗震墙最小的延性和抗裂要求。

抗震设计时，为保证出现塑性铰后抗震墙具有足够的延性，该范围内应当加强构造措施，提高其抗剪力破坏的能力。由于抗震墙底部塑性铰出现都有一定范围，因此对其作了规定。一般情况下单个塑性铰发展高度为墙底截面以上墙肢截面高度 h_w 的范围。

10.5.10　配筋砌块砌体抗震墙除应符合本规范第9.4.11的规定外，应在底部加强部位和轴压比大于0.4的其他部位的墙肢设置边缘构件。边缘构件的配筋范围：无翼墙端部为3孔配筋；L形转角节点为3孔配筋；T形转角节点为4孔配筋；边缘构件范围内应设置水平箍筋；配筋砌块砌体抗震墙边缘构件的配筋应符合表10.5.10的要求。

表10.5.10　配筋砌块砌体抗震墙边缘构件的配筋要求

抗震等级	每孔竖向钢筋最小配筋量		水平箍筋最小直径	水平箍筋最大间距/mm
	底部加强部位	一般部位		
一	$1\phi20$（$4\phi16$）	$1\phi18$（$4\phi16$）	$\phi8$	200
二	$1\phi18$（$4\phi16$）	$1\phi16$（$4\phi14$）	$\phi6$	200
三	$1\phi16$（$4\phi12$）	$1\phi14$（$4\phi12$）	$\phi6$	200
四	$1\phi14$（$4\phi12$）	$1\phi12$（$4\phi12$）	$\phi6$	200

注：1　边缘构件水平箍筋宜采用横筋为双筋的搭接点焊网片形式；

　　2　当抗震等级为二、三级时，边缘构件箍筋应采用 HRB400 级或 RRB400 级钢筋；

　　3　表中括号中数字为边缘构件采用混凝土边框柱时的配筋。

【条文解析】

在配筋砌块砌体抗震墙结构中，边缘构件无论是在提高墙体强度和变形能力方面的作用都非常明显，因此参照混凝土抗震墙结构边缘构件设置的要求，结合配筋砌块砌体抗震墙的特点，规定了边缘构件的配筋要求。

在配筋砌块砌体抗震墙端部设置水平箍筋是为了提高对砌体的约束作用及墙端部混凝土的极限压应变，提高墙体的延性。根据工程经验，水平箍筋放置于砌体灰缝中，受灰缝高度限制（一般灰缝高度为10mm），水平箍筋直径不小于6mm，且不应大于8mm比较合适；当箍筋直径较大时，将难以保证砌体结构灰缝的砌筑质量，会影响配筋砌块砌体强度；灰缝过厚则会给现场施工和施工验收带来困难，也会影响砌体的强度。抗震等级为一级水平箍筋最小直径为 $\phi8$，二～四级为 $\phi6$，为了适当弥补钢筋直径减小造成的损失，本条文注明抗震等级为一、二、三级时，应采用 HRB335 或 RRB335 级钢筋。亦可采用其他等效的约束件如等截面面积，厚度不大于5mm的一次冲压钢圈，对边缘构件，将具有更强约束作用。

通过试点工程，这种约束区的最小配筋率有相当的覆盖面。这种含钢率也考虑能在约120mm×120mm孔洞中放得下：对含钢率为 0.4%、0.6%、0.8%，相应的钢筋直径为 $3\phi14$、$3\phi18$、$3\phi20$，而约束箍筋的间距只能在砌块灰缝或带凹槽的系梁块中设置，其间距只能最小为200mm。对更大的钢筋直径并考虑到钢筋在孔洞中的接头和墙体中水平钢筋，很容易造成浇灌混凝土的困难。当采用290mm厚的混凝土空心砌块时，这个问题就可解决了，但这种砌块的重量过大，施工砌筑有一定难度，故我国目前的砌块系列也在190mm范围以内。另外，考虑到更大的适应性，增加了混凝土柱作边缘构件的方案。

《混凝土小型空心砌块建筑技术规程》JGJ/T 14—2011

7.1.12 配筋小砌块砌体抗震墙房屋的最大高度应符合表7.1.12-1的规定，且房屋高宽比不宜超过表7.1.12-2的规定；对横墙较少或建造于Ⅳ类场地的房屋，适用的最大高度应适当降低。

表7.1.12-1 配筋小砌块砌体抗震墙房屋适用的最大高度（m）

结构类型	最小墙厚	抗震设防烈度和设计基本地震加速度					
		6	7		8		9
		0.05g	0.10g	0.15g	0.20g	0.30g	0.40g
配筋小砌块砌体抗震墙	190mm	60	55	45	40	30	24
配筋小砌块砌体部分框支抗震墙		55	49	40	31	24	—

注：1 房屋高度指室外地面至檐口的高度（不包括局部突出屋顶部分）；
　　2 某层或几层开间大于6.0m以上的房间建筑面积占相应层建筑面积40%以上时，应按表内的规定相应降6.0m取用；
　　3 房屋的高度超过表内高度时，应进行专门的研究和论证，采取有效的加强措施。

表7.1.12-2 配筋小砌块砌体抗震墙房屋的最大高宽比

抗震设防烈度	6	7	8	9
最大高宽比	4.5	4.0	3.0	2.0

注：房屋的平面布置和竖向布置不规则时应适当减小最大高宽比的值。

【条文解析】

配筋小砌块砌体抗震墙结构具有强度高、延性好的特点，其受力性能和计算方法都与钢筋混凝土抗震墙结构相似，因此理论上其房屋适用高度可参照钢筋混凝土抗震墙房屋，但应适当降低。

配筋小砌块砌体房屋高宽比限制在一定范围内时，有利于房屋的稳定性，一般可不做整体弯曲验算；配筋小砌块砌体抗震墙抗拉相对不利，因此限制房屋高宽比可以使抗震墙墙肢一般不会出现大偏心受拉状况。根据试验研究和计算分析，当房屋的平面布置和竖向布置比较规则时，对提高房屋的整体性和抗震能力有利。当房屋的平面布置和竖向布置不规则时，会增大房屋的地震反应，此时应适当减小房屋高宽比以保证在地震荷载作用下结构不会发生整体弯曲破坏。

　　计算配筋小砌块砌体抗震墙房屋的高宽比，一般情况，可按所考虑方向的最小投影宽度计算高宽比，但对突出建筑物平面很小的局部结构（如楼梯间、电梯间等），一般不应包含在计算宽度内；对于不宜采用最小投影宽度计算高宽比的情况，还应根据实际情况确定。

　　7.1.13　配筋小砌块砌体抗震墙房屋应根据抗震设防分类、抗震设防烈度、房屋高度和结构类型采用不同的抗震等级，并应符合相应的计算和构造措施要求。丙类建筑的抗震等级宜按表7.1.13确定。

表7.1.13　抗震等级的划分

结构类型		抗震设防烈度和房层高度						
		6		7		8		9
		≤24	>24	≤24	>24	≤24	>24	≤24
配筋小砌块砌体抗震墙		四	三	三	二	二	一	一
部分框支配筋小砌块砌体抗震墙	非底部加强部位抗震墙	四	三	三	二	二	不应采用	不应采用
	底部加强部位抗震墙	三	二	二	一	一		
	框支框架	二		二		二		

注：1　接近或等于高度分界时，可结合房屋不规则程度及场地、地基条件确定抗震等级；
　　2　多层房屋（总高度≤18m）可按表中抗震等级降低一级取用，已是四级时取四级；
　　3　部分框支抗震墙结构指首层或底部两层为框支层的结构，不包括仅个别框支墙的情况；
　　4　乙类建筑按表内提高一度所对应的抗震等级采取抗震措施，已是一级时取一级。

【条文解析】

　　配筋小砌块砌体结构的抗震等级是考虑了结构构件的受力性能和变形性能，同时参照了钢筋混凝土房屋的抗震设计要求而确定的，主要是根据抗震设防分类、烈度、房屋高度和结构类型等因素划分配筋小砌块砌体结构的不同抗震等级，对于底部为框支抗震墙的配筋小砌块砌体抗震墙结构的抗震等级则相应提高一级。

　　7.1.15　配筋小砌块砌体抗震墙房屋的层高应符合下列要求：

　　1　底部加强部位的层高，一、二级不宜大于3.2m，三、四级不宜大于3.9m；

　　2　其他部位的层高，一、二级不宜大于3.9m，三、四级不宜大于4.8m。

　　注：底部加强部位指不小于房屋高度的1/6且不小于底部二层的高度范围，房屋总高度小于18m时取一层。

【条文解析】

　　抗震墙的高度对抗震墙出平面偏心受压强度和变形有直接关系，因此本条规定配筋小砌块砌体挤压墙的层高主要是为了保证抗震墙出平面的强度、刚度和稳定性。由于小砌块的厚度是确定的为190mm，因此当房屋的层高为3.2～4.8m时，与普通钢筋混凝土抗震墙的要求基本相当。

7.1.16 配筋小砌块砌体抗震墙的短肢墙应符合下列要求:

1 不应采用全部为短肢墙的配筋小砌块砌体抗震墙结构,应形成短肢抗震墙与一般抗震墙共同抵抗水平地震作用的抗震墙结构,9度时不宜采用短肢墙。

2 短肢墙的抗震等级应比本规程表7.1.13的规定提高一级采用;已为一级时,配筋应按9度的要求提高。

3 在给定的水平力作用下,一般抗震墙承受的地震倾覆力矩不应小于结构总倾覆力矩的50%,且短肢抗震墙截面面积与同层抗震墙总截面面积比例,抗震等级为三级及以上房屋两个主轴方向均不宜大于20%,抗震等级为四级的房屋,两个主轴方向均不宜大于50%;总高度小于等于18m的多层房屋,短肢抗震墙截面面积现同层抗震墙总截面面积比例,一、二级时两个主轴方向均不宜大于30%,三级时不宜大于50%,四级时不宜大于70%。

4 短肢墙宜设置翼墙;不应在一字形短肢墙平面外布置与之单侧相交的楼、屋面梁。

注:短肢抗震墙是指墙肢截面高度与宽度之比为5~8的抗震墙,一般抗震墙是指墙肢截面高度与厚度之比大于8的抗震墙。L形、T形、十字形等多肢墙截面的长短肢性质应由较长一肢确定。

【条文解析】

虽然短肢抗震墙结构有利于建筑布置,能扩大使用空间,减轻结构自重,但是其抗震性能较差,因此抗震墙不能过少、墙肢不宜过短。对于高层配筋小砌块砌体抗震墙房屋不应设计多数为短肢抗震墙的建筑,而要求设置足够数量的一般抗震墙,形成以一般抗震墙为主、短肢抗震墙与一般抗震墙相结合的共同抵抗水平力的结构,保证房屋的抗震能力,因此参照有关规定,对短肢抗震墙截面面积与同一层内所有抗震墙截面面积比例作了规定;而对于高度小于18m的多层房屋,考虑到地震作用相对较小,应与高层建筑房屋有所区别,因此对短肢抗震墙截面面积与同一层内所有抗震墙截面面积的比例予以放宽,但仍应满足在房屋外墙四角布置L形一般抗震墙的要求。

一字形短肢抗震墙延性及平面外稳定均十分不利,因此规定不宜布置单侧楼面梁与之平面外垂直或斜交,同时要求短肢抗震墙应尽可能设置翼缘,保证短肢抗震墙具有适当的抗震能力。

7.1.18 部分框支配筋小砌块砌体抗震墙房屋的结构布置应符合下列要求:

1 上部的配筋小砌块砌体抗震墙的中心线宜与底部的抗震墙或框架的中心线相重合。

2 房屋的底部应沿纵横两个方向设置一定数量的抗震墙,并应均匀布置。底部抗震墙可采用配筋小砌块砌体抗震墙或钢筋混凝土抗震墙,但同一层内不应混用。如采用钢筋混凝土抗震墙,混凝土强度等级不宜大于C35。

3 矩形平面的部分框支配筋小砌块砌体抗震墙房屋结构的楼层侧向刚度比和底层框架部分承担的地震倾覆力矩,应符合国家标准《建筑抗震设计规范》GB 50011—2010第6.1.9条的有关要求。

4 抗震墙应采用条形基础、筏板基础、箱基或桩基等整体性能较好的基础。

5 除应符合本规程有关条文要求之外，部分框支配筋小砌块砌体抗震墙房屋的结构布置尚应符合国家现行标准《建筑抗震设计规范》GB 50011—2010 和《高层建筑混凝土结构技术规程》JGJ 3—2010 中的有关要求。

【条文解析】

对于底部框架抗震墙结构的房屋，保持纵向受力构件的连续性是防止结构纵向刚度突变而产生薄弱层的主要措施，对结构抗震有利。在结构平面布置时，由于配筋小砌块砌体抗震墙和钢筋混凝土抗震墙在强度、刚度和变形能力方面都有一定差异，因此应避免在同一层面上混合使用。底部框架-抗震墙房屋的过渡层担负结构转换，在地震时容易遭受破坏，因此除在计算时应满足有关规定之外，在构造上也应予以加强。底部框架-抗震墙房屋的抗震墙往往要承受较大的弯矩、轴力和剪力，应选用整体性能好的基础，否则抗震墙不能充分发挥作用。

对于底下一层或多层的底部框架抗震墙结构的房屋还应按照《建筑抗震设计规范》GB 50011—2010 和《高层建筑混凝土结构技术规程》JGJ 3—2010 中的有关要求，采用适当的结构布置。

7.3.24 配筋小砌块砌体抗震墙的水平和竖向分布钢筋应符合表 7.3.24 – 1 和表 7.3.24 –2的要求。

表 7.3.24 –1　配筋小砌块砌体抗震墙水平分布钢筋的配筋构造要求

抗震等级	最小配筋率/%		最大间距/mm	最小直径/mm
	一般部位	加强部位		
一	0.13	0.15	400	$\phi 8$
二	0.13	0.13	600	$\phi 8$
三	0.11	0.13	600	$\phi 8$
四	0.10	0.10	600	$\phi 6$

注：1　9 度时配筋率不应小于0.2%；

　　2　水平分布钢筋宜双排布置，在顶层和底部加强部位，最大间距不应大于400mm；

　　3　双排水平分布钢筋应设不小于$\phi 6$拉结筋，水平间距不应大于400mm。

表 7.3.24 –2　配筋小砌块砌体抗震墙竖向分布钢筋的配筋构造要求

抗震等级	最小配筋率/%		最大间距/mm	最小直径/mm
	一般部位	加强部位		
一	0.15	0.15	400	$\phi 12$
二	0.13	0.13	600	$\phi 12$

续　表

抗震等级	最小配筋率/%		最大间距/mm	最小直径/mm
	一般部位	加强部位		
三	0.11	0.13	600	$\phi 12$
四	0.10	0.10	600	$\phi 12$

注：1　9度时配筋率不应小于0.2%；

　　2　竖向分布钢筋宜采用单排布置，直径不应大于25mm；

　　3　在顶层和底部加强部位，最大间距应适当减小。

【条文解析】

本条规定了配筋小砌块砌体抗震墙中配筋的最低构造要求。同时，配筋小砌块砌体抗震墙是由带槽口的混凝土小型空心砌块通过砌筑、布筋、灌孔而成，是一种类似预制装配整体式的结构，一般小砌块的空心率不大于48%。因此，相比全现浇混凝土抗震墙，配筋小砌块砌体抗震墙的工地现场混凝土湿作业量减少将近一半，相应的材料水化热与收缩量也大幅降低，且由于配筋小砌块砌体建筑的总高度在此已有严格限制，所以其最小构造配筋率比现浇混凝土抗震墙有一定程度的减小。

7.3.25　配筋小砌块砌体抗震墙在重力荷载代表值作用下的轴压比，应符合下列要求：

1　一级（9度）不宜大于0.4，一级（7、8度）不宜大于0.5，二、三级不宜大于0.6。

2　短肢墙体全高范围，一级不宜大于0.5，二、三级不宜大于0.6；对于无翼缘的一字形短肢墙，其轴压比限值应相应降低0.1。

3　各向墙肢截面均为$3b < h < 5b$的小墙肢，一级不宜大于0.4，二、三级不宜大于0.5，其全截面竖向钢筋的配筋率在底部加强部位不宜小于1.2%，一般部位不宜小于1.0%。对于无翼缘的一字形独立小墙肢，其轴压比限值应相应降低0.1。

4　多层房屋（总高度小于等于18m）的短肢墙及各向墙肢截面均为$3b < h < 5b$的小墙肢的全部竖向钢筋的配筋率，底部加强部位不宜小于1%，其他部位不宜小于0.8%。

【条文解析】

配筋小砌块砌体抗震墙在重力荷载代表值作用下的轴压比控制是为了保证配筋小砌块砌体在水平荷载作用下的延性和强度的发挥，同时也是为了防止墙片截面过小、配筋率过高，保证抗震墙结构延性。对多层、高层及一般墙、短肢墙、一字形短肢墙的轴压比限值做了区别对待，由于短肢墙和无翼缘的一字形短肢墙的抗震性能较差，因此对其轴压比限值应该做更为严格的规定。

7.3.26　配筋小砌块砌体抗震墙墙肢端部应设置边缘构件（图7.3.26）。构造边缘构件的配筋范围：无翼墙端部为3孔配筋，L形转角节点为3孔配筋，T形转角节点为4孔配筋，其最小配筋应符合表7.3.26的要求，边缘构件范围内应设置水平箍筋。底部加强部位的轴压比，一级大于 0.2 和二、三级大于 0.3 时，应设置约束边缘构件，约束边缘构件的范围应沿受力方向比构造边缘构件增加 1 孔，水平箍筋应相应加强，也可采用钢筋混凝土边框柱。

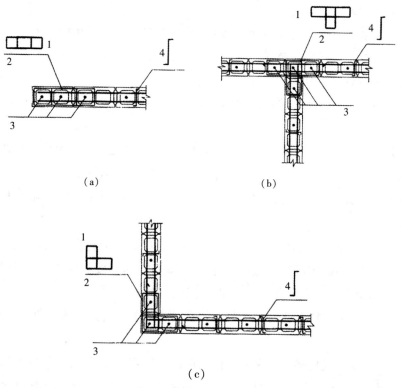

图 7.3.26 配筋小砌块砌体抗震墙的构造边缘构件

（a）无翼缘墙；（b）有翼缘墙（T 形墙）；（c）转角墙（L 形墙）

1—水平箍筋；2—芯柱区；3—芯柱纵筋（3 孔）；4—拉筋

表 7.3.26 配筋小砌块砌体抗震墙边缘构件的配筋要求

抗震等级	每孔竖向钢筋最小量		水平箍筋最小直径	水平箍筋最大间距/mm
	底部加强部位	一般部位		
一	1 ϕ 20	1 ϕ 18	ϕ 8	200
二	1 ϕ 18	1 ϕ 16	ϕ 6	200
三	1 ϕ 16	1 ϕ 14	ϕ 6	200
四	1 ϕ 14	1 ϕ 12	ϕ 6	200

注：1 边缘构件水平箍筋宜采用搭接点焊网片形式；

2 当抗震等级为一、二、三级时，边缘构件箍筋应采用不低于 HRB335 级或 RRB335 级钢筋；

3 二级轴压比大于 0.3 时，底部加强部位边缘构件的水平箍筋最小直径不应小于 ϕ 8；

4 约束边缘构件采用混凝土边框柱时，应符合相应抗震等级的钢筋混凝土框架柱的要求。

【条文解析】

在配筋小砌块砌体抗震墙结构中，边缘构件无论是在提高墙体强度和变形能力方面的作用都非常明显，因此参照混凝土抗震墙结构边缘构件设置的要求，结合配筋小砌块砌体抗震墙的特点，规定了边缘构件的配筋要求。

在配筋小砌块砌体抗震墙端部设置水平箍筋是为了提高对砌体的约束作用及墙端部混凝土的极限压应变，提高墙体的延性。根据工程经验，水平箍筋放置于砌体灰缝中，受灰缝高度限制（一般灰缝高度为10mm），水平箍筋直径不小于6mm，且不应大于8mm比较合适；当箍筋直径较大时，将难以保证砌体结构灰缝的砌筑质量，会影响配筋小砌块砌体强度；灰缝过厚则会给现场施工和施工验收带来困难，也会影响砌体的强度。抗震等级为一级，水平箍筋最小直径为$\phi 8$，二级～四级为$\phi 6$，为了适当弥补钢筋直径减小造成的损失，本条注明抗震等级为一、二、三级时，应采用HRB335或RRB335级钢筋。亦可采用其他等效的约束件如等截面面积、厚度不大于5mm的一次冲压钢圈，对边缘构件，将具有更强约束作用。

7.3.28　配筋小砌块砌体抗震墙内钢筋的锚固和搭接，应符合下列要求：

1　配筋小砌块砌体抗震墙内竖向和水平分布钢筋的搭接长度不应小于1/48钢筋直径，竖向钢筋的锚固长度不应小于1/42钢筋直径。

2　配筋小砌块砌体抗震墙的水平分布钢筋，沿墙长应连续设置，两端的锚固应符合下列规定：

1）一、二级的抗震墙，水平分布钢筋可绕主筋弯180°弯钩，弯钩端部直段长度不宜小于$12d$，水平分布钢筋亦可弯入端部灌孔混凝土中，锚固长度不应小于$30d$，且不应小于250mm；

2）三、四级的抗震墙，水平分布钢筋可弯入端部灌孔混凝土中，锚固长度不应小于$25d$，且不应小于200mm。

【条文解析】

配筋小砌块砌体抗震墙竖向受力钢筋的焊接接头到现在仍是个难题。主要是由施工程序造成的，要先砌墙或柱，后插钢筋，并在底部清扫孔中焊接，由于狭小的空间，只能局部点焊，满足不了受力要求，因此目前大部采用搭接。根据配筋小砌块砌体抗震墙的施工特点，墙内的钢筋放置无法绑扎搭接，因此墙内钢筋的搭接长度应比普通混凝土构件的搭接长度要长些，对于直径大于22mm的竖向钢筋，则宜采用工具式机械接头。

根据国内外有关试验研究成果，小砌块砌体抗震墙的水平钢筋，当采用围绕墙端竖向钢筋180°加$12d$延长段大时，施工难度较大，而一般做法可将该水平钢筋在末端弯钩锚于灌孔混凝土中，弯入长度不小于200mm，在试验中发现这样的弯折锚固长度已能保证该水平钢筋能达到屈服。因此，本条考虑不同的抗震等级和施工因素，给出该锚固长度规定。

7.3.29 配筋小砌块砌体抗震墙连梁的构造，当采用混凝土连梁时，应符合本规程第 6.4.13 条的规定和《混凝土结构设计规范》GB 50010—2010 中有关地震区连梁的构造要求；当采用配筋小砌块砌体连梁时，除符合第 6.4.14 条的规定以外，尚应符合下列要求：

1 连梁上下水平钢筋锚入墙体内的长度，一、二级不应小于 1.15 倍锚固长度，三级不应小于 1.05 倍锚固长度，四级不应小于锚固长度，且不应小于 600mm。

2 连梁的箍筋应沿梁长布置，并应符合表 7.3.29 的要求：

表 7.3.29 连梁箍筋的构造要求

抗震等级	箍筋最大间距/mm	直径
一	75	$\phi10$
二	100	$\phi8$
三	120	$\phi8$
四	150	$\phi8$

注：当梁端纵筋配筋率大于 2% 时，表中箍筋最小直径应加大 2mm。

3 顶层连梁在伸入墙体的纵向钢筋长度范围内应设置间距不大于 200mm 的构造封闭箍筋，其规格和直径与该连梁的箍筋相同。

4 墙体水平钢筋应作为连梁腰筋在连梁拉通连续配置。当连梁截面高度大于 700mm 时，自梁顶面下 200mm 至梁底面上 200mm 范围内应设置腰筋，其间距不应大于 200mm；每皮腰筋数量，一级不小于 $2\phi12$，二级～四级不小于 $2\phi10$；对跨高比不大于 2.5 的连梁，梁两侧腰筋的面积配筋率不应小于 0.3%；腰筋伸入墙体内的长度不应小于 30d，且不应小于 300mm。

5 连梁不宜开洞，当必须开洞时应满足下列要求：

1）在跨中梁高 1/3 处预埋外径不应大于 200mm 的钢套管；

2）洞口上下的有效高度不应小于 1/3 梁高，且不应小于 200mm；

3）洞口处应配补强钢筋并在洞周边浇筑灌孔混凝土，被洞口削弱的截面应进行受剪承载力验算。

6 对于跨高比不小于 5 的连梁宜按框架梁设计，计算时其刚度不应按连梁方法折减；短肢墙的剪力增大系数应满足本规程表 7.2.14 的规定。

【条文解析】

本条是根据国内外试验研究成果和经验以及配筋小砌块砌体连梁的特点而制定的，并将配筋混凝土小型空心砌块连梁的箍筋要求用表列出，使设计使用更加方便、明了。

7.3.30 配筋小砌块砌体抗震墙的圈梁构造，应符合下列要求：

1 在基础及各楼层标高处，每道配筋小砌块砌体抗震墙均应设置现浇钢筋混凝土圈梁。圈梁的宽度不应小于墙厚，其截面高度不宜小于200mm。

2 圈梁混凝土抗压强度不应小于相应灌孔混凝土的强度，且不应小于C20。

3 圈梁纵向钢筋不应小于相应配筋砌体墙的水平钢筋，且不应小于$4\phi12$；基础圈梁纵筋不应小于$4\phi12$；圈梁及基础圈梁箍筋直径不应小于$\phi8$，间距不应大于200mm；当圈梁高度大于300mm时，应沿梁截面高度方向设置腰筋，其间距不应大于200mm，直径不应小于10mm。

4 圈梁底部嵌入墙顶小砌块孔洞内，深度不宜小于30mm；圈梁顶部应是毛面。

【条文解析】

在配筋小砌块砌体抗震墙和楼盖的结合处设置钢筋混凝土圈梁，可进一步增加结构的整体性，同时该圈梁也可作为建筑竖向尺寸调整的手段。钢筋混凝土圈梁作为配筋小砌块砌体抗震墙的一部分，其强度应和灌孔小砌块砌体强度基本一致，相互匹配，其纵筋配筋量不应小于配筋小砌块砌体抗震墙水平筋数量，其间距不应大于配筋小砌块砌体抗震墙水平筋间距，并宜适当加密。

7.3.31 配筋小砌块砌体抗震墙房屋的基础（或钢筋混凝土框支梁）与抗震墙结合处的受力钢筋，当房屋高度超过50m或一级抗震等级时宜采用机械连接，其他情况可采用搭接。当采用搭接时，一、二级抗震等级时搭接长度不宜小于$50d$，三、四级抗震等级时不宜小于$40d$（d为受力钢筋直径）。

【条文解析】

根据配筋小砌块砌体墙的施工特点，竖向受力钢筋的连接方式采用焊接接头不合适，因此目前大部采用搭接。墙内的钢筋放置无法绑扎搭接，且在同一截面搭接，因此墙内钢筋的搭接长度应比普通混凝土构件的搭接长度要长些。条件许可时，竖向钢筋连接，宜优先采用机械连接接头。

6　木结构设计

《木结构设计规范（2005 年版）》GB 50005—2003

3.1.2　普通木结构构件设计时，应根据构件的主要用途按表 3.1.2 的要求选用相应的材质等级。

表 3.1.2　普通木结构构件的材质等级

项次	主要用途	材质等级
1	受拉或拉弯构件	I_a
2	受弯或压弯构件	II_a
3	受压构件及次要受弯构件（如吊顶小龙骨等）	III_a

【条文解析】

我国对普通承重结构所用木材的分级，按其材质分为三级。

3.1.8　胶合木结构构件设计时，应根据构件的主要用途和部位，按表 3.1.8 的要求选用相应的材质等级。

表 3.1.8　胶合木结构构件的木材材质等级

项次	主要用途	材质等级	木材等级配置图
1	受拉或拉弯构件	I_b	I_b
2	受压构件（不包括桁架上弦和拱）	III_b	III_b

项次	主要用途	材质等级	木材等级配置图
3	桁架上弦或拱，高度不大于 500mm 的胶合梁 （1）构件上、下边缘各 0.1h 区域，且不少于两层板 （2）其余部分	II$_b$ III$_b$	
4	高度大于 500mm 的胶合梁 （1）梁的受拉边缘 0.1h 区域，且不少于两层板 （2）距受拉边缘 0.1h ~ 0.2h 区域 （3）受压边缘 0.1h 区域，且不少于两层板 （4）其余部分	I$_b$ II$_b$ II$_b$ III$_b$	
5	侧立腹板工字梁 （1）受拉翼缘板 （2）受压翼缘板 （3）腹　　板	I$_b$ II$_b$ III$_b$	

【条文解析】

按现行材质标准选材所制成的胶合构件，能够满足承重结构可靠度的要求。同时较为符合我国木材的材质状况，可以提高低等级木材在承重结构中的利用率。

3.1.11　当采用目测分级规格材设计轻型木结构构件时，应根据构件的用途按表 3.1.11 要求选用相应的材质等级。

表 3.1.11　轻型木结构用规格材的材质等级

项次	主要用途	材质等级
1	用于对强度、刚度和外观有较高要求的构件	I$_c$
2		II$_c$
3	用于对强度、刚度有较高要求而对外观只有一般要求的构件	III$_c$
4	用于对强度、刚度有较高要求而对外观无要求的普通构件	IV$_c$
5	用于墙骨柱	V$_c$
6	除上述用途外的构件	VI$_c$
7		VII$_c$

【条文解析】

轻型木结构用规格材主要根据用途分类。分类越细越经济，但过细又给生产和施工带来不便，我国规格材定为七等。

3.1.13 制作构件时，木材含水率应符合下列要求：

1　现场制作的原木或方木结构不应大于25%；

2　板材和规格材不应大于20%；

3　受拉构件的连接板不应大于18%；

4　作为连接件不应大于15%；

5　层板胶合木结构不应大于15%，且同一构件各层木板间的含水率差别不应大于5%。

【条文解析】

规定木材含水率的理由和依据如下：

1) 木结构若采用较干的木材制作，在相当程度上减小了因木材干缩造成的松弛变形和裂缝的危害，对保证工程质量作用很大。因此，原则上应要求木材经过干燥。考虑到结构用材的截面尺寸较大，只有气干法较为切实可行，故只能要求尽量提前备料，使木材在合理堆放和不受曝晒的条件下逐渐风干。根据调查，这一工序即使时间很短，也能收到一定的效果。

2) 原木和方木的含水率沿截面内外分布很不均匀。

3.3.1 承重结构用胶，应保证其胶合强度不低于木材顺纹抗剪和横纹抗拉的强度。胶连接的耐水性和耐久性，应与结构的用途和使用年限相适应，并应符合环境保护的要求。

【条文解析】

胶合结构的承载能力首先取决于胶的强度及其耐久性。因此，对胶的质量要有严格的要求：

1) 应保证胶缝的强度不低于木材顺纹抗剪和横纹抗拉的强度。因为不论在荷载作用下或由于木材胀缩引起的内力，胶缝主要是受剪应力和垂直于胶缝方向的正应力作用。一般说来，胶缝对压应力的作用总是能够胜任的。因此，关键在于保证胶缝的抗剪和抗拉强度。当胶缝的强度不低于木材顺纹抗剪和横纹抗拉强度时，就意味着胶连接的破坏基本上沿着木材部分发生，这也就保证了胶连接的可靠性。

2) 应保证胶缝工作的耐久性。胶缝的耐久性取决于它的抗老化能力和抗生物侵蚀能力。因此，主要要求胶的抗老化能力应与结构的用途和使用年限相适应。但为了防止使用变质的胶，故提出对每批胶均应经过胶结能力的检验，合格后方可使用。

所有胶种必须符合有关环境保护的规定。

4.2.1 普通木结构用木材的设计指标应按下列规定采用：

1 普通木结构用木材，其树种的强度等级应按表4.2.1-1和表4.2.1-2采用。

2 在正常情况下，木材的强度设计值及弹性模量，应按表4.2.1-3采用；在不同的使用条件下，木材的强度设计值和弹性模量尚应乘以表4.2.1-4规定的调整系数；对于不同的设计使用年限，木材的强度设计值和弹性模量尚应乘以表4.2.1-5规定的调整系数。

表4.2.1-1 针叶树种木材适用的强度等级

强度等级	组别	适用树种
TC17	A	柏木　长叶松　湿地松　粗皮落叶松
	B	东北落叶松　欧洲赤松　欧洲落叶松
TC15	A	铁杉　油杉　太平洋海岸黄柏　花旗松—落叶松　西部铁杉　南方松
	B	鱼鳞云杉　西南云杉　南亚松
TC13	A	油松　新疆落叶松　云南松　马尾松　扭叶松　北美落叶松　海岸松
	B	红皮云杉　丽江云杉　樟子松　红松　西加云杉　俄罗斯红松　欧洲云杉 北美山地云杉　北美短叶松
TC11	A	西北云杉　新疆云杉　北美黄松　云杉—松—冷杉　铁—冷杉　东部铁杉　杉木
	B	冷杉　速生杉木　速生马尾松　新西兰辐射松

表4.2.1-2 阔叶树种木材适用的强度等级

强度等级	适用树种
TB20	青冈　槠木　门格里斯木　卡普木　沉水稍克隆　绿心木　紫心木　李叶豆　塔特布木
TB17	栎木　达荷玛木　萨佩莱木　苦油树　毛罗藤黄
TB15	锥栗（椎木）　桦木　黄梅兰蒂　梅萨瓦木　水曲柳　红劳罗木
TB13	深红梅兰蒂　浅红梅兰蒂　白梅兰蒂　巴西红厚壳木
TB11	大叶椴　小叶椴

表4.2.1-3 木材的强度设计值和弹性模量（N/mm²）

强度等级	组别	抗弯 f_m	顺纹抗压及承压 f_c	顺纹抗拉 f_t	顺纹抗剪 f_v	横纹承压 $f_{c,90}$ 全表面	横纹承压 $f_{c,90}$ 局部表面和齿面	横纹承压 $f_{c,90}$ 拉力螺栓垫板下	弹性模量 E
TC17	A	17	16	10	1.7	2.3	3.5	4.6	10000
	B		15	9.5	1.6				
TC15	A	15	13	9.0	1.6	2.1	3.1	4.2	10000
	B		12	9.0	1.5				
TC13	A	13	12	8.5	1.5	1.9	2.9	3.8	10000
	B		10	8.0	1.4				9000
TC11	A	11	10	7.5	1.4	1.8	2.7	3.6	9000
	B		10	7.0	1.2				
TB20	—	20	18	12	2.8	4.2	6.3	8.4	12000
TB17	—	17	16	11	2.4	3.8	5.7	7.6	11000
TB15	—	15	14	10	2.0	3.1	4.7	6.2	10000
TB13	—	13	12	9.0	1.4	2.4	3.6	4.8	8000
TB11	—	11	10	8.0	1.3	2.1	3.2	4.1	7000

注：对位于木结构端部（如接头处）的拉力螺栓垫板，其计算中所取的木材横纹承压强度设计值，应按"局部表面和齿面"一栏的数值采用。

表4.2.1-4 不同使用条件下木材强度设计值和弹性模量的调整系数

使用条件	调整系数 强度设计值	调整系数 弹性模量
露天环境	0.9	0.85
长期生产性高温环境，木材表面温度达40~50℃	0.8	0.8
按恒荷载验算时	0.8	0.8
用于木构筑物时	0.9	1.0
施工和维修时的短暂情况	1.2	1.0

注：1 当仅有恒荷载或恒荷载产生的内力超过全部荷载所产生的内力的80%时，应单独以恒荷载进行验算。

2 当若干条件同时出现时，表列各系数应连乘。

表 4.2.1-5　不同设计使用年限时木材强度设计值和弹性模量的调整系数

设计使用年限	调整系数	
	强度设计值	弹性模量
5 年	1.1	1.1
25 年	1.05	1.05
50 年	1.0	1.0
100 年以上	0.9	0.9

【条文解析】

1．木材的强度设计值

1）对自然缺陷较多的树种木材，如落叶松、云南松和马尾松等，不能单纯按其可靠性指标进行分级，需根据主要使用地区的意见进行调整，以使其设计指标的取值与工程实践经验相符。

2）对同一树种有多个产地试验数据的情况，其设计指标的确定，系采用加权平均值作为该树种的代表值。其"权"数按每个产地的木材蓄积量确定。

根据上述原则确定的强度设计值，可在材料总用量基本不变的前提下，使木构件可靠指标的一致性得到显著改善。

2．木材的弹性模量

1）木材的 E 值不仅与树种有关，而且差异之大不容忽视。

2）我国南方地区从长期使用原木檩条的观察中发现，其实现挠度比方木和半圆木为小。初步分析认为是由于原木的纤维基本完整，在相同的受力条件下，其变形较小的缘故。

3）湿材构件因其初始含水率高、弹性模量低而增大的变形部分，在木材干燥后不能得到恢复。因此，在确定使用湿材作构件的弹性模量时，应考虑含水率的影响，才能保证木构件在使用中的正常工作。

4.2.9　受压构件的长细比，不应超过表 4.2.9 规定的长细比限值。

表 4.2.9　受压构件长细比限值

项次	构件类别	长细比限值 [λ]
1	结构的主要构件（包括桁架的弦杆、支座处的竖杆或斜杆以及承重柱等）	120
2	一般构件	150
3	支撑	200

【条文解析】

受压构件长细比限值的规定，主要是为了从构造上采取措施，以避免单纯依靠计算，取值过大而造成刚度不足。

7.1.5 杆系结构中的木构件，当有对称削弱时，其净截面面积不应小于构件毛截面面积的50%；当有不对称削弱时，其净截面面积不应小于构件毛截面面积的60%。

在受弯构件的受拉边，不得打孔或开设缺口。

【条文解析】

本条主要规定了杆系结构中木构件的净截面面积。

7.2.4 抗震设防烈度为8度和9度地区屋面木基层抗震设计，应符合下列规定：

1 采用斜放檩条并设置密铺屋面板，檐口瓦应与挂瓦条扎牢；

2 檩条必须与屋架连牢，双脊檩应相互拉结，上弦节点处的檩条应与屋架上弦用螺栓连接；

3 支承在山墙上的檩条，其搁置长度不应小于120mm，节点处檩条应与山墙卧梁用螺栓锚固。

【条文解析】

对8度和9度地震区的屋面木基层设计，提出了必须的加强措施，以利于抗震。

7.5.1 应采取有效措施保证结构在施工和使用期间的空间稳定，防止桁架侧倾，保证受压弦杆的侧向稳定，承担和传递纵向水平力。

【条文解析】

本条对保证木屋盖空间稳定所作的规定，是在总结工程实践、试验实测结果以及综合分析各方面意见的基础上制订的。从试验研究和理论分析结果来看，这些规定比较符合实际情况。

7.5.10 地震区的木结构房屋的屋架与柱连接处应设置斜撑，当斜撑采用木夹板时，与木柱及屋架上、下弦应采用螺栓连接；木柱柱顶应设暗榫插入屋架下弦并用U形扁钢连接（图7.5.10）。

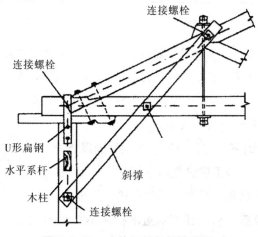

图7.5.10 木构架端部斜撑连接

【条文解析】

由于木柱房屋在柱顶与屋架的连接处比较薄弱，因此，规定在地震区的木柱房屋中，应在屋架与木柱连接处加设斜撑并作好连接。

7.6.3　当桁架跨度不小于9m时，桁架支座应采用螺栓与墙、柱锚固。当采用木柱时，木柱柱脚与基础应采用螺栓锚固。

【条文解析】

就一般情况而言，桁架支座均应用螺栓与墙、柱锚固。但在调查中发现有若干地区，仅在桁架跨度较大的情况下，才加以锚固。故本条规定为9m及其以上的桁架必须锚固。至于9m以下的桁架是否需要锚固，则由各地自行处理。

8.1.2　层板胶合木构件应采用经应力分级标定的木板制作。各层木板的木纹应与构件长度方向一致。

【条文解析】

本条对胶合木构件制作要求做了规定。制作胶合木构件所用的木板应有材质等级的正规标注，并应按本规范表3.1.8根据构件不同受力要求和用途选材。为了使各层木板在整体工作时协调，要求各层木板的木纹与构件长度方向一致。

8.2.2　设计受弯、拉弯或压弯胶合木构件时，本规范表4.2.1-3的抗弯强度设计值应乘以表8.2.2的修正系数，工字形和T形截面的胶合木构件，其抗弯强度设计值除按表8.2.2乘以修正系数外，尚应乘以截面形状修正系数0.9。

表8.2.2　胶合木构件抗弯强度设计值修正系数

宽度/mm	截面高度 h/mm						
	<150	150~500	600	700	800	1000	≥1200
b<150	1.0	1.0	0.95	0.90	0.85	0.80	0.75
b≥150	1.0	1.15	1.05	1.0	0.90	0.85	0.80

【条文解析】

对工字形和T形截面胶合木构件，抗弯强度设计值除乘以本规范表8.2.2的修正系数外，尚应乘以截面形状修正系数0.9的规定，是根据本规范8.3.8条构造要求确定的，即腹板厚度不应小于80mm，且不应小于翼缘板宽度的一半。若不符合这一规定，将会由于腹板过薄而造成胶合木构件受力不安全。

11.0.1　木结构中的下列部位应采取防潮和通风措施：

1　在桁架和大梁的支座下应设置防潮层；

2　在木柱下应设置柱墩，严禁将木柱直接埋入土中；

3　桁架、大梁的支座节点或其他承重木构件不得封闭在墙、保温层或通风不良的环境中（图11.0.1-1和图11.0.1-2）；

4 处于房屋隐蔽部分的木结构，应设通风孔洞；

5 露天结构在构造上应避免任何部分有积水的可能，并应在构件之间留有空隙（连接部位除外）；

6 当室内外温差很大时，房屋的围护结构（包括保温吊顶），应采取有效的保温和隔气措施。

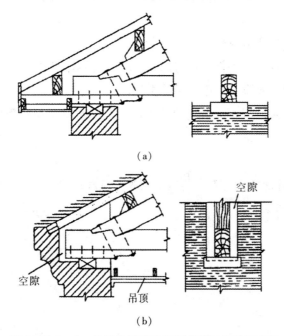

（a）

（b）

图 11.0.1-1 外排水屋盖支座节点通风构造示意图

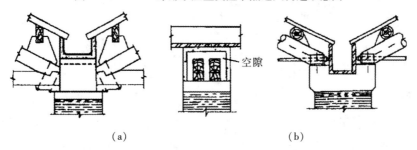

（a） （b）

图 11.0.1-2 内排水屋盖支座节点通风构造示意图

【条文解析】

木材的腐朽，系受木腐菌侵害所致。在木结构建筑中，木腐菌主要依赖潮湿的环境而得以生存。各地的调查表明，凡是在结构构造上封闭的部位以及易经常受潮的场所，其木构件无不受木腐菌的侵害，严重者甚至会发生木结构坍塌事故。与此相反，若木结构所处的环境通风干燥良好，其木构件的使用年限，即使已逾百年，仍然可保持完好无损的状态。因此，为防止木结构腐朽，首先应采取既经济又有效的构造措施。只有在采取构造措施后仍有可能遭受菌害的结构或部位，才需用防腐剂进行处理。

建筑木结构构造上的防腐措施，主要是通风与防潮。本条的内容便是根据各地工程实践经验总结而成。

这里应指出的是，通过构造上的通风、防潮，使木结构经常保持干燥，在很多情况下能对虫害起到一定的抑制作用，因此，应与药剂配合使用，以取得更好的防虫效果。

11.0.3 下列情况，除从结构上采取通风防潮措施外，尚应进行药剂处理。

1　露天结构；

2　内排水桁架的支座节点处；

3　檩条、搁栅、柱等木构件直接与砌体、混凝土接触部位；

4　白蚁容易繁殖的潮湿环境中使用的木构件；

5　承重结构中使用马尾松、云南松、湿地松、桦木以及新利用树种中易腐朽或易遭虫害的木材。

【条文解析】

本条所指出的五种情况，均是在构造上采取了通风防潮的措施后，仍需采取药剂处理的木构件和若干结构部位。

参考文献

［1］ GB 50003—2011　砌体结构设计规范［S］. 北京：中国计划出版社，2011.

［2］ GB 50005—2003　木结构设计规范［S］. 北京：中国建筑工业出版社，2004.

［3］ GB 50007—2011　建筑地基基础设计规范［S］. 北京：中国建筑工业出版社，2011.

［4］ GB 50010—2010　混凝土结构设计规范［S］. 北京：中国建筑工业出版社，2010.

［5］ GB 50011—2010　建筑抗震设计规范［S］. 北京：中国建筑工业出版社，2010.

［6］ GB 50017—2003　钢结构设计规范［S］. 北京：中国建筑工业出版社，2003.

［7］ GB 50018—2002　冷弯薄壁型钢结构技术规范［S］. 北京：中国计划出版社，2002.

［8］ JGJ 3—2010　高层建筑混凝土结构技术规程［S］. 北京：中国建筑工业出版社，2010.

［9］ JGJ/T 14—2011　混凝土小型空心砌块建筑技术规程［S］. 北京：中国建筑工业出版社，2012.

［10］ JGJ 79—2012　建筑地基处理技术规范［S］. 北京：中国建筑工业出版社，2013.

［11］ JGJ 94—2008　建筑桩基技术规范［S］. 北京：中国建筑工业出版社，2008.

［12］ JGJ 99—1998　高层民用建筑钢结构技术规程［S］. 北京：中国建筑工业出版社，1998.

［13］ JGJ 120—2012　建筑基坑支护技术规程［S］. 北京：中国建筑工业出版社，2012.